普通高等教育"十一五"国家级规划教材

高 等 学 校 教 材

实用生态工程学

盛连喜　许嘉巍　刘惠清　编著

高等教育出版社·北京

内容简介

本书简述了生态工程学的基本原理,论述了生态工程设计的方法,在此基础上,分别阐述了各类生态工程的设计思想、程序和关键技术。全书以生态系统生态学为理论指导,吸纳了景观生态学的部分理论,既保证生态工程学理论框架的完整,又强调了生态工程学的实用性,并附加案例。本书还力求反映生态工程研究的最新进展,特别是对刚刚起步的微观生态工程、区域生态工程和湿地生态工程的研究进展进行了详细介绍。

本书可作为高等院校生态专业本科生的专业课教材和研究生的选修教材,还可供从事地理学、环境科学的科研工作者参考。

图书在版编目(CIP)数据

实用生态工程学 / 盛连喜,许嘉巍,刘惠清编著.
北京:高等教育出版社,2005.11(2021.11重印)
ISBN 978-7-04-017748-0

Ⅰ.实... Ⅱ.①盛...②许...③刘... Ⅲ.环境生态学-高等学校-教材 Ⅳ.X171

中国版本图书馆 CIP 数据核字(2005)第 124149 号

策划编辑	陈 文	责任编辑	陈正雄	封面设计	张申申	责任绘图	朱 静
版式设计	范晓红	责任校对	殷 然	责任印制	存 怡		

出版发行	高等教育出版社	咨询电话	400-810-0598
社 址	北京市西城区德外大街 4 号	网 址	http://www.hep.edu.cn
邮政编码	100120		http://www.hep.com.cn
印 刷	大厂益利印刷有限公司	网上订购	http://www.landraco.com
开 本	787mm×960mm 1/16		http://www.landraco.com.cn
印 张	19.25	版 次	2005 年 11 月第 1 版
字 数	340 千字	印 次	2021 年 11 月第 7 次印刷
购书热线	010-58581118	定 价	29.80 元

本书如有缺页、倒页、脱页等质量问题,请到所购图书销售部门联系调换
版权所有 侵权必究
物 料 号 17748-A0

前　言

2002年我们出版了《生态工程学》一书，该书是笔者对生态学、景观生态学及生态工程学研究的多年积累和实践总结。出版两年来，读者和同行们给予了广泛的关注，并对书中的内容提出了很好的建议。应读者的要求和生态环境治理的迫切需要，我们对原书的内容做了全面修订，增加了新内容，补充了技术方法，增添了研究案例，形成现在的《实用生态工程学》一书。

生态工程是一门系统、复杂的综合工程，或者说，生态工程学在本质上是"仿生态系统工程学"（也有人将其称为生态系统仿生学）。它的学科任务不仅是分门别类地对农业、牧业、林业、庭院、湿地和城市等系统出现的生态问题进行生态工程的治理和修复研究，更重要的是摒弃"头痛医头，脚痛医脚"的策略，而是将区域作为一个整体，综合研究各行业、各部门之间的协调关系、自然与环境的协调关系、近期和远期的协调关系。因此，只有在把握宏观与微观、整体与局部协调互促的基础上，才能制定相应的生态工程规划与方案，才能实现区域系统生态、经济与社会的可持续发展。

本书编写分工如下：第一章，盛连喜、景贵和；第二章，景贵和、许嘉巍、王春莲；第三章，许嘉巍、刘惠清、庄长伟、孙永光；第四章，刘惠清、官燕；第五章，盛连喜、官燕；第六章，刘惠清、庄长伟、孙永光；第七章，景贵和、刘惠清；第八章，刘惠清、许嘉巍、许振文；第九章，刘惠清、刘静玲；第十章，刘静玲、景贵和；第十一章，樊政霖、刘惠清；第十二章，闫宝华、许振文；第十三章，乔雪、孙永光；第十四章，丁立新、王春莲。全稿由许嘉巍、刘惠清统稿，由盛连喜定稿。

《实用生态工程学》与前期出版的《生态工程学》相比，其内容更贴近实践，全书的主线是以追求自然和人类社会和谐发展的"双赢"为目标，阐述和介绍人为干扰或受损的各类生态系统修复与建设的技术及方法。但由于作者的水平有限，很难实现意愿与现实的统一，书中也可能有偏颇之处，诚望读者继续关注并给予指教。

编者

2005年6月于长春

目 录

第一章 生态工程导论 ··· 1
  1.1 生态工程定义 ·· 1
  1.2 生态工程与环境工程及生物工程的区别 ···················· 2
  1.3 生态工程研究的内容和目的 ······························ 3
  1.4 生态工程研究的背景 ···································· 3
    1.4.1 生态问题的出现 ···································· 3
    1.4.2 第二次浪潮的思维对人类与自然关系的影响 ············ 4
    1.4.3 人们在觉醒 ······································· 5
    1.4.4 生态工程研究 ····································· 7
  1.5 生态工程的应用前景 ···································· 8
    1.5.1 生态工程与可持续发展 ······························ 8
    1.5.2 生态工程与生物多样性保护 ·························· 9
    1.5.3 生态工程与农林牧业建设 ··························· 10
    1.5.4 生态工程与城市生态建设 ··························· 11
  思考题 ·· 11

第二章 生态工程的原理 ····································· 12
  2.1 自组织原理 ·· 12
  2.2 共生原理 ·· 13
  2.3 正负反馈调节原理 ······································ 15
    2.3.1 因果关系 ··· 15
    2.3.2 反馈关系 ··· 15
    2.3.3 反馈调节 ··· 17
  2.4 正常立地理论 ·· 18
  2.5 局部控制与全局调节原理 ································ 19
    2.5.1 整体与部分 ······································· 19
    2.5.2 生物圈的等级组织原理 ····························· 20
  2.6 生态结构与生态功能相互作用的原理 ······················ 22
    2.6.1 生态系统的结构 ··································· 23

2.6.2 生态功能 ··· 24
2.6.3 结构与功能的关系 ··· 26
2.7 生产功能与保护功能耦合的原理 ·· 26
2.8 物质与能量多层利用及循环原理 ·· 27
2.9 仿生原理 ··· 28
2.9.1 仿植物的相生相克行为 ·· 28
2.9.2 仿动物的利他行为 ··· 29
思考题 ··· 29

第三章 生态工程设计的方法 ·· 31

3.1 斑块尺度上的生态工程设计 ··· 31
3.2 区域尺度上的生态工程设计 ··· 32
3.3 稳定性分析与控制方法 ·· 36
3.3.1 生态类型的稳定性分析 ·· 36
3.3.2 景观稳定性分析 ·· 42
3.4 生态演替促进法 ··· 48
3.4.1 生态演替的原理 ·· 48
3.4.2 仿效演替过程 ·· 49
3.4.3 促进演替过程 ·· 50
3.5 外来种的引进与控制方法 ··· 53
3.5.1 外来种的影响及引进原则 ·· 53
3.5.2 外来种的引进与控制 ··· 54
3.6 生态恢复方法 ·· 56
3.6.1 生态恢复的定义及目标 ·· 56
3.6.2 退化生态系统恢复的技术 ·· 57
3.7 结构调整的方法 ··· 61
3.7.1 结构失稳 ··· 61
3.7.2 结构调整的方法 ·· 63
3.7.3 案例分析 ··· 65
3.8 功能完善的方法 ··· 66
3.8.1 生态系统功能缺损的诊断 ·· 66
3.8.2 生态功能完善的方法 ··· 67
3.8.3 案例分析 ··· 68
3.9 物质循环与能量转化的调整方法 ·· 70
3.9.1 生态系统中的能流渠道及过程 ··· 70
3.9.2 生态系统中几种重要的物质循环 ··· 72
3.9.3 物流与能流调控的基本方法 ·· 75

思考题 …… 77

第四章 种植业生态工程 …… 78
4.1 种植业生态工程的特点 …… 78
4.2 种植业生态工程的设计 …… 80
4.2.1 种植业生态工程的设计原则 …… 80
4.2.2 种植业生态工程设计流程图 …… 84
4.2.3 种植业生态工程的类型 …… 85
4.2.4 种植业生态工程评价 …… 88
4.2.5 种植业生态工程设计模式 …… 89
4.3 种植业生态工程中的几种实用技术 …… 92
4.3.1 沼气的厌氧发酵技术 …… 92
4.3.2 秸秆的氨化技术 …… 100
4.3.3 蚯蚓养殖技术 …… 100
4.4 案例分析 …… 102
4.4.1 间作、套作案例 …… 102
4.4.2 协调共生案例 …… 103
思考题 …… 104

第五章 林业生态工程 …… 105
5.1 林业生态工程概述 …… 105
5.2 林业生态工程设计的原理 …… 110
5.2.1 系统论原理 …… 110
5.2.2 生物间互利共生的原理 …… 111
5.2.3 "生态位"与自然资源多级利用原理 …… 112
5.2.4 环境的时间节律与生物的机能节律原理 …… 113
5.2.5 人工模拟自然演替的原理 …… 114
5.3 林业生态工程的设计 …… 115
5.3.1 农田与森林交错带的林业生态建设 …… 115
5.3.2 荒山林业生态工程的设计 …… 118
5.3.3 山地自然保护区的林业生态工程设计 …… 120
5.4 林业生态工程建设案例 …… 123
5.4.1 工程内容 …… 123
5.4.2 工程效益 …… 124
思考题 …… 124

第六章 养殖业生态工程 …… 126
6.1 养殖业生态工程概述 …… 126
6.1.1 养殖业生态工程的内容 …… 126

  6.1.2 养殖业生态工程与传统养殖业的区别 ……………………………………… 128
  6.1.3 养殖业生态工程原理 …………………………………………………………… 128
 6.2 养殖业生态工程设计 ………………………………………………………………… 132
  6.2.1 养殖业生态工程设计类型 ……………………………………………………… 132
  6.2.2 养殖业生态工程的效益评价 …………………………………………………… 134
 6.3 典型养殖业生态工程模式 …………………………………………………………… 136
  6.3.1 综合畜禽生态工程 ……………………………………………………………… 137
  6.3.2 综合养殖业生态工程模式 ……………………………………………………… 138
 6.4 案例分析 ……………………………………………………………………………… 142
  6.4.1 立体养殖 ………………………………………………………………………… 142
  6.4.2 工程效益 ………………………………………………………………………… 143
 思考题 ……………………………………………………………………………………… 143

第七章　农林牧复合生态经济系统的生态工程 …………………………………………… 144
 7.1 农林牧复合生态工程的研究概述 …………………………………………………… 144
 7.2 农林牧复合生态工程的原理 ………………………………………………………… 145
  7.2.1 共生原理 ………………………………………………………………………… 145
  7.2.2 系统整体性原理 ………………………………………………………………… 146
  7.2.3 物质多重利用与物质循环原理 ………………………………………………… 146
 7.3 农林牧复合生态工程的设计 ………………………………………………………… 146
  7.3.1 农林牧交错带的复合生态工程 ………………………………………………… 146
  7.3.2 农区的牧业生态工程 …………………………………………………………… 149
  7.3.3 林区的牧业生态工程 …………………………………………………………… 150
  7.3.4 种养加复合生态经济系统 ……………………………………………………… 153
 7.4 案例分析 ……………………………………………………………………………… 156
  7.4.1 留民营村的生态建设 …………………………………………………………… 156
  7.4.2 留民营村生态建设的效益分析 ………………………………………………… 157
 思考题 ……………………………………………………………………………………… 157

第八章　荒芜土地恢复与重建的生态工程 ………………………………………………… 159
 8.1 我国荒芜土地的现状 ………………………………………………………………… 159
  8.1.1 水土流失 ………………………………………………………………………… 159
  8.1.2 土地沙化 ………………………………………………………………………… 160
  8.1.3 土壤盐渍化 ……………………………………………………………………… 160
  8.1.4 草场退化 ………………………………………………………………………… 160
  8.1.5 土地退化,耕地锐减 …………………………………………………………… 160
 8.2 沙化土地恢复与重建的生态工程 …………………………………………………… 161
  8.2.1 沙化土地的演替 ………………………………………………………………… 161

8.2.2　沙化土地利用中存在的问题 …………………………………………… 163
　　8.2.3　沙化土地的生态工程设计 …………………………………………… 163
8.3　退化草地恢复与重建的生态工程 ………………………………………… 166
　　8.3.1　退化草地的现状 ……………………………………………………… 166
　　8.3.2　退化草地的形成因素 ………………………………………………… 168
　　8.3.3　退化草地治理的生态工程设计 ……………………………………… 169
8.4　荒山恢复与重建的生态工程 ……………………………………………… 174
　　8.4.1　荒山的基本特点和类型 ……………………………………………… 174
　　8.4.2　荒山形成的因素分析 ………………………………………………… 176
　　8.4.3　荒山恢复与重建的生态工程设计 …………………………………… 177
8.5　工矿废弃地恢复与重建的生态工程设计 ………………………………… 180
　　8.5.1　工矿开发对生态系统的影响 ………………………………………… 180
　　8.5.2　工矿废弃地复垦的生态工程设计 …………………………………… 180
8.6　案例分析 …………………………………………………………………… 183
　　8.6.1　荒漠土地恢复 ………………………………………………………… 183
　　8.6.2　盐碱地恢复 …………………………………………………………… 184
思考题 …………………………………………………………………………… 185

第九章　庭院生态工程 ……………………………………………………… 187

9.1　庭院生态系统的形成与发展 ……………………………………………… 187
　　9.1.1　原始社会农村庭院的雏形 …………………………………………… 187
　　9.1.2　奴隶社会的农村庭院 ………………………………………………… 188
　　9.1.3　封建社会的农村庭院 ………………………………………………… 189
9.2　庭院生态类型 ……………………………………………………………… 189
　　9.2.1　结构类型 ……………………………………………………………… 189
　　9.2.2　功能类型 ……………………………………………………………… 190
9.3　庭院生态系统的组成 ……………………………………………………… 191
　　9.3.1　人类种群 ……………………………………………………………… 191
　　9.3.2　饲养生物种群 ………………………………………………………… 191
　　9.3.3　伴生的生物种群 ……………………………………………………… 192
　　9.3.4　庭院生态系统的环境 ………………………………………………… 193
9.4　庭院生态系统的环境工程 ………………………………………………… 195
　　9.4.1　农村庭院生态系统自然环境的选址 ………………………………… 196
　　9.4.2　农村庭院生态系统的绿化 …………………………………………… 196
　　9.4.3　庭院工程设计的技术 ………………………………………………… 199
　　9.4.4　未来庭院生态系统建造的新途径 …………………………………… 201
9.5　案例分析 …………………………………………………………………… 202

思考题 203

第十章 城市生态工程 205

10.1 城市生态系统 205
10.1.1 城市生态系统的概念 205
10.1.2 城市生态学的发展历程 205
10.1.3 城市生态系统的结构 207
10.1.4 城市生态系统的功能 207
10.1.5 城市生态系统的流 208

10.2 城市的自然生态子系统 211
10.2.1 城市地貌 212
10.2.2 城市气候 212
10.2.3 城市水文 212
10.2.4 城市植物群落的主要类型及变化 213
10.2.5 城市环境下动物区系的变化 215

10.3 城市的社会生态子系统 215

10.4 城市的经济生态子系统 216

10.5 城市生态工程设计 217
10.5.1 城市生态危机 217
10.5.2 城市自然保护工程 218
10.5.3 城市绿化工程 219
10.5.4 城市综合治理的生态工程 224
10.5.5 生态城的未来方向 228

10.6 案例分析 229
10.6.1 生态小区绿化 229
10.6.2 物质循环再生 230

思考题 231

第十一章 湿地生态工程 232

11.1 湿地概述 232
11.1.1 湿地的定义 232
11.1.2 中国的湿地类型 233
11.1.3 湿地的功能 233
11.1.4 湿地存在的共性问题 235

11.2 湿地生态工程设计的基本原理和主要技术 237
11.2.1 湿地生态工程设计的基本原理 237
11.2.2 湿地工程技术 238

11.3 湿地生态工程设计 238

11.3.1 湿地的恢复与重建 238
11.3.2 湿地保护的设计方案 246
11.4 案例分析 249
11.4.1 洞庭湖湿地概况 249
11.4.2 洞庭湖区存在的问题 250
11.4.3 采取的措施 251
11.4.4 结论 252
思考题 253

第十二章 土地生态工程 254

12.1 土地生态系统 254
12.1.1 土地生态系统的属性 254
12.1.2 土地生态系统的功能 255
12.1.3 土地利用中的生态问题 257
12.2 土地生态工程设计 259
12.2.1 土地生态工程设计的原理 259
12.2.2 土地生态工程设计的案例 259
思考题 265

第十三章 微观生态工程 266

13.1 微观生态系统与微观生态工程 266
13.1.1 微观生态系统 266
13.1.2 微观生态工程 269
13.2 微观生态工程设计 273
13.2.1 微观生态工程设计的原理 273
13.2.2 微观生态工程设计的程序 273
13.2.3 微观生态工程设计的案例 274
思考题 280

第十四章 区域生态工程 281

14.1 区域生态系统 281
14.1.1 区域特征 281
14.1.2 研究意义 282
14.2 区域生态问题的诊断 282
14.2.1 生态健康的评价指标 283
14.2.2 诊断方法 284
14.3 区域生态工程设计原理 285
14.3.1 整体性原理 285
14.3.2 循环经济原理 285

14.4 区域生态工程案例 ……………………………………………… 286
　　14.4.1 背景 …………………………………………………………… 286
　　14.4.2 措施 …………………………………………………………… 287
　　14.4.3 效益 …………………………………………………………… 287
思考题 ……………………………………………………………………… 288

参考文献 ……………………………………………………………………… 289

第一章 生态工程导论

生态工程是一种理念,更是一种方法的集成。作为理念,生态工程既肯定了生态问题的人为性,又强调了在解决生态问题上人类的主动性和创造能力。同时,生态工程试图提供一套方法,为不同区域千差万别的生态问题设计出可行的治理方案。

1.1 生态工程定义

生态工程这一术语的提出,是生态系统学说出现以后的事。20世纪后半叶,许多学者对生态工程以及与之相关的生态设计、生态技术等概念进行了阐述。

奥德姆(H. T. Odum)1962年定义生态工程为"由人类用少量的能源对环境进行熟练操纵以控制那些主要是由自然能源驱动的系统"。1983年,奥德姆提出新的生态系统设计工程的概念,认为"生态工程属于自组织的应用系统领域,是对自然的管理,是同自然合作最好的术语"。

密奇(W. J. Mitsch)率先出版了《生态工程》一书,定义生态工程为"人类社会同自然环境合作进行的对双方都有利的设计"。"它是应用数量方法和我们的基本科学方法对自然环境进行设计的工程;它也是以生态系统的自我设计作为基本工具的"(1989)。Mitsch在1993年把原来的生态工程定义修改为"为了人类社会及其自然环境的利益,而对人类社会及其自然环境加以综合的而且能持续的生态系统设计。它包括开发、设计、建立和维持新的生态系统等一系列工程,如污水处理(水质改善)、地面矿渣及废弃物的回收、海岸带保护等,以期达到生态恢复、生态更新、生物控制等目的"。

尤尔曼(Uhlmann)强调了生态工程的技术性,认为"生态技术是费用最少和对环境损害最小的具有生态系统管理意义的应用技术",并认为"生态技术与生态工程是同义语"(1992)。

早在20世纪50年代,我国著名生态学家马世骏就提出生态工程这一名词,并于1983年提出"模拟生态系统原理而建成的生产工艺体系即生态工程"。在

1984年给生态工程下了更为明确的定义:"生态工程是应用生态系统中物种共生与物质循环再生原理,结构与功能协调原则,结合系统分析的最优化方法设计的促进分层多级利用物质的生产工艺系统"。

由于生态工程学是一门新的科学,其发展历史较短,它的理论原理和基本概念还正在逐步成熟之中。从以上不同学者给出的生态工程定义中可以看出,它们之间的侧重点虽然有很大区别,但其核心具有相似性。综合以上各定义,生态工程可定义为:应用自然生态系统原理,通过同自然环境合作,进行的对人类社会和自然环境双方都有利的复合生态系统设计的科学;生态工程是建立在少花费、低能耗而更有效地利用自然资源的基础上,增加社会财富的同时,又能使人类社会与自然环境都可持续发展的生态设计、生态保育、生态恢复、生态更新和生态管理等的技术综合。

1.2 生态工程与环境工程及生物工程的区别

生态工程与环境工程及生物工程的区别是明显的。从研究的层次看,生态工程与环境工程的研究水平是生态系统水平,而生物工程是细胞水平;从学科的理论基础看,生态工程和环境工程的基本原理是生态学和环境学,生物工程的基本原理是遗传学及细胞生物学。从研究的内容看,生态工程控制的是力学功能体(水、气、太阳能及生物有机体),环境工程控制的主要是污染物(废水、废气、固体废物及噪声等),生物工程控制的是遗传密码(结构)。生态工程设计是人类帮助下的生态系统的自我设计,而环境工程及生物工程则是人类的设计。生态工程的能量基础是太阳能,而环境工程和生物工程则以化学能为基础。生态工程的任务是保持、管理和恢复生态系统,而环境工程的任务是规划、设计、管理和整治环境系统,生物工程的任务则是设计新的物种。生态工程维持和发展所需费用是合理而便宜的,而环境工程和生物工程所需费用往往是昂贵的(表1.1)。

表1.1 生态工程、环境工程和生物工程区别

特征	生态工程	环境工程	生物工程
组织水平	生态系统水平	环境系统水平	细胞水平
理论原理	生态学	环境学	遗传学、细胞生物学
控制内容	力学功能(水、气、太阳能、生物)	废水、废气、废渣、噪声	遗传结构、密码
设计	自我设计加人类设计	人类设计	人类设计
维持和发展费用	合理而便宜	较贵	昂贵
生物多样性	保护	保护	变化

1.3 生态工程研究的内容和目的

生态工程研究的内容涉及自然环境、自然资源、人口增长、社会生产等各个子系统,但它研究的不是人口学、资源学、环境学和部门生产的单个组分,而是涉及人口、资源、环境及产业之间相互作用的横向联系,及它们的整体效应。马世骏、王如松在《生态学报》1984 年第 4 卷第 1 期《社会-经济-自然复合生态系统》一文中,论述了这个复合生态系统,认为"社会、经济和自然是三个不同性质的系统,但其各自生存和发展都受其他系统结构和功能的制约,必须当成一个复合系统来考虑,我们称其为社会-经济-自然复合生态系统。"这显然是个高度综合的复杂的巨系统。

生态工程研究的领域正是这个自然-社会-经济复合生态系统。生态工程的任务就是要对这个复合生态系统进行设计和管理。

生态工程的目的就是通过对复合生态系统的管理,使投入的能量和物质最小,对资源利用最合理,社会产品更丰富,风险最小而综合效益最高,达到对人类社会和自然环境双方都有利并能可持续发展的目的,以解决工业化过程带来的产业发展与资源消耗、人口增长与环境退化、社会发展与生态恶化的矛盾。同时,通过生态工程的设计手段,把本来矛盾的事物,转化为相互协调、彼此促进,不断向良性方向发展的事物,使人类社会、经济生产和生态环境实现可持续发展。

1.4 生态工程研究的背景

1.4.1 生态问题的出现

煤、石油、天然气的广泛使用,电力和大机器工业的出现,使生产效率大为提高,人类同自然界一起创造出前所未有的新动力、新机械、新品种、新的物理化学和生物化学产品,尤其是农药、化肥的出现,使得生态系统中生产者、消费者和分解者之间的关系发生了极大的改变。在农业生态系统中,大量施用化肥和农药,既消灭了农田害虫,也杀死了农田益虫、益鸟以及土壤生态系统中的细菌、真菌、放线菌和土壤动物,尤其是杀虫剂的残留,已引起全球性的污染。北极的驯鹿体内已发现有汞的积聚,阿拉斯加的海豹体内汞的含量已经超标,DDT 已在南极企鹅的脂肪组织中发现,北极熊的体内也发现了多氯联苯。自然生态系统中的自我调节功能遭受破坏,这就必然越来越多地依靠人为投入物质和能量,以维持农田生态系统的运转。工业污染更为突出,工业革命的特征是工业越发展,环境越恶化。采用的是以牺牲环境为代价的发展模式。如伦敦烟雾事件、洛杉矶光化学烟雾事件、日本的水俣病及骨痛病等一系列公害事件等。这使人们逐步认识到过去人和自然系统中,通过改造自然而建立的环境不是理想的环境;人们对长时间、大范围的自然规律缺乏深刻认识,对长时间、大范围的自然控制还无能为力。正如恩格斯所说:"……我们不要过于得意我们对自然界的胜利。对于我们的每一次胜利,自然界都报复了我们。每一次的这种胜利,第一步我们确实达到预期的结果,但第二步和第三步却有了完全不同的意想不到的结果,常常正好把第一个结果的意义又取消了。美索不达米亚、希腊、小亚细亚以及其他各地的居民,为了得到耕地把森林都砍光了,但是他们却想不到这些地方今天竟因此成为荒芜不毛之地,因为他们把森林砍光之后,水分的积聚和储存中心也不存在了。……因此我们必须时刻记住:我们统治自然界,决不像征服者统治异民族一样,相反地,我们同我们的肉、血和头脑一起是属于自然界,存在于自然界,我们对自然的整个支配,仅仅是因为我们有别于其他一切动物,能够正确认识和运用自然规律而已。"(恩格斯:《自然辩证法》,146页,人民出版社,1957)。100多年前,恩格斯已经看到了当时出现的并不太重、也不普遍的生态问题,并正确地论述了人和自然的关系。

1.4.2 第二次浪潮的思维对人类与自然关系的影响

第二次浪潮的思维是工业革命的产物,它强调分门别类地认识事物。这在工业化的初期应该是一个进步过程。因为抛开总的联系,分门别类地对某些事物和现象进行专门研究,可以更深入地认识事物。但到后期,这种分散的、孤立的只要部分不要整体的认识事物的方法却暴露出明显的片面性。资本主义工业化过程中那种专业化、好大狂都是第二次浪潮思维的表现,这正如恩格斯所说:"如果在细节上形而上学比希腊人要正确些,那么总的说来希腊人就比形而上学要正确些。"(恩格斯:《自然辩证法》,26页,人民出版社,1957)。形而上学抛开总的联系来考察事物和过程,因而它就"以这些障碍堵塞了自己从了解整体到调查普遍联系的道路。"(《马克思恩格斯选集(第三卷)》,468页)。

第二次浪潮的思维,在人和自然的关系上,是"改造论"占支配地位。在工业化这一阶段,由于科学技术的进步,人的主观能动作用有了前所未有的加强,在思想上产生了一种错觉,以为"人定胜天",人类可以为所欲为地对自然进行改造,把人的作用夸大到不适当的地位。正是在这种思维的支配下,部门分割非常突出,治水只从水体本身着手,把与水有关联的一切事物割断。在山上将森林砍光,在平原的河道上筑坝,这是典型的第二次浪潮的思维在起作用。至于那种只顾发展生产,不管环境好坏,把本来人和自然协调的关系转为人和自然对立的关系,也是第二次浪潮思想方法带来的后果。

1.4.3 人们在觉醒

P. H. 米勒(Miller)在1939年研究确认了DDT的惊人杀虫力,美国很快将其投入生产并应用于卫生和农业部门。由于DDT与良种、化肥及农机等配合使用,农作物单产在第二次世界大战期间翻了一番。同时,DDT被广泛用于消灭虱子、臭虫和蚊子等对人类有害的动物,使人类避免了霍乱、疟疾等流行病之害。显然,这是人类战胜自然的辉煌战果。第二次世界大战结束后,DDT的使用量猛增,P. H. 米勒也因此获得诺贝尔奖。

就在人类为战胜自然而沾沾自喜的时候,一位颇具慧眼又勇于坚持真理的美国女海洋生态学家R. 卡逊(Carson)于1962年发表了《寂静的春天》。她经过三年多的调查研究,揭露了施用DDT等农药会严重污染水体,在杀死害虫的同时,也杀死害虫的天敌——鸟类及益虫,并通过食物链,使这种有机化合物的毒性在人体内以数十、上百倍地富集,使人致癌而死的事实。随后,人们越来越多地发现了DDT等农药对环境、生物和人体毒害的证据。美国政府于1969年成立世界上第一个"国家环境保护署",首先于1972年底宣布DDT在美国完全禁止使用。

1972年,作为联合国第一次人类环境大会准备的非官方报告,由B. 沃德(Ward)及R. 杜博斯(Dubos)编写的《只有一个地球》出版了,该书从"人类生存战略"高度,指出"认识生物圈与技术圈相互依存"的重要性,指出生态和社会经济的相互依赖性;对于生态破坏问题,作者是从整体上来加以探讨的,将这种生态破坏与人口、资源、工艺技术发展不平衡及城市化困境联系起来,这就跳出了第二次浪潮思维的局限性,既看到部分又看到了整体。书中的警世箴言特别值得深思:"在这个太空中,只有一个地球在独自养育着全部生命体系。地球的整个体系由一个巨大的能量来赋予活力。这种能量通过最精密的调节而供给了人类。尽管地球是不易控制的、捉摸不定的、也是难以预测的,但是它最大限度地滋养着、激发着和丰富着万物。这个地球难道不是我们人类的宝贵家园吗?难道不值得我们挚爱吗?难道人类的全部才智、勇气和宽容不应当都倾注给它,来使它免于退化和破坏吗?我们难道不明白,只有这样人类自身才能继续生存下去吗?"

也是在1972年,D. H. 米都斯(Meadows)等人,应用系统动力学动态仿真技术引入人口增长、可耕地资源、农业投资、工业投资及污染指数,形成了包括100多个因子的因果反馈关系图,建立了人口、工业、污染、粮食和资源相互关系的世界模型,出版了《增长的极限》一书。书中提出:"如果世界人口、工业化、污染、粮食生产以及资源消耗按现在的增长趋势不变,这个星球上的经济增长就会在今后一百年内某一个时候达到极限。"同时又指出:"假如改变增长方式,处理好人口、工业化、粮食生产、资源消耗和污染之间的关系,增长的极限就不会到来。"这本来是一个工业化的反馈信息,是提醒人们正确处理人口、资源、工农业生产与环境污染之间的关系,以使增长的极限不会到来的警示,却引发了很大的争议,遭到严厉的批判。我国的一些学者将 D.H. 米都斯称为"悲观论者",西方也有人称之为"末日论者"。作为对 D.H. 米都斯的回应,J.L. 西蒙(Simon,1981)撰写的《最后的资源》(中文的译名为《没有极限的增长》)被人们称为乐观派的代表作。作者针锋相对地提出,"人类的资源没有尽头,人类的生态环境日益好转,恶化只是工业化过程中的暂时现象,粮食在将来不成问题,人口未来自然达到平衡"。随着科学技术的进步,过去不是资源的可变成资源,在这个意义上说,资源是无限的;但在特定时段和一定的技术条件下,资源又是有限的。粮食在将来可能不成为问题,但现在却有上千万的人在挨饿。因此,必须依靠科学技术,合理利用自然资源,实施正确的发展战略,使社会经济与生态环境协调发展。只有这样,前景才能是美好的,盲目乐观于事无补。

1978 年,苏联的 В.В. 索恰瓦(Сочава)在《地理系统学说导论》中提出"人类与自然共同创造"的思想,他指出:"所谓人类与自然共同创造,是指人类对于提高自然力的有益努力,和潜藏在自然界中一切有益的可能性的发挥……按整个任务来讲,人类与自然共同创造接近于人类对自然的改造。但是在前一种情况下指的是对问题的另一种态度,是和干预自然过程和秩序的根本不同的另一种系统。某些种类的自然改造只有在人类与自然合作的基础上才有可能实现。"这就赋予自然改造以新的意义,把与自然对立转变为同自然合作。

1980 年,英国的 R.J. 本耐特(Bannett)和 R.J. 乔利(Chorley)合著的《环境系统》(Environmental Systems)有专门一章(系统的相互作用)论述共生的现象(symbiosis)。指出人类社会与自然系统的共生是人类对长时间大范围及大规模物质与能量调节无能为力时,才通过共生来对环境系统进行干预,共生可使人类社会与自然环境都互相有利。显然这比人与自然对立更正确些。

1980 年,美国人 A. 托夫勒(Tofflar)在《第三次浪潮》一书中提出:"征服自然的战役,已经到了一个转折点,生物圈已不容许工业化再继续侵袭了。"并指出:"在过去十年间,由于地球生物圈发生了根本性的、潜在的危险变化,出现了一场世界范围内的环境保护运动。……它迫使我们去重新考虑人对自然界的依赖问题。结果非但没有使我们相信人们与大自然处于血淋淋的斗争之中,反而使我们产生一种新的观点,强调人与自然和睦相处,可以改变以往的对抗状况"。

1983年,荷兰的A.P.A乌英克(Vink)也指出:"一般说来,同自然合作比同自然对立较为有利并常常是更为有效。"

1.4.4 生态工程研究

第二次世界大战以后,随着人口猛增、资源、能源消耗过快,能源短缺,环境污染日趋严重,人类生存环境由于自己的破坏而越来越不适合于人类生存,人们要求对养育人类生存繁衍的这一地球免于退化和遭受破坏的呼声高涨。在否定过去工业化过程中那种与自然对立的行为的同时,也在探求既能使社会经济得到发展,又使生态环境得以改善的新途径和新技术。"需要必将产生发明"。生态工程就是在这种背景下应运而生,同时也是在系统论、控制论、信息论及电子计算技术,尤其是生态系统科学和系统生态学日益成熟的情况下产生的。在思想方法上,由以分析为主和分门别类地研究事物的第二次浪潮思维,转变为第三次浪潮的在分析的基础上进行综合、既看到部分又注意整体的思维,也为生态工程奠定了思想基础。

实际,在我国很早就有生态工程的典型事例,如桑基鱼塘、蔗基鱼塘、果基鱼塘等,至今也仍然是非常先进的生态工程的典型。在东北的丘陵区,丘顶种植针阔叶混交林,丘陵缓坡种植果树,台地上种旱田,河谷平地上种水田,这种充分而合理地利用自然资源的设计,也是极好的生态工程的事例。再如华北、西北的枣粮间作,板栗(*Castanea mollissima*)与粮食间作,胡桃(*Juglans regia*)与粮食间作,南方的杉农间作、桐粮间作以及复种、套种等形式,都具有生态工程意义。

1954年防治蝗虫灾害时,马世骏提出从调节生态结构入手,控制蝗虫赖以生长繁育的生境,实际上就是非常成功的生态工程。从1962年H.T.奥德姆提出生态工程定义,1983年马世骏根据我国实践提出生态工程定义,到1989年W.J. Mitsch等人的《生态工程》一书的出版,都为生态工程的理论原理奠定了初步基础。尤其是马世骏、王如松,在1984年《生态学报》上发表的《社会－经济－自然复合生态系统》一文,实际上明确了生态工程的设计对象,是社会、经济、自然复合生态系统。这与西方过去一段时间内主要是以自然生态系统,如森林、河流、湖泊等为生态工程的设计对象有明显的区别。马世骏、王如松的理论思维比西方的更实际、更实用、也更正确。

20世纪80年代以后,我国在农业生态工程、林业生态工程、农林牧复合生态工程等方面都有飞速的发展,在城市生态工程及污染生态工程方面也有长足的进步。

西方国家的生态工程也由研究阶段走向应用,如荷兰人的论文集《从生态系统到生态设计》充分反映了生态系统的研究向更实用的方向迈进;捷克对生态规划极为重视;法国和日本对城市生态有较好的研究;美国对自然恢复给予了更多的关注,如对森林生态恢复、湿地生态恢复和草地生态恢复等都做了许多实际工作。

目前,在世界范围内,生态工程已经引起农业、林业、环境保护、建筑设计、水产养殖、自然恢复、自然保护和生态旅游等部门的广泛注意,并在以上领域做出了较大的贡献。

在当今世界,不仅要认识到生态平衡,更重要的是要有办法把被破坏的生态系统,建设成更符合生物圈组织原则的新生态系统,这应该是实用生态工程的当务之急。

1.5 生态工程的应用前景

1.5.1 生态工程与可持续发展

可持续发展(sustainable development),是1987年以当时的挪威首相G. H. 布伦特兰(Brundtland)为主席的世界环境与发展委员会(WCED)所著的《我们共同的未来》中提出的。其定义为"可持续发展是既满足当代人的需要,又不对后代人满足其需要的能力构成危害的发展"。《我们共同的未来》把环境与发展两个紧密相联的问题作为一个整体来看待,是既强调部分又重视整体的系统论观点。它与工业化带来的第二次浪潮的思维不同,不是只要发展而忽视环境,将环境与发展对立起来。人类社会经济的发展,只能以生态环境和自然资源的持久稳定为基础,破坏了这种基础,人类社会经济发展迟早会达到极限,而环境问题也只能在社会和经济可持续发展中来求得解决。人类要继续生存下去,必须将发展与环境联系起来。1992年6月联合国在巴西的里约热内卢召开了一次全球首脑会议——联合国环境与发展大会(UNCED),会上一致通过了与可持续发展有关的三个文件(《里约宣言》、《21世纪议程》和《森林问题原则声明》),这标志着可持续发展的思想已成为世界各国首脑的共识。我国于1994年3月由环境科学出版社出版了《中国21世纪议程》,1994年制定了《中国环境保护21世纪议程》,1995年制定了《中国林业21世纪议程》,1996年制定了《中国海洋21世纪议程》,1999年又发表了《中国农业21世纪议程》。可以看出,我国已把可持续发展作为基本发展策略。

可持续发展一是要发展,二是这一代人的发展不能危及后代人的发展。这就要解决经济及社会发展与生态环境的矛盾,生态工程就是为解决这类矛盾而进行设计的技术。可见,可持续发展离不开生态工程,生态工程是社会经济及环境可持续发展的重要工具。

1.5.2 生态工程与生物多样性保护

生物多样性保护主要是对遗传多样性、物种多样性、群落多样性、生态系统多样性和景观类型多样性进行保护。由于生态工程是对生态系统进行设计,使其符合生物圈的组织原则,它超出了种群和群落水平,因而对物种多样性、遗传多样性、群落多样性都具有积极的保护意义。

1. 对珍稀濒危生物的保护

珍稀、濒危生物的灭绝主要与生态习性、生态环境的改变及人类的干扰有关。对珍稀濒危生物的保护必须应用生态系统原理使生物的生态习性和自然环境匹配,才能获得成功。如长白山松(*Pinus sylvestris var. sylvestriformis*)为珍稀濒危植物,该物种几乎以纯群落形式,生长于长白山北坡海拔 800 m 的火山沙质平地上,掌握此生态习性,可利用适宜的立地条件人工栽植长白山松,以防止灭绝。北五味子(*Schisandra incarnata*)也是珍稀濒危植物,它是林下、林缘的藤本植物,生长于水肥条件好的落叶阔叶林或针阔混交林内,通过生态工程恢复多层林相,能实现对其就地保护或迁地保护。中国林蛙(*Rana chensinensis*)是三类保护动物,其输卵管即田鸡油是高级营养补品,由于过度滥捕,其分布区已大为缩小。但林蛙夏季必须在茂密的针阔混交林下生活,在 1 km 的范围内必须有经常流水的水面,必须有厚的枯枝落叶层和丰富的昆虫;冬季必须有越冬的水面。通过生态工程给林蛙创造这些必要的生态条件,建造合适的产卵孵化池、变态池,有计划地选择放养场及建造越冬池,满足林蛙生活、繁育的生态条件,人工养殖林蛙是不困难的,完全可防止林蛙的灭绝。

2. 对重要生态系统的恢复和重建

目前,许多地带性植被已不多见,如温带湿润地区与大气候相适应的地带性植被——红松针阔叶混交林,由于过量采伐、采育失调,原始的红松针阔叶混交林所剩无几。但只要区域大气候条件仍然适合红松针阔叶混交林的生长,采用生态工程的技术就可使其恢复或得以重建。吉林省蛟河老爷岭山地,海拔 1 200 m,抗日战争时期曾被择伐的红松针阔叶混交林由于山势陡峻,人为干扰较少,经过 60 多年的自然恢复,目前已呈现出原始红松针阔叶混交林的林相,红松(*Pinus koraiensis*)的胸径一般都在 40 cm 以上,柞树(*Quercus mogolicus*)、椴树(*Tilia tuan*)等胸径多超过 50 cm。这说明目前的长白山地,其整体自然环境完全适合于红松针阔混交林的生长,红松针阔叶混交林几近灭绝的现象,完全是人为干扰造成的。这就给人们提供一个机遇,那就是将有红松母树的次生林封闭起来,绝对禁止采伐,令其自然恢复,或是通过生态工程技术,重建红松针阔叶混交林也是可能的。

3. 植物群落多样性的保护

绿色植物是生态系统中的第一性生产者,是生态系统中物质循环与能量交换的枢纽。因此,要完善生态系统的供给功能、抵制功能、处置功能和保存功能,就需要通过改变绿色植物的水平结构与垂直结构来提高其对大气降水的利用率及太阳能的转化率,以提高系统的生产力,生产更多的社会财富,又保持可持续发展的良好自然环境。这就必须按正常立地、近正常立地、超常立地和异常立地的位置和适应自然的原则,保护种群和遗传基因的多样性,恢复植物群落。植物群落多样性的恢复是动物多样性保护的前提。在植被破碎化、岛屿化的今天,生态工程是构建植物群落和自然环境多样性的有效手段。

1.5.3 生态工程与农林牧业建设

在世界范围内,农业经过农业机械化的使用、杂交优势的利用、化肥农药的大量使用及现代农业技术的推广,使传统农业走上现代农业的道路。初步实现了高产、稳产的目标。但现代农业也带来了一些新的挑战:

① 由于高投入造成农业生产成本迅速上升且出现报酬递减现象;

② 化肥、农药的大量使用,使土壤生态系统中微生物群落结构发生改变,自身肥力下降;

③ 农田面源污染严重,引起河流和地下水硝酸盐含量普遍超标,并通过食物链危害各类动物;

④ 人类的食品安全受到挑战。严酷的现实充分证明,现代农业走的是一条不可持续发展的道路,无论在发达国家还是发展中国家,这都是一条行不通的道路。

农业的可持续发展,必须走生态农业之路。叶佛吉在《生态农业——农业的未来》一书中,把生态农业定义为"从系统思想出发,按照生态学原理、经济学原理和生态经济原理,运用现代科学技术成果和现代管理手段以及传统农业的有效经验建立起来,以期获得较高的经济效益、生态效益和社会效益的现代化农业发展模式。简单地说,就是遵循生态经济学规律,进行经营和管理的集约化农业体系"。因此,生态工程就是要通过对农业生产的设计与管理,实现生态农业可持续发展的目标。

生态工程在林业上的应用较晚,但却有非常广阔的前景。目前,全世界每年以 800 万~2 000 万公顷的速度对森林进行采伐,使全球森林面积减小,尤其是俄罗斯、加拿大的亚寒带森林面积急剧减小,世界范围内的热带、亚热带森林也以惊人的速度在退化或减少。更为重要的是人类对森林砍伐后,人工营造的多是种群单一、林相简单的森林群落,如落叶松林、马尾松林、湿地松林、油杉林或杨树林等,不仅对光利用率低,水分保持能力差,而且对病虫灾害的抗性极低,一旦遭受侵袭,经济和生态损失相当惨重。应用生态工程技术和方法造林,可设计各种农、林、牧结合的模式,将农业生产、林业建设和牧业发展相结合促进农业,达到以农业和林业的发展促进牧业生产的目的。

1.5.4 生态工程与城市生态建设

当今世界的总人口中,有40%以上居住在城市,发达国家的城市人口有的已高达80%,而且发展中国家还呈现出人口高度密集于大城市的趋势。城市生态系统因而出现了交通拥挤、环境污染、住房紧张等一系列生态和环境问题,人们的生活并不舒适。生态工程是解决城市生态系统所面临问题的有效方法与技术。也就是说,要把城市作为社会-经济-自然复合生态系统,运用系统科学的方法,从整体上规划设计和解决人口与资源、工业化与环境保护、生产与生活、近期与长远、城市与郊区的多种矛盾,使其互相有利、协调发展。

生态工程在上述领域已经得到了成功的应用。实际上,随着经济和社会的不断进步,生态工程的应用领域将会更加广泛。

思考题

1. 何为生态工程学?生态工程学的研究对象是什么?
2. 生态工程和生物工程、环境工程有何本质的区别?
3. 生态工程学是在什么背景下发展起来的?
4. 你怎样理解生态工程学和生态学之间的关系?
5. 在生物多样性保护中生态工程有何应用价值?
6. 研究生态工程学有何理论意义与实践意义?
7. 举例说明生态工程在城市生态建设中的应用。

第二章 生态工程的原理

生态工程以系统生态学为理论基础,同时吸纳环境学、景观生态学、自然地理学的相关原理。除此以外,普通系统论、控制论及信息论也为生态工程提供了重要的营养源。国内外关于生态工程原理的论述颇多,但因生态工程学的历史较短,从实践中总结出来的理论还正在形成和完善之中,随着生态工程实践经验的增加,一定会有更多更新的理论出现。

2.1 自组织原理

自然界的生物有机体与其周围环境通过彼此间的相互作用,逐渐淘汰与环境不相适应的生物有机体,也不断改变着周围环境,使之更适合某些生物的生存和发展,最后达到生物与生物及生物与环境之间的协谐状态,反映了生物与环境的对立与统一的关系,这种关系代表着合乎自然规律的合理状态。

生物与周围环境达到相互适应状态,这是长时间内生物与其环境通过物质、能量交换相互影响、相互作用的结果。实际上,自然界的生物是不断发展进化、经常变动的;其周围环境也不是一成不变的,而是处在缓慢的变化之中,有时甚至也有急剧的变化。无论哪种变化,都会有新的生物适应新的周围环境,最终达到一种协谐状态。

生态系统的自组织,是生态系统这一开放系统,通过与外界进行物质及能量交换,自发调整生物与环境及生物与生物的关系,建立起相互联系、相互依赖并能完成特定功能的有序结构,且具有不断向前发展和进化的自然过程和行为。自然界通过自我组织,在一定的时间段内形成一部天然精致无比的"机器",被称为自然生态系统。它对太阳能的充分利用,对化学元素的循环利用,具有少消耗、高生产率又无废物的生产过程,是任何人工生态系统无法比拟的。

自然生态系统自组织的结果,是在具体的生境,在光、热、水、气等因素作用下,生物个体和种群抢占和适应各种生态位,组成了生物群落和食物链网络,是一个叠加在周围环境之上适应环境的生态系统,这也就是自然生态系统的自我设计。

在长期相互作用过程中形成的食物链结构,能够分层、分级地利用自然界提供的能量和物质,因而能养育如此众多的生物物种。自然生态系统能够以较低的能量消耗做更多的功来为维持系统的运行。任何人工群落,在利用天然能源方面,都远不能与自然群落相比拟,它们不是增加化石能源,就是对太阳能的利用不够充分。自然生态系统在能量利用上是天然合理的。

麦克哈哥(Mchorg)指出:"我一直主张,我们是为了发现那些自然本身已有的方案,而不是为某地区拟定一个武断的设计方案。"I. 麦克哈哥还指出:"自然对人类起着非常有价值的作用。比如高地吸湿性的森林,有助于减缓山下的洪灾,地下构造中贮藏着饮用水,原始土壤上生长出食物,沼泽地为鱼类和其他野生动物提供产卵栖息地。但不幸的是当人们制定他们的开发计划时,他们忽视了这些自然界的作用,并且毁掉了他们应该保护的东西……这是一种败坏而愚蠢的举动。当想制定一个我们所理解的开发计划时,我们应当首先面对自然界。"由于自然生态系统是天然合理的,人们在进行生态工程设计时,必须认识自然界已有的自然生态系统。由于人类长期影响,自然生态系统已不多见。但可以根据生境条件,推断出原有的自然生态系统的特征,称其为自然原型。仿效自然原型进行设计,保证生物与自然环境的适应,结合经济要求,才能最终设计一个理想的既符合自然界自组织原则、又能为社会生产更多物质财富的生态工程建设方案。

2.2 共生原理

人类同自然的关系,从石器时代到农业社会,是一种相互适应和共同进化的关系。这时人和自然界的关系,主要是共生而非对抗。工业化的第二次浪潮思维,不论是工业系统还是农业技术系统都是以征服自然和改造自然为"己任",把原有的人和自然的共生关系,改变成一种对抗关系。但直到目前为止,在人类对长时间、大范围的自然规律还缺乏完整的认识,对长时间、大范围的自然控制还无能为力的情况下,同自然对抗的结果,常常是在取得眼前利益的同时,便以为是对自然的胜利而沾沾自喜,但当受到自然报复时,才认识到以前的失误而追悔莫及。

目前,资源遭受破坏,环境严重污染,人类因食物、水和空气的污染而中毒,说明人类的生存环境越来越不适合人类的生存。人类应该觉醒,21世纪应该是人类与自然新的共生时代。

本来"共生"是生物与生物之间、不同系统之间的合作共存、互惠互利关系。如动物吸收氧气呼出二氧化碳,而植物通过叶绿体的光合作用吸收二氧化碳放出氧气,组成植物界与动物界在全球范围内的互利共生关系。又如豆科植物与根瘤菌的共生,赤杨属植物与放线菌的共生,蜜蜂与豆科、蔷薇科、菊科、猕猴桃科植物的共生都是十分有意义的互利共生关系。

人类与自然界的共生是指人类社会与自然界之间的互利共存关系。这是人类认识到第二次浪潮的"改造自然论"带来的环境后果之后提出的。英国的 R. J. 本耐特(Bonnet)和 R. J. 乔利(Chorley)在合著的《环境系统》一书中提出"由于对长时间、大范围的环境干涉策略的无能,促使人们通过'共生'来控制人类-环境系统"。实际上,人类社会和自然环境的关系中,有许多本来是"对抗"的事情,都可以按仿"自然原型"的原理,使其转化为"共生"的关系,实现"双赢"。如地处温带亚湿润地区的松嫩平原,其景观的典型特征是沙垅与洼地相间分布,多无排水出口的闭流区。过去人们多在洼地上种旱田,但每当 7—8 月暴雨集中时,多余降水排入无排水出口的洼地内,常造成内涝,并使易溶盐分在地表聚集,形成大面积的荒地。在这里进行生态工程设计,关键是要采取对自然环境和社会生产双方都必须有利的措施,才能是有生命力并能行得通的措施。在洼地上修筑沙坝,节节控制 7—8 月的暴雨径流,既防治内涝不使易溶盐的扩散破坏草场和农田,又可将洼地单一的生境改变为水下生境、半水下生境和水上生境,按不同生境分别种植耐盐的芦苇(*Phragmites communis*)、穇子(*Eleusine coracana*)、红麻(*Hibiscus Connabinus*),这样,一是可利用芦苇、穇子和红麻对盐分的吸收作用,排出土壤中过多的盐分改良土壤;二是红麻、穇子、芦苇都是造纸原料;三是控制暴雨径流,防治内涝,既除害又兴利,既改善了生态环境,又增加了经济效益。这就是利用"共生"原理来控制人类环境系统,将人类与环境的"对抗"关系,通过生态工程转化为"共生"关系。事实上,人类社会与生态环境的许多对立关系,都可通过生态工程使其转化为共生关系。

应用互利共生原理,生态工程就要利用各种多样性,如工业部门的多样性,农业部门的多样性,林业及牧业部门的多样性,自然资源的多样性等,研究它们之间产生"共生"的各种可能组合。多样性、异质性越强,这种"共生"组合的可能性越多。美籍日本人丸山孙朗有一句名言:"最有生命力的不是最强壮的,而是最共生的。"因此,生态工程的设计,首先要研究异质事物,甚至于矛盾事物之间的"共生"问题,用"共生"思想转化矛盾,常常是既节约而又有效。如把农林牧的关系组成"共生"关系,就可能将农林争地、农牧争地的局面,转化为以牧养农,以农促牧,以牧兴林的关系。工农关系也可以通过生态工程设计,建造"共生"组合。如把多年亏本的机械工业,转产为农副产品加工的机械制造业,制造小型的加工农副产品的机器,不仅对发展乡镇企业大有好处,而且为机械工业开辟了市场,使机械产品扩宽了销路,这当然是互利共生的工农关系。城市与郊区也有许多矛盾,如许多大中城市,甚至小城市郊区都堆放着许多城市垃圾,造成环境污染。如果将城市生活垃圾中的有机物分离出来,人工养殖蚯蚓,蚯蚓作为动物性蛋白质,变成饲料添加剂,发展饲料工业,蚯蚓粪便制成有机-无机复合颗粒肥料,发展粮食生产,这样就可以化害为利,把矛盾的事物转化为"共生"的事物。这对治理城市环境、防治污染有利,对郊区农牧业生产也有利。

2.3 正负反馈调节原理

2.3.1 因果关系

系统内相互联系的组成部分之间,总是具有因果关系的。为了解系统的部分与整体之间及部分与部分之间的关系,可将复杂的整体通过因果关系加以分解,借以简化。

因果关系,可用箭头连起来,自 A 指向 B 的箭头,即表示 A 对 B 的作用,A 是原因,B 是结果,它们共同组成因果关系键(图 2.1)。

如果变量 A 增长,B 也随之增长,或变量 A 减少,B 也随之减少,即 A 和 B 变化方向一致,则称这种关系为正因果关系,用"+"表示。若 A 增加,引起 B 减少,或 A 减少,引起 B 增加,即 A 和 B 的变化方向相反,则称为负因果关系,用"-"表示。

2.3.2 反馈关系

1. 反馈的概念

在系统中,把输出反过来馈送给输入,就称反馈。反馈是原因和结果的逆向联系,如图 2.2 所示。

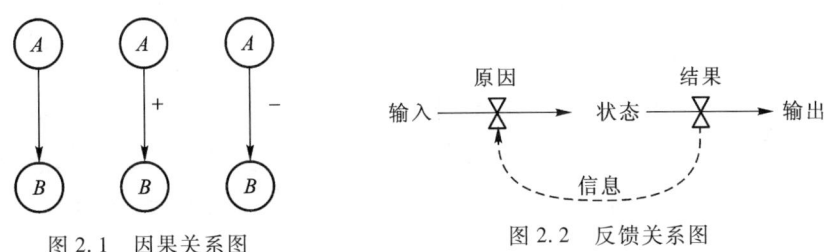

图 2.1 因果关系图   图 2.2 反馈关系图

原因影响结果,结果又影响原因。原因与结果通过信息流组成一个闭合的反馈系统,称之为因果反馈环。

因果关系有正和负之分,那么由这些带极性的因果关系联结而成的因果反馈环,必然也有正反馈环与负反馈环之分。

2. 正反馈环

当因果反馈环中的一个变量发生变化,通过环中各组分间依次发生的连锁反应,使变量的变化增强,最后使系统远离初始状态。这种自我强化的因果反馈环称为正反馈环。如图 2.3 所示,植被密度、水土流失量与土壤肥力组成的相互关系中,植被密度越少水土流失量就越多,是负相关;水土流失量越多,土壤肥力就越低,是负相关;土壤肥力就越低,植被生长不良,密度下降,是正相关;结果各因子首尾联结起来就是正反馈环。如植被减少 Δc,引起水土流失量增加 Δm;水土流失量增加 Δm,土壤肥力则减少 Δb;土壤肥力减少 Δb,又引起植被密度减少 $\Delta c'$,其总结果是植被密度减少 $\Delta c + \Delta c'$。所以在正反馈环中,这种初始原因的自我强化,促使系统逐渐脱离它的初始状态,所以它有自我崩溃的作用。一个小的起伏,可引起大的涨落。

3. 负反馈环

当因果反馈环中一个变量发生变化,通过环中各组分间依次发生的连锁反应,使变量的变化减弱,最后引起变化趋于稳定,系统保持其初始状态,不使变动过大,所以负反馈环具有自我调节的作用。如图 2.4 所示,空气中 CO_2 的含量越多,因温室效应而使地球的气温升高,是正反馈键;地球的气温升高,又使植物生长茂盛,就大量吸收 CO_2,反而引起 CO_2 减少。如 CO_2 增加 Δc,引起气温提高 Δt;气温增加 Δt,又引起植物增长 Δp;而植物增长 Δp,反而使 CO_2 减少 $\Delta c'$。最终是以 CO_2 增加 Δc 开始,又以 CO_2 减少 $\Delta c'$ 结束,其总结果是 CO_2 变化为 $\Delta c - \Delta c'$,其变化减弱。

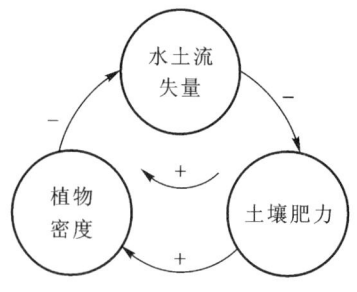

图 2.3 正反馈环图

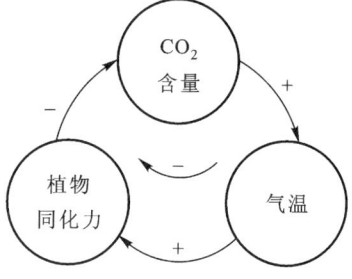

图 2.4 负反馈环图

4. 正负反馈环的耦合

一个生态系统,或一个自然系统,甚至一个社会系统,常常不是由一个反馈环组成,而是几个甚至十几个正负反馈环相互连接构成复杂的相互关系网。虽然每一个反馈环有正有负,但是整个系统的行为本身并无正负之分。正负反馈环结合成的耦合,由于正反馈环的自我增强作用和负反馈环的自我调节作用并不总是相等,虽然它们之间有互相抵消的趋势,但就整体系统来说,必然是在稳定与变动,增长与衰减间相互变化。当负反馈环自我调节作用强于正反馈环的自我强化作用时,系统就呈现出趋于稳定的行为;但当正反馈环的自我强化作用胜于负反馈环的自我调节作用时,系统就出现无限增长或急剧衰减的行为。正是正反馈环与负反馈环的相互作用,决定了系统的行为。如图2.5所示,老鼠的总数越多,出生数就多,出生数越多,鼠的总数更多,组成一个无限增长的正反馈环。但老鼠总数还与它的死亡数为正相关关系,老鼠死亡数越多,则其总数就越少,成负相关关系。整个组成一个自我调节的负反馈环。可见老鼠总数这个状态变量同时受出生数和死亡数所控制。当出生数所在的正反馈环的自我增强的作用高于死亡数所在的负反馈环自我调节作用时,老鼠总数将呈增长的趋势;但当死亡数所在的负反馈环的自我调节作用胜于出生数所在的正反馈环的自我增强作用时,老鼠的总数将保持稳定,没有更大的变动。

2.3.3 反馈调节

在一个系统中,利用正负反馈的耦合关系,根据系统的问题和解决问题要达到的目标,通过正反馈环的自我增强作用和负反馈环的自我调节作用的加强和减弱,可以控制系统的变动方向和发展趋势,这就是反馈调节。如在正负反馈环的相互关系中,人们完全可以通过调节死亡数量与出生数量来实现对老鼠总数的控制,因此,出生数量与死亡数量都称为控制变量或决策变量,而老鼠总数则称为状态变量或水平变量。如在上述老鼠动态变化模型中,如图2.6所示,在负反馈环上增加一个新的正相关。即老鼠总数多,养猫越多;猫多则老鼠死亡速率就大,老鼠总数减少得更快;这样使负反馈环胜过正反馈环,以控制老鼠总数,不使其增长过快,就是利用正负反馈环调整原理,控制系统的行为。根据这个简单

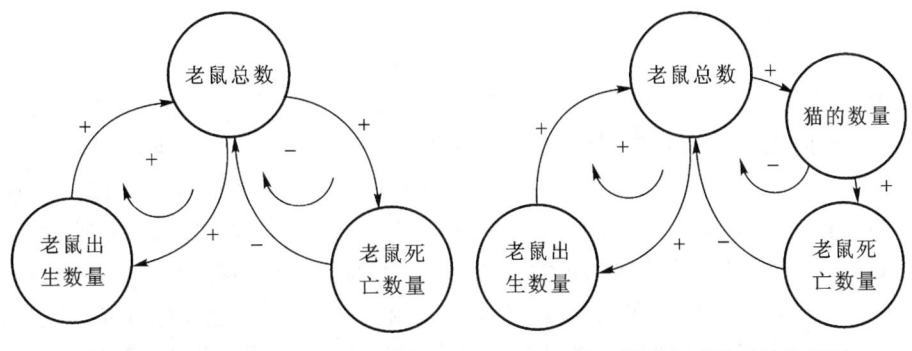

图 2.5　正负反馈耦合图　　　　图 2.6　增强负反馈环的作用图

的原理,可以研究许多控制系统行为的策略。如制定控制土地退化的策略,荒山复原策略,沙地治理策略及草地改良策略等。

以上是在负反馈环加上一个正相关,以加强自我调节的作用。更多的是使正反馈环变成负反馈环,以使系统向稳定的方向发展。如图2.7和图2.8所示,就是在本来已经由于开垦沙地造成的恶性循环的正反馈环上,种植豆科植物沙打旺(Astraglus adsurgens),就可使沙化面积减少,把正反馈环转变为负反馈环,使沙地向稳定的方向发展。

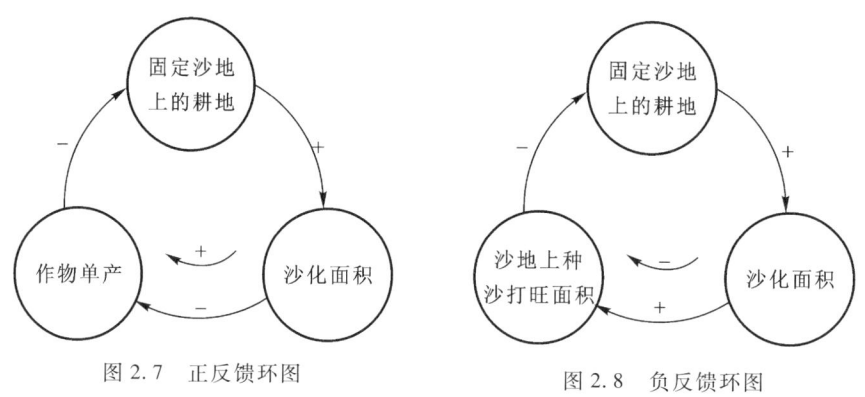

图2.7 正反馈环图　　　图2.8 负反馈环图

在利用正负反馈环调节原理时,如果要保持系统的稳定,就一定要加强负反馈环的作用,使负反馈环胜过正反馈环,防止其脱离初始状态的过快增长。具体措施必须根据问题研究各变量间的真实关系,根据这种关系,绘制因果反馈关系图,研究调节策略,通过增加反馈键,以改变系统行为,使其向有利的方向发展。

2.4 正常立地理论

正常立地也称标准立地,是指在生态序列处于正常位置的立地。所谓正常位置,是那些能反映大气候的水、热条件的平坦部位,在这样的部位上才能发育与大气候相适应的土壤和生长与大气候相一致的植被。正常立地处于高亢的平地上,排水良好;没有强烈侵蚀,也不发生明显的堆积;地下水距地表较深,不影响土壤发育;土壤质地粗细适中,不沙不黏;土壤养分和土壤水分收支正常,在这样的位置,才能发育与大气候相一致的土壤和生长与大气候相一致的植被,加拿大的G.希尔斯(Hills)称之为正常自然立地。受地方地形的影响,常常从高到低发生地形的垂直分化。在地方地形的垂直分化系列中,立地也发生分异,除了那些发育有与大气候条件相一致的土壤和植被的正常立地外,还有一系列与大气候条件不相适应的非正常立地。G.希尔斯称之为近正常自然立地(internormal physiographic site)，超常的自然立地(extranormal physiographic site)及异常的自然立地(paranormal physiographic site)。

近正常立地在地形垂直分化系列中处于正常立地附近的位置，但与正常立地有一定偏离：比正常立地稍热，或稍冷；比正常立地稍湿，或稍干。由于地方气候的差异，引起土壤亚类或土种的变化及植物群落与正常立地有所偏离。

超常立地在地形气候和气候水文特征方面同正常立地有极大的偏离，因而引起土类和植被群、系、纲发生变化。如在暖温带亚湿润地区分布着半干生落叶阔叶森林草原褐土这种超地带的表现就是超常立地。温带亚湿润地区森林草原黑土地带的东部边缘在花岗岩低丘上分布着暗棕壤，也是这种超常立地的表现。

异常立地在地形分化系列中，占据着极端的位置，处于一个地域中的最高或最低、最干或最湿的地方。如一个地域最湿的立地，其特征是土壤水分过多，植被为半湿生性质；另一种是很干的立地，其特征是岩生立地，土壤水分极少。这些都很难发育与大气候相适应的土壤和植被。

显然，不同的自然立地，各有自己独特的自然原型，有自己独特的与环境相适应的生态系统。

标准立地理论对生态工程有着重要作用，它可以把生态系统的垂直结构与水平结构联结起来，尤其对研究生态系统的空间相互作用与时间演替具有认识论意义。标准立地理论对于正确认识顶极群落及生态平衡也是非常重要的理论。更为重要的是认识了标准立地，就有可能通过人类与自然界合作共同创造与自然规律相符的新自然环境、新的生态系统。如在每个自然区都可以"仿效自然"设计出与当地大气候条件相适应的速生丰产的生物群落和肥沃持久的人工土壤的新生态系统，这对自然资源管理、自然保护以及在产业发展的同时进行环境建设都具有重要意义。

2.5　局部控制与全局调节原理

2.5.1　整体与部分

整个生物圈是一个多级层次系统的有序整体，每一个高级层次系统都是由具有自己特征的低级层次系统所组成，细胞组成有机体，有机体组成种群，不同种群组成生物群落，生物群落与周围环境一起组成生态系统，生态系统又与景观生态系统一起组成总人类生态系统。按 Z. 纳维(Naveh)的意见，"总人类生态系统是通过地理圈对技术圈和生物圈生态区的整化，是全球景观和最大的系统。"

在生物圈的等级组织中,不存在绝对的部分和绝对的整体。任何一个等级,对比它低的等级来说,它是完整的整体;但对比它高的等级来说,它又是从属的部分。A.考斯特勒(Koestler)称这种二重性为整体性部分。他认为:"由于它是更高级整体的一部分,因而有自我超越的趋势;又由于它在整体等级中保持个体的自主性,它又有自我肯定的特性。"比如生态区,对比它高的等级生态地带来说,它是生态地带的一部分,许多不同的生态区组成生态地带;但生态区对于生态链来说,它又是独立的整体,是由许多不同的生态链组成的。所以生物圈中的每一个等级,都是相对独立的整体性部分的等级系统,它既有独立性又有从属性。

整体性部分概念的出现,弥合了第二次浪潮思维的还原论和第三次浪潮思维的整体论的矛盾。把部分与整体联结起来,把绝对化的双方合二而一。这是人类思维方式上一次真正的进步。

2.5.2 生物圈的等级组织原理

1. 生态系统等级树

整个生物圈是一个多重的等级组织,从生物个体到种群,从生物种群到生物群落,从生物群落到生态系统,从不同等级的生态系统到整个生物圈组成一个多级有序整体。

自然界的等级组织不是线状的等级系统,而是树枝状的等级系统,系统树的每一个分枝都是一个子系统,而子系统又分为更低级的子系统。

2. 局地等级

生态系统的局地等级有生态元、生态段和生态链。

(1)生态元:生态元是生态系统的最小单元,它是地球表层在垂直方向和水平方向上都一致的地段。具有一样的生物群落,以及与此生物群落相适应的地质基础、地貌单元、小气候条件、地方水文特征,形成一个土壤变种,有同一的土地利用方式,并且生物与非生物环境之间的相互作用具有相同的特征。

生态元是同质的单元,而不是异质的单元,它的内部只允许有一个土壤变种,一个生物群落,一样的小气候及水文条件;在垂直方向上也具有相同的乔木层、灌木层、草木层及地下层等。实际上生态元是生态系统中最简单的不可再分的单元,如果对生态元再进行划分,就不再是生态系统的单位,因为它们不是群落水平,不是地域水平,也不是生态系统水平。

(2)生态段:生态段是不同的生态元有规律的结合体。由生态元结合成生态段是受地形形态制约的,如河流阶地前缘的生态元,阶地后缘的生态元以及阶地面生态元,由于成因上的联系,共同组成高一级的生态单位——生态段。这里的生态段是由河流阶地前缘生态元、河流阶地后缘生态元、河流阶地面生态元三个不同的生态元组成,当然生态段就不是同质的单位,而是异质的单位。可见生态段是一组不同的生态元分布在特定的地形面上,常有明显的天然界线与另一生态段相区别。

如上所述,生态元是不可再分的单位,但生态段是可以再分的,它由不同的生态元组成,可以划分成不同的生态元。

(3) 生态链:生态链是一些在地域分布上和发生上有生态联系的生态段的有规律的组合,每一个生态链都有自己的一系列相互更替并有物质与能量联系的生态段。形成从高到低不同的生态系列的重要因素,是新构造运动引起的地形形态的变化。但局部分水岭、斜坡、河谷、水泊,在自然关系方面不是孤立的地段,而是有紧密互相联系相互制约的统一体的一部分,这种统一体就是生态链。实际上,在局部分水岭发生的变化,其主要方面是物质和能量的变化。这些物质和能量随着地表径流和地下径流从分水岭被带到斜坡、谷底及水泊中,这就必然引起斜坡、谷地及水泊发生变化。这种物质和能量的联系,一方面是景观地球化学的联系,另一方面是景观地球物理联系以及生态系统上的联系。正是这些客观存在的自然联系才将处于同一个地形垂直分化系列中的不同的生态段结合成生态链的。可见,生态链也不是同质单元,也是异质单元,它的内部比生态段还要复杂。

3. 地域等级

(1) 景观:一系列地方性的生态系统,在一地重复出现,就构成了景观,在更大尺度的区域中,景观是不重复的、对比性强、粗粒格局的基本单元。

德国的 C. 特罗尔(Troll)定义景观为"综合了地理生物圈和智慧圈中的人为事物和人类生存空间的总空间和可见实体"。

苏联贝尔格认为:"景观是物体基本现象的总体或组合,在这个组合中,地形、气候、水文、土壤、植被和动物界的特征与人的活动融合为统一的、协调的整体,典型地重复在地球一定的地带区域内。"

景观是一系列地方性的生态系统,在一地典型重复出现,其中生态元、生态段及生态链通过物流、能流和物种流的相互作用,组成有特殊构形的统一整体。

(2) 生态地带:生态地带是在标准立地上发育有与大气候的水、热条件相适应的生物群落及生态系统的总和,它具有随大气候条件的变化而呈带状分布的特点。如温带湿润地区针阔混交林暗棕壤生态地带、暖温带亚湿润地区落叶林褐土生态地带和北亚热带湿润地区常绿阔叶林红黄壤生态地带等都是生态地带的例子。

维系生物圈等级组织的是物质和能量的交换。低级组织通过能量交换和物质联系,组成高级组织。生物细胞组成器官,许多生物器官组成生物个体,不同的生物个体组成生物群落,生物群落与周围的物理环境一起组成生态系统,低级生态系统组成高级生态系统,都是靠能量交换和物质联系才能够实现的,既然低级组织通过能量交换与物质联系组成高级组织,那么,高级组织通过能量交换与物质联系也能够影响低级组织。

由于生物圈是一个开放系统,不仅整个生物圈与外界有物质与能量联系,生物圈内各个多重的等级组织中间,也有物质和能量的联系。因而对低级组织的局部干扰,可以影响整体,若对低级组织局部控制,又可以使整体得到调节。如小流域的上、中、下游,其左、右岸的丘陵斜坡的上、中、下坡,台地、阶地及河漫滩等单元,在自然联系方面都不是孤立的地段,而是有物质联系的统一整体的一部分。因此,将分水岭、斜坡变成荒芜土地以后,必然对整个流域产生重大影响。这些影响不仅是径流,而且影响空气流、土流等许多物质流,还影响能量流的固定转化和循环,最终使生态系统整体产生系列性变化。如果对分水岭及斜坡按自然原型加以控制,选择那些适合于该立地类型的生态建设方案,从局部控制入手,也会使整个小流域得到调节。这就是目前人们对长时间、大范围的自然控制还无能为力的情况,只有从小范围的局部控制入手,才能在全局上得到调节。因为当今的世界,人们对小范围内的局部控制,还是积累了许多有益的经验。

由于生物圈是物质和能量流、信息流联系的多重等级组织,对低等级的局部干扰,通过逐级的连锁反应,就可以使整个生物圈受到影响。例如,人们在局部地区燃烧煤、石油和天然气等化石燃料,首先使局部地区的大气 CO_2 含量增加,通过对流层的大气环流作用,使全球大气 CO_2 浓度增加。根据夏威夷岛冒纳罗亚山峰附近一个测站 1960—1990 年观测到的大气 CO_2 含量(体积分数),1960 年为 326×10^{-6},而 1990 年为 350×10^{-6},平均每年约增加 1×10^{-6}。与之类似,南极 1975—1990 年 CO_2 体积分数由 335×10^{-6} 增加到 350×10^{-6},15 年增加 15×10^{-6}。这种全球大气 CO_2 浓度增加的趋势,是人们在局部燃烧化石燃料引起的全球性后果。但要想解决这种全球性的环境问题,从全球入手是无法解决的。因为到目前为止,人们对大范围的自然控制仍然是无能为力的。因此,必须从局部控制 CO_2 的浓度入手,在大量燃烧化石燃料迅速增加 CO_2 浓度的工业城市内部及其郊区,大量植树造林,增加绿色覆盖面积,以通过光合固定控制 CO_2 浓度使其在局部降低,促进全球大气中 CO_2 浓度得到调节。这就是在低等级的局部控制以求在全局上得到调节。

2.6 生态结构与生态功能相互作用的原理

生态结构是生态系统各组成部分的组织形态及各组成部分之间的相互联

系、相互作用方式,或生态系统各生态元的分布格局及各生态元之间的相互作用方式。以往系统的各组成部分所代表的系统结构,常被说成是"七山一水二分田",这实际上是该地域的土地结构。这一形象的描述只道出了结构的一半——静态的结构,更重要的一半——动态结构,山、水、田相互作用和相互联系的性质却难以用语言描述出来。如基本电路的结构有电流、电压和电阻,这仅是静态的电路结构,更重要的是电流 = 电压/电阻,才真正代表了电路的结构。只有掌握了电流与电压、电阻的相互关系才能揭示这组事物的规律性,才能完整地表达他们之间的结构关系。只有从结构上认识事物才能掌握多部分之间的相互作用方式,才能既了解部分,又掌握整体,否则我们占有的仅仅是资料——一堆支离破碎的混合物;一些观察结果和互为矛盾事物的简单堆砌。

2.6.1 生态系统的结构

生态元—生态段—生态链—景观—地带—带—生物圈通过能流、物流、物种流和信息流组成了一级比一级高的等级结构。在生态元中主要以物流和能流的联系为主;生态段与生态链除能流、物流外,还有物种流在不同的异质性单元之间的流动。等级越高其联系越差,结合力也越弱。

1. 生态系统的垂直结构

生态系统在垂直方向上组成物质形态不同、性质各异但又互相联系的"千层饼"构型,如生态系统中的乔木层、灌木层、草本层及地下层。它们之间通过能量交换和物质的循环(C、H、O、N 的循环)与代谢联系等组成生态系统的垂直结构。

2. 生态系统的水平结构

生态系统在水平方向上的分布格局以及各部分之间的相互关系,组成了水平结构。生态系统是分等级的,它的结构也具有等级性。如生态段的结构是地域上相邻的异质的生态元的空间构形及各生态元之间的相互联系性质;景观结构是地域上相邻的异质的生态系统的空间分布格局及其间的相互联系性质。可见等级越高,结构越复杂。

3. 信息反馈结构

信息反馈结构是生态系统各种反馈环的组成和各反馈环之间的相互联系性质,如林、草、田复合生态系统因果反馈的结构图即反映了系统中各要素之间的信息往复联系。

4. 时间结构

在时间轴上生态系统随时间的节律变化而构成的一系列状态的组合,如萌发、出叶、开花、结果、成熟、落叶等。这种时间结构是生物与周围环境节律相匹配的结果,只有时间结构配置好,才能充分利用光、热、水、气、土等资源,如日均温≥10℃才是植物的活跃生长期,只有充分利用这种光、热、水、气、土资源,才能使生物季相与之配合好,才能获得丰收。

2.6.2 生态功能

生态功能是指有特定生态结构的生态系统通过生态流在与内部及外部相互联系中表现出来的作用。生态系统的主要功能是生产功能与保护功能。生产功能是生态系统的生产者通过光合作用,将从土壤和空气中吸收的养分、水分和CO_2制造成有机物的功能。生态系统的保护功能是生态系统在生产过程中发挥自我施肥、自我调节、自我稳定机制的作用,保持生态系统健康发展的功能。一个生态系统既要生产,又要稳定,就必须将生产功能与保护功能结合起来,才能持久发展。但无论生态系统的生产功能还是保护功能的充分发挥,都与系统的供给功能、处置功能、抵制功能和保存功能的耦合有关。生产功能常能带来有形的物质效益,它可以用货币形式表达出来,并以此计算其经济效益;生态系统的保护功能常常是无形的,但正是这种无形的保护功能,保证了生产功能有形的物质利益的获得。可以想象,黑土高平地的旱田生态系统中,若黑土遭受严重侵蚀,其生产功能就不能有效地发挥,也就没有高的经济收入。

1. 生态系统的供给功能

生态系统的供给功能是生态系统从周围环境获取物质、能量、信息和物种供给系统运转,保持系统稳定状态最低需要的能力。生态系统生产行为和系统的建造行为都与供给功能紧密相关。如果一个生态系统不能从周围环境中摄取足够的物质、能量、信息和物种,就称为进料不足。这时,系统的生产和建造就会受到损失,引起系统结构不稳定,甚至崩溃。

在一个周期又一个周期连续生产的情况下,这种供给功能也是一种恢复功能。因为靠供给功能输入到系统的物质、能量、信息和物种,由于系统的生产和建造而降低或消耗殆尽时,需要供给功能不断地供给,才能使系统恢复到一个保持系统稳定状态最低需要的水平,所以它也是复原功能。

2. 生态系统的处置功能

生态系统的处置功能,是将供给功能输入的物质、能量、信息和能量加以处理,或将它们转移,或将它们排除。处置功能与供给功能一起,共同保持系统稳定的最低需要;不过一种功能是靠供给保持系统稳定的最低需要,一种功能是靠排出来保持系统稳定的最低需要。系统的处置功能也与系统的生产行为与建造行为有关,如果系统不能顺利地排出无用的物质、能量、信息和物种,就称之为阻塞。这时,系统的生产行为和建造行为也将受到损失,也将引起系统的不稳定。

同供给功能一样,处置功能也是一种恢复功能,不过是另一类恢复功能。因为在一个周期又一个周期连续生产的情况下,必然带来一系列废弃物及无用能,这些废弃物与无用能,如果不及时排出,系统将无法进行再生产。如果输入的本身就有污染物,那也要通过处置功能将它们排出。

3. 生态系统的抵制功能

生态系统的抵制功能,是防止物质、能量、信息和物种,从周围环境进入系统内部,以保持系统不超过它的最大忍耐限度。生态系统的抵制功能,是从选择和调节两个方面起作用的,当污染及有毒物质等进入系统太多时,为了保持给定水平的保护力,它通过抵制功能控制它的周围环境。

生态系统的抵制功能和进料过多是相反的过程.当周围的环境作为"源"向系统不断输入时,如果没有抵制功能,系统就会因进料过多而超过它的最大忍耐限度,这将使系统瓦解。因此,这种抵制功能是防御性的,它防止进料过多,以避免系统恶化。

生态系统的抵制功能,与处置功能有一定的联系,只不过一个是从"禁止入内"起作用,另一个是通过"快速排出"来达到目的。

4. 生态系统的保存功能

生态系统的保存功能,是把从周围环境输入到系统内部的物质、能量、信息和物种存储在系统内部的能力。如果一个生态系统不能存储从外界进入的物质、能量、信息及物种,只是稍一过境,便很快失去,这就称为流失。这种流失作为一个源向它的周围环境输出的太多,那么这个系统的生产力就不会太高,系统也是不健全的。这种保存功能是和这种流失对立的。

保存功能与供给功能有一定的联系,不过前者是"防止外流",而后者是"加速进料"。

保存功能与抵制功能都是防御性的,一个是保存有用的能流、物流,防止外流;一个是阻止有害的能流、物流的进入。

5. 几种功能的相互关系

供给功能、保存功能、处置功能与抵制功能既相互排斥又相互补充,以维持系统的运行及发展。当供给功能降低时,加强保存功能就能增加系统的整体功能;抵制功能降低时,加强处置功能也可将污染物处理掉。

供给功能、保存功能、处置功能与抵制功能相辅相成,共同对生态系统的生产功能和保护功能起作用。可以利用这四种功能,调节生产功能与保护功能的关系,以生产更多的社会财富,又能维持一个可持续发展的生态系统。

6. 四种损伤类型(扰动类型)

(1) 进料不足:系统作为汇从环境中获得的输入太少,它不能从周围环境得到更多的物质和能量,不能保证稳定状态的最低需要,也就不能在给定水平上保持其本身的保护力。

(2)阻塞:系统作为实际的源对其周围环境输出的太少,它的无用能及废物不能及时地排出去而呈滞留状态,系统会因超过它的最大忍受力而遭到损伤。

(3)进料过多:系统作为潜在的"汇",从周围环境得到太多的能量和物质,尤其是从"源"中得来的污染物或废弃物太多、或水分太多如暴雨等,造成滞留状态,系统也因超过其最大的忍耐力而受到损伤。

(4)泄漏:系统作为潜在的源,因对周围环境输出过多的能量和物质致使系统满足不了其最小需求的能力,系统也会受到损伤。

2.6.3 结构与功能的关系

生态系统的结构与功能是紧密联系、密不可分的。结构是功能的基础,没有一定的结构,功能就无法得到实现,因此结构决定功能,没有良好的结构,难以完成健全的功能。但生态功能是生态结构在生态流作用下,在与内外相互联系中所表现出来的能力,可以说功能是结构的表现。人们认识生态结构,为的是充分利用其功能,为人类生产更多的物质财富,又不破坏生物圈的组织原则;人们根据自然界自组织原理调整结构,为的是改善系统功能,使其对人类社会和自然界都有益处;人们按自然规律建造新的生态结构,为的是获得新的功能,使系统向更加完善的方向发展。

2.7 生产功能与保护功能耦合的原理

一个生态系统既要生产,又要保护自身的稳定性和周围的环境,以便持久地利用自然,就必须将生产功能与保护功能结合起来。

利用生产功能与保护功能相结合的原理进行生态工程建设的设计,主要是根据不同的立地类型,按 E. P. 奥德姆(Odum)的分室模型进行。如在我国东北丘陵区,将丘陵顶部建设成具有保护功能的生态系统,这是对已经退化的丘陵顶部进行生态恢复和重建的模式。其最终目标是恢复以红松(*Pinus koraiensis*)为主的针阔叶混交林。利用丘陵顶部残存的次生针阔叶混交林,建成具有较高生产力的保护性生态系统,以保护动物及植物的物种基因库和与之相适应的生境。

在丘陵的斜坡部分,营造长白落叶松(*Larix olgensis var. Changpaiensis*)、紫椴(*Tilia amurensis*)及胡枝子(*Lespedeza bicolor*)、紫穗槐(*Amorpha fruticosa*)为主的等高间作、乔灌结合的针阔叶混交林,建设缓冲型的生态系统。它既可以对环境起保护作用,又可以培育用材林,待成林后采取择伐的形式,为人类的生产和生活提供木材。紫穗槐、胡枝子的茎叶,可以制成草粉、饲料,用来发展畜牧业,在短期内就可以收到较明显的经济效益。

丘陵间的谷地,在斜坡有林木植被保护的条件下,可以建成具有生产功能的生态系统。在平坦丘陵上,以种植美国籽粒苋(*Amaranthus hypochondriacus*)为好,美国籽粒苋是一种三用作物,其鲜叶可作蔬菜,养分比菠菜(*Spinacia oleracea*)更好;茎秆为作为优良的牲畜饲料;籽粒苋的种子还可制成高蛋白食品。一般大米的粗蛋白含量为7%、赖氨酸含量为3.3%,而美国籽粒苋的粗蛋白含量为15%~16%、赖氨酸含量为5%~5.5%。籽粒苋的粗蛋白质含量是大米的2倍,赖氨酸的含量是大米的1.7倍。人体对赖氨酸和蛋白质的需求量高,因此,籽粒苋又是一种高蛋白的植物性食品,非常符合人类的营养需求。更重要的是籽粒苋产量较高,年产干茎叶 $10\sim15\ t/hm^2$,年产种子为 $2\sim3\ t/hm^2$,茎叶作饲料,种子作人类的高蛋白食品,其经济效益远远高于其他作物。

这种将丘陵顶部建成保护型生态系统、丘陵斜坡建成缓冲型生态系统、丘陵间谷地建成生产型生态系统的模式,就是把生产功能与保护功能相结合,建设成一种可持续的既能生产又不断改善环境的生态系统的实例。

2.8 物质与能量多层利用及循环原理

生物圈是一个最有效率的超级工厂,它每年转化 2×10^{11} t 的碳和有机质,生产 10×10^{10} t 的氧气,转化几百万吨的重金属,不仅不发生原料的短缺,也没因废物处理问题而引起环境破坏。生物圈不仅能养育如此众多的生物物种,还能在一定限度内排除那些违背自然规律而带给它的干扰,通过自我调节达到自我恢复。其中的奥妙就在于物质与能量转化及多层分级利用。一个组分的"废物",正是下一组分的原料,一个组分固定的太阳能,可以转化为下一组分的躯体质量。这种多级的能量转换和物质循环模式,是目前任何人工生态系统都无法比拟的。物质在生物圈中循环往复,充分利用;能量在生物圈中多次转化,合理流通,使得生物圈的资源虽然有限,但不发生资源危机;能量虽然主要是来自太阳能,但利用起来最为合理。植物光合作用生成的氧气,对绿色植物来说是剩余物、副产品或"废物",但对动物来说,却是重要的生命之源;动物呼出的 CO_2,对动物来说是废物,而对绿色植物来说,CO_2 正是它的极为可贵的原料。这种关系只在生物圈的物质循环与能量转化过程中才有如此机巧的配合。总自以为人是自然界主人的人类社会却很少见到这种化害为利,化废为宝的实例。

生态系统的垂直结构,第一乔木层、第二乔木层、第一灌木层、第二灌木层、草本层、地被物层及地下不同根群的分布层,分别对太阳光、热、水、土、空气进行多级分层利用,使物质循环最充分,能量转化和利用最合理。与之相反,人工林如马尾松(*Pinus massoniana*)纯单层林、桉树(*Eucalyptus robusta*)、湿地松(*Pinus elliottii*)、落叶松(*Larix gmelinii*)、杨树(*Populus*)单层林,在物质循环与能量转化效率上无法与多层的天然林相比。

在生态系统中,物质始终处于循环利用之中。例如,植物从土壤中吸收营养元素,合成有机物,植物死亡后,有机物分解,营养元素重新回到土壤中。

生态工程对生态系统进行设计时,一定要重视生物圈在物质循环及能量转化中多层分级利用的原理,才能使系统能量损失最小、物质利用最充分,少废物,甚至无污染,经济投入少,生态效率高,既生产更多的物质财富,又保持良好的自然环境,为建立循环经济奠定基础。

2.9 仿生原理

仿生有广义的仿生和狭义的仿生,这里指的是狭义的仿生,主要是模仿自然界中生物与生物之间的关系行为。达尔文在进化论中阐述,生物为了保持自己种群的延续,在行为和生活史对策上都表现出对环境的适应性。在生态工程中,仿生物行为能改善状态不佳的生态系统的结构,完善其功能,使其以最小的物质能量消耗,维系系统的可持续发展和较高的物质产出,创建与自然相和谐的生态系统。

2.9.1 仿植物的相生相克行为

相生相克现象是一种植物通过向环境释放化学物质,影响周围其他植物的现象。释放的大部分克生化合物都对他种植物起作用,克生化合物具有选择性、专一性的特点。它可通过抑制细胞分裂或伸长,引起根细胞膜去极化,使阴离子、阳离子的透性增加,改变植物体内水分状况,改变激素水平或影响激素平衡等状况。因此,应充分利用克生化合物的选择性、专一性特点,研究农作物间、作物与杂草间的相生相克关系,并在农业生态工程中模仿这种行为,以最小的经济投入,获得最大的生态、经济产出。

在相生相克行为中,相克现象是主要的,例如,许多杂草产生的化学物质对作物的生长有严重的抑制作用;苇状羊茅(*Festuca arundinacea*)分泌的次生物质对油菜生长有影响,它的初提物抑制菜豆、绿豆的发芽、生长;反之,作物分泌的抑制物对杂草也有抑制作用,如黄瓜、向日葵(*Helianthus annuus*)和大豆的某些品系,能削弱周围杂草的生长。但相生现象也是常见的,如几种豆科植物能促进玉米,特别是晚熟品种的生长。利用植物间的克生效应抑制杂草的生长。对克生植物的应用,一方面可把有克生性状的植物制作堆肥,或在轮作制中用一种有克制作用的作物,收获后把秸秆留在田中,另一方面还可通过分离、鉴定,人工合成相生相克化合物,制作新型除莠剂。

2.9.2 仿动物的利他行为

所谓利他行为是指那些靠牺牲自身生存和生殖而增加其他个体生存机会和生殖成功率的现象。利他行为主要有三种表现形式:第一"亲缘利他",即有血缘关系的生物个体为自己的亲属提供帮助或作出牺牲。第二"互惠利他"即没有血缘关系的个体为了回报而相互提供帮助。第三"纯粹利他",即利他者不追求任何针对其个体的客观回报。如汤姆逊瞪羚的利他行为,当狮子或猎豹接近时,往往会有一只瞪羚在原地不停的跳跃向同伴们发出警告。这是一种非常特殊的行为方式,按一般原则,最早发现危险时应该最早逃跑才是最佳的生存策略,但它却放弃了第一时间逃生的机会,并以此为代价向同伴报警,使自己暴露在捕食者面前。这种纯粹的利他行为是一种符合种群利益最大化的生物性状,在生物长期进化过程中保存下来,是符合进化论自身逻辑的,因为所谓进化是生物种群的进化,而不是生物个体的进化。现代生物学的进化和遗传理论认为,物种演进的目标是"基因遗传频率的最大化",一般生物都会按照"基因遗传频率最大化"的要求来"理性"地计算和规划自己的行为。一般推断,两个具有"纯粹利他"倾向的生物个体更容易营造一种协作氛围,与两个只有利己倾向的生物个体相比,他们可能具有更高的生存适应性。

在生态工程设计中,模仿自然界中动物的利他行为,特别是在引进外来种过程中,按动物的利他行为引进具有"纯粹利他"倾向的生物个体,更有利于为生态系统营造一种和谐的氛围,对于保护生物多样性及维持种群的延续都具有重要意义。

思考题

1. 何为自然原型?为什么说自然原型是天然合理的?
2. 何为共生?为什么在生态工程建设中必须遵循互利共生的原则?
3. 以沙地生态系统为例,说明正负反馈环对系统状态的作用。
4. 如何理解标准立地?在生态工程建设中标准立地理论有何应用价值?
5. 生物圈中存在等级结构吗?以生态元和生态链为例,说明局部控制和整体调节之间的关系。

6. 从哪几方面分析生态系统的功能缺损？

7. 从功能的角度,进行沙化土地或碱化土地功能缺损的分析。

8. 试用"生产功能与保护功能耦合"的原理,提出荒芜丘陵的生态工程设计的初步方案。

第三章 生态工程设计的方法

不同等级的生态系统生态工程设计的方法是不同的,目前常用的方法有区域尺度的系统动力学方法和斑块尺度立地分析法。同样,受损程度不同的生态系统的生态工程设计方法也不同,受损程度较轻的生态系统可采用生态演替促进方法,受损程度较重的生态系统可采用结构调整方法和物种引进方法。对人为干预强烈的设计,还应对稳定性进行控制。

3.1 斑块尺度上的生态工程设计

斑块尺度的生态设计应根据各斑块类型的潜力评价,寻求自然原型中的适宜部分。其评价标准是生态系统的基本功能是否令人满意,如生态系统保存功能的大小。

美国生态学家 Shugart 和 West 于 1977 年提出了林隙模型(FORET 模型),由于该模型的理论基础为立地理论,其实验基础又是北美温带湿润区森林的采伐迹地的相关实验,有较强的可应用性,可作为斑块尺度设计研究的基础。其数学模型为:

$$\frac{\mathrm{d}(D^2H)}{\mathrm{d}t} = R \times LA \times \left(1 - \frac{D \cdot H}{D_{max} \cdot H_{max}}\right) \times f_{(E)} \times f_{(c)} \times f_{(Q)} \times f_{(m)}$$

式中:D——树干胸径;

H——树高;

R——生长系数;

LA——叶面积;

$f_{(E)}$——立地修正系数;

$f_{(C)}$——干扰强度系数;

$f_{(Q)}$——种群竞争系数;

$f_{(m)}$——斑块面积系数。

该模型由两部分组成:种群遗传特征决定的生长量;立地条件、群落外干扰、种群竞争与基质的关系四项指标共同决定的种群生长量。

采用 FORTRAN 语言进行程序编写。程序包括一个主程序(模拟群落演替过程中植物死亡、萌生更新等过程)和五个子程序(种群遗传特征、立地条件(主要包括积温和土壤状况)随机干扰、种群竞争和斑块面积正态分布。

选择吉林省东部温带湿润的针阔混交林地区作为研究对象,根据当地实际情况选择红松、冷杉(*Abies fabri*)、云杉(*Picea asperata*)、落叶松、山杨(*Populus davidiana*)、白桦(*Betula platyphylla*)、紫椴、糠椴(*Tilia mandshurica*)、水曲柳(*Fraxinus mandshurica*)九个种群输入对应的树种参数,模拟吉林省东部八个主要斑块类型的各树种的生物累积量。

根据模拟结果,单就造林而言,可确定吉林省东部八类主要斑块的树种选择方案(表 3.1)。

表 3.1　各类斑块的树种选择

类 型 名 称	以近期利益为主的树种选择	以长期利益为主的树种选择
温暖的台地上中层丰水斑块	紫椴、水曲柳	紫椴、水曲柳
温暖的缓坡丘陵上的中层中水斑块	落叶松	紫椴、水曲柳
温暖的较陡坡丘陵上的薄层贫水斑块	落叶松	落叶松
温和的缓坡低山上的中层贫水斑块	落叶松	落叶松
温和的缓坡低山上的薄层贫水斑块	山杨、白桦	落叶松
温和的较陡坡低山上的薄层贫水斑块	山杨、白桦	山杨、白桦
温凉的缓坡低山上的中层贫水斑块	山杨、白桦	红松、云杉
温凉的较陡坡低山上的薄层贫水斑块	红松、云杉	红松、云杉

3.2　区域尺度上的生态工程设计

区域尺度上的生态工程建设设计包括两部分:一是将自然与经济作为一个整体,研究生态建设对经济的影响和经济发展对土地利用的要求;二是将斑块尺度的设计与景观的整体功能及经济要求结合在一起,最终完成区域尺度的生态工程建设设计,即宏观与微观的结合。

1. 经济发展对生态工程建设的要求

经济发展对生态工程建设的要求,其目的是从全局经济发展的角度出发,确定生态工程建设中农林牧产出比例及对应的土地利用中农林牧用地的比例。

当前,根据经济发展确定合理的农林牧结构的研究已经取得了长足进步,其中近年来系统动力学方法的反复应用证实了其实用性。

为此,首先应用系统动力学仿真模型,对区域生态-经济系统进行动态仿真。在案例中选择吉林省东部湿润区的郭家沟村为研究区,利用系统动力学仿真模型设计生态工程建设方案。

(1) 因果关系分析:郭家沟村的粮食需求是经济对土地提出的最基本要求。目前,单纯依靠经济效益较好的河谷平地上的种植业已无法满足其粮食生产的需求,于是迫使人们开垦山地,建立低经济效益的种植业,粮食作物产量产值波动较大。事实上当有机肥及化肥施用量较大,水土流失等自然灾害较少时,单位面积产量可以较大幅度地提高。因此,存在一条通过提高单产而非建立低效益农业的方式以满足需求的道路。同时,通过引进目前还不为山区人民所认识的牧草种植业,不仅可以减少饲养业对粮食的消耗,还能极大地促进畜牧业的发展。在适当的土地类型上其效益高于种植业。而郭家沟村的输出从粮食转为饲料和畜产品,进一步减少了郭家沟村的粮食需求。可见郭家沟村生态设计的关键是建立具有自我加强的正反馈回路:种植牧草→牧草产量→牧草产值→牧草业投资→进一步种植牧草。这是郭家沟村生态系统建设的需要,也是改变郭家沟村贫困面貌和防止水土流失的主渠道。与此相对应形成了其他反馈回路(图3.1)。

(2) 设计流图和程序:设计流图就是把无法用方程表示的因果关系用"流"及控制"流"的信息反馈环路表述出来。其基本过程是:

① 选择评价系统功能的指标型　该指标标明人们最为关注的功能。在这里,选择土地系统的总利润。

② 积累变量的选择　系统一般均存在两种不同性质的变量,一种变量受前一段状态的影响,如土地肥力,而另一变量不受前一段状态的影响,如利润。我们称前一种变量为积累变量。积累变量是流体运动的结果和主要表现形式,是进行系统仿真的关键。其他变量只有直接或间接与积累变量发生联系,才有意义。本文选择的积累变量为各类土地利用的面积。

③ 非积累变量的选择　非积累变量也存在两种形式:一种变量以变化率形式出现,它往往直接影响积累变量,如土地肥力的年增加量或流失量,各类土地利用面积的年增加量或减少量等,我们称该类变量为控制变量;另一类变量通过影响控制变量而达到间接影响积累变量的效果,这类变量被称为辅助变量。考察因果关系图中的各类变量,区分控制变量和辅助变量是工作重点。

④ 流图的构建　用物流将积累变量与控制变量联系起来,用信息流联结控制变量和辅助变量,用信息流标明积累变量对控制变量及辅助变量变化的反馈。

⑤ 设计程序 根据实验区的调查资料,选取较为真实的系数,设计实验区的系统动力学仿真模型。

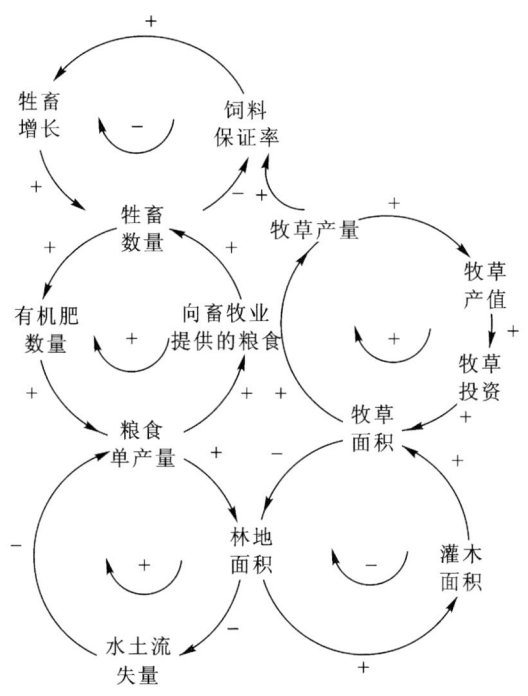

图 3.1 郭家沟村生态工程建设的因果关系图

(3) 结果讨论:假定实验区依靠自身的经济能力而不依靠区域外投资且经济收入除用于解决温饱之外全部投入生态工程建设,此时的农林用地面积和荒地开发面积及总收入仿真结果见表 3.2。

表 3.2 实验区土地利用系统动态仿真结果　　　面积单位:hm²

时间/a	耕地面积	林地面积	荒地面积	牧草地面积	新垦耕地	新增牧草面积	造林面积	总收入/万元
0	228.4	266.5	164.7	0	0	0	0	70.5
1	231.6	241.5	151.7	4.8	3.2	4.8	5.0	73.3
2	235.2	276.5	138.1	9.8	3.6	5.0	5.0	76.6
3	244.1	281.5	119.0	15.0	8.9	5.2	5.0	80.5
4	255.5	286.5	96.6	21.0	11.4	6.0	5.0	85.8

续表

时间/a	耕地面积	林地面积	荒地面积	牧草地面积	新垦耕地	新增牧草面积	造林面积	总收入/万元
5	269.2	291.5	70.6	28.3	13.7	7.3	5.0	92.6
6	268.9	296.5	56.5	37.7	-0.3	9.4	5.0	100.1
7	268.2	316.6	37.1	37.7	-0.7	0	20.1	109.1
8	267.0	339.1	15.8	37.7	-1.2	0	22.5	119.1
9	265.1	349.7	7.1	37.7	-1.9	0	10.6	134.4
10	262.3	352.5	7.1	37.7	-2.8	0	2.8	151.9

2. 最终设计方案

生态工程设计的最终方案一般是在地理信息系统(geographic information system,GIS)支持下完成的。在方案确定上要兼顾斑块自身性质要求和流域经济的整体要求及景观的稳定性要求。因此,在程序编写中,采用人机对话的人机交互系统,立足于斑块自然属性和潜力,通过人为修正,逐步使设计方案满足于景观尺度上的经济与生态要求。

系统程序软件依托的是 FoxBASE+系统。由于 FoxBASE+系统与 PCARC/INFO、DYNAMO、F77 等软件兼容性好,数据传递方便,可将上述应用软件组装在一起,操作便利。其工作流程如下:

第一,计算机自动调取斑块(案例中从斑块1至斑块218),根据斑块类型分类和区域划分,确定了斑块的属性。第二,对斑块生态建设迫切性进行排序。排序的基本根据是稳定性水平,次要依据为潜力实现程度,如果根据二者还无法排定次序,则可参考景观类型生态建设的排序(依据的是各景观类型的不稳定斑块的均匀度和不稳定斑块离散系数)。第三,确定斑块生态建设方向。其中宜林斑块的建设方向已在适宜性评价中确定,而广适宜性斑块则要根据临界值差进行自然结构修正,利用结构修正确定利用方向,在上述修正值不产生效应的斑块则应先满足种植业需要。第四,确定各年度的生态建设方案,其方式是根据系统动态仿真模型中提供的历年各生态建设形式的面积,按照生态建设迫切性分别确定历年的造林斑块、种草斑块和开垦斑块。其中造林斑块上的林型配置还要遵照 F77 模型给定的结果。第五,如果对设计结果不满意,还可以人为地小幅度变更生态建设的顺序,以使方案的可操作性更强,并实现景观功能分区(图3.2)。

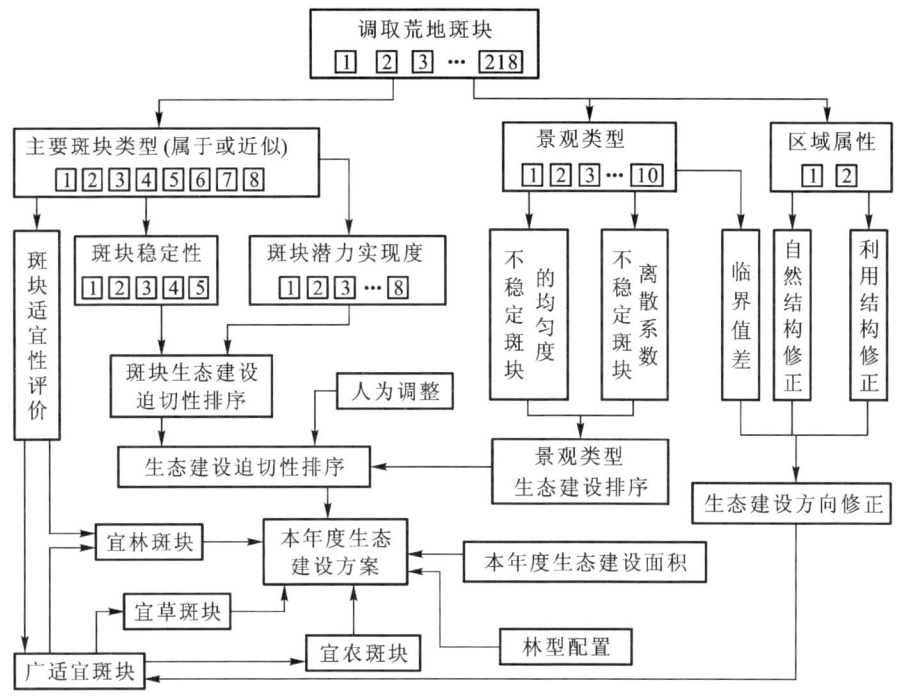

图 3.2 生态建设方案设计流程图

3.3 稳定性分析与控制方法

3.3.1 生态类型的稳定性分析

稳定性是生态学中含义最广的概念。这里,稳定性是指系统对干扰有较强的缓冲能力,在干扰发生时,系统的保存功能不被破坏,系统输出保持基本恒定。

生态类型是一些具体的空间单位,具有独特的非生物与生物要素、能流和物流、结构和功能。空间单位是生态系统利用研究的基础,对其进行分析是应用研究的开端。这种分析能辨别生态系统利用期间产生的变化,能察觉人类影响下的生态系统演化。评价每个生态系统单元的退化过程类型和强度的测定可通过生态系统的空间组织及其演化历史来实现。每个生态系统都有其独特的退化过程,这对由区域性的人类活动所致的特定类型来说是具有典型意义的。生态系统类型稳定程度的强弱可影响其利用现状,对区域中不同稳定程度的生态系统类型空间结构进行分析,可为区域生态工程设计方案的确定提供理论依据。

1. 指标选取及指标体系的建立

生态系统是人与自然综合作用的产物。任何一种生态系统的形成、演变都要受此两种作用的支配,同样,生态系统的稳定与否也受这种作用制约。地形是在内、外营力共同作用下形成的相对稳定的生态系统要素之一。从物质和能量的输入或输出过程看,它本身并不给各个生态系统输入物质和能量,而是通过"分配效应"改变物质和能量的分布状况。从而形成多种生境。每个生境、每个生态系统都受到一系列外部能量输入的支配。这些都是潜在的不稳定的力量,可见某一生态类型所处的地形与地貌状况都与自身稳定性有着必然的联系。如果人类对生态系统的利用水平对生态系统的稳定性有直接影响,则其影响的程度可用生态系统的生物量来表示。生物在维持生态系统的稳定性方面有三个显著特征:① 生物具有恢复能力,特别是在严重干扰,种群密度降至低水平时,多数物种具有很强的繁殖和扩散能力;② 生物(主要指植物)能固定太阳能,可以保证生态系统具有开放性和耗散结构,是生态系统中物质交换的重要环节;③ 生物反馈的不稳定性导致的种群区域隔离,增强了生态系统的异质性,从而减少干扰的传播。由于人类对生态系统的利用水平在很大程度上影响生态系统生物量的多少,所以选取人类对生态系统的利用水平作为评价生态系统稳定性的指标是非常必要的。土壤性状是土地退化与否的标志,也是反映土壤肥力的重要指标。土壤退化程度直接关系到生态系统稳定程度的高低。因此,可选取地形和地貌、人类对生态系统的利用水平以及土壤退化这三个指标来评价生态系统的稳定程度。

2. 案例分析

吉林省西部处于温带农牧交错带,其多数地区存在着不同程度的沙化和碱化现象,沙化常与风蚀相伴生,而碱化则多发生在低洼地和易涝地。

(1) 评价指标:选取地形、土地覆盖和土壤退化这三项指标评价吉林省西部生态系统的稳定性,其中土地覆盖现状可以反映人类对生态系统的利用水平。旱田、菜田、水田、人工林、居民点通常是人类利用水平较高的生态系统;疏林、灌木林、灌草系统大都是人类毁林开荒、乱砍滥伐使林地退化的生态系统;由于人类利用不合理,加之周围环境的恶化,当地草地正处于不同的退化阶段,表现出载畜量降低并伴有盐碱化等特点。为反映各指标及其所含因子对生态系统稳定性的贡献大小及隶属程度,用指标的权重系数和因子的稳定隶属度来表示。指标的权重采用特尔菲法确定,地形和地貌(C_1)、人类对生态系统的利用水平

(C_2)及沙碱化程度(C_3)这三项指标的权重 W_1、W_2、W_3 的取值依次为 0.264、0.396、0.340。结合主观经验判断法和特尔菲法,确定各因子的稳定隶属度(表 3.3),其取值表达式为:

$$U_{ij} = \begin{cases} 1.0 & \text{指标等级为 I;} \\ 0.8 & \text{指标等级为 II;} \\ 0.6 & \text{指标等级为 III;} \\ 0.4 & \text{指标等级为 IV;} \\ 0.2 & \text{指标等级为 V} \end{cases} \quad (i = 1, 2, \cdots, 66; j = 1, 2, 3)$$

表 3.3 评价因子的等级指标体系

指标因子	指标等级				
	I ($U_{ij}=1$)	II ($U_{ij}=0.8$)	III ($U_{ij}=0.6$)	IV ($U_{ij}=0.4$)	V ($U_{ij}=0.2$)
地形和地貌(C_1)	高平地、台地	平地	低平地	岗地	丘陵、低洼地
人类对生态系统的利用水平(C_2)	有林、旱田、菜田、水田、人工林、居民点	疏林	灌木林 灌草地	无林、旱田、草地	沼泽、难利用地
沙碱化程度(C_3)	无沙碱化	微有风蚀	轻度风蚀 轻度碱化	中度风蚀 中度碱化	强度风蚀 强度碱化

(2)评价结果:用公式法对稳定度进行评价。

$$U_i = \sum_{j=1}^{3} U_{ij} \cdot W_j \quad (j = 1, 2, 3)$$

式中: U_i——景观类型的评价得分;

U_{ij}——类型 j 因子取值的稳定隶属度;

W_j——j 因子权重值。

用上式得出各生态类型(对水域不作稳定程度划分)的综合评价得分(表 3.4),将 66 个生态类型的总得分从大到小排列,作总隶属直方频率图,找出突变点,并确定生态系统类型的稳定等级和等级分数值隶属区间。

表 3.4　吉林省西部生态系统分类的编号、名称、面积与稳定性评价综合得分

类型编号	类型名称	面积/hm²	评价得分
1	固定沙岗地上的人工林生态系统	32 787	0.743
2	固定沙岗地上的榆树疏林生态系统	10 017	0.664
3	固定沙岗地上的林网护田生态系统	260 623	0.743
4	固定沙岗地上的灌草生态系统	70 855	0.548
5	固定沙岗地上的菜田生态系统	248	0.743
6	轻度风蚀沙岗地上的人工林生态系统	19 587	0.690
7	轻度风蚀沙岗地上的榆树疏林生态系统	15 392	0.635
8	轻度风蚀沙岗地上的农田生态系统	195 177	0.452
9	轻度风蚀沙岗地上的灌草生态系统	104 618	0.531
10	轻度风蚀沙岗地上的菜田生态系统	185	0.690
11	轻度风蚀沙岗地上的居民点生态系统	1 310	0.690
12	中度风蚀沙岗地上的人工林生态系统	616	0.638
13	中度风蚀沙岗地上的散生灌丛生态系统	1 741	0.480
14	中度风蚀沙岗地上的农田生态系统	11 066	0.400
15	中度风蚀沙岗地上的草灌生态系统	6 699	0.480
16	强度风蚀沙岗地上的散生灌丛生态系统	672	0.427
17	强度风蚀沙岗地上的农田生态系统	696	0.347
18	强度风蚀沙岗地上的草地生态系统	2 336	0.347
19	沙平地上的人工林生态系统	5 475	0.879
20	沙平地上的榆树疏林生态系统	3 407	0.800
21	沙平地上的林网护田生态系统	29 828	0.879
22	沙平地上的农田生态系统	27 183	0.641
23	沙平地上的草地生态系统	20 247	0.641
24	丘陵地上的人工林生态系统	1 800	0.728
25	丘陵地上的无林旱田生态系统	33 585	0.491
26	丘陵地上的有林旱田生态系统	9 303	0.728
27	丘陵地上的草地生态系统	31 396	0.491
28	台地上的旱田生态系统	197	0.762
29	高平地上的人工林生态系统	9 198	1.00

续表

类型编号	类型名称	面积/hm²	评价得分
30	高平地上的林网护田生态系统	138 328	1.00
31	高平地上的草地生态系统	31 544	0.762
32	平地上的人工林生态系统	73 031	0.932
33	平地上的灌木林生态系统	36 230	0.773
34	平地上的林网护田生态系统	588 955	0.932
35	平地上的无林旱田生态系统	521 507	0.694
36	平地上的水田生态系统	1 391	0.932
37	平地上的菜田生态系统	9 071	0.932
38	平地上的草地生态系统	662 601	0.694
39	平地上轻度碱化的林网护田生态系统	41 030	0.826
40	平地上轻度碱化的无林旱田生态系统	36 638	0.588
41	平地上中度碱化的草地生态系统	90 186	0.588
42	平地上中度碱化的居民点生态系统	6 734	0.826
43	平地上重度碱化裸地生态系统	29 244	0.404
44	低平地上的林网护田生态系统	142 723	0.864
45	低平地上的无林旱田生态系统	87 673	0.626
46	低平地上的草地生态系统	148 328	0.626
47	低平地上的水田生态系统	3 870	0.864
48	低平地上的菜田生态系统	1 834	0.864
49	低平地上轻度碱化的人工林生态系统	7 620	0.758
50	低平地上轻度碱化的灌木林生态系统	11 740	0.599
51	低平地上轻度碱化无林旱田生态系统	87 429	0.520
52	低平地上中度碱化的草地生态系统	150 259	0.520
53	低平地上中度碱化的居民点生态系统	807	0.758
54	低平地上重度碱化的裸地生态系统	13 451	0.336
55	低洼地上的人工林生态系统	6 361	0.728
56	低洼地上的林网护田生态系统	98 798	0.728
57	低洼地上的无林旱田生态系统	142 088	0.490
58	低洼地上的草地生态系统	253 350	0.490

续表

类型编号	类 型 名 称	面积 /hm²	评价得分
59	低洼地上的水田生态系统	10 705	0.728
60	低洼地上的菜田生态系统	1 132	0.728
61	低洼地上轻度盐碱化的无林旱地生态系统	15 173	0.385
62	低洼地上中度盐碱化的草地生态系统	53 859	0.385
63	低洼地上重度盐碱化的裸地生态系统	10 091	0.200
64	平地沼泽生态系统	7 184	0.615
65	低平地沼泽生态系统	14 615	0.547
66	低洼地沼泽生态系统	107 235	0.490
67	水域生态系统	203 461	

注：参照专家系统,对部分数据进行了修正。

结合吉林省西部的区域特征及生态系统的属性,确定吉林省西部生态系统的稳定状况(表3.5)。

表3.5 吉林省西部生态类型稳定性评价表　　　　单位:万公顷

类型特征 稳定类型		总隶属区间	农田生态系统		草地生态系统		林地生态系统		合计
			特征	面积	特征	面积	特征	面积	
稳定的生态系统		>0.72	无明显的沙碱化和土壤退化	65.6	羊草群落	21.6	乔木覆盖度超过20%	38.9	126.1
亚稳定的生态系统	向稳定方向发展	0.72~0.66	有一定程度的沙碱土壤,但沙碱化并无连片现象	75.9	羊草-杂类草群落、羊草-糙隐子草群落	30.5	乔木覆盖度10%~20%或灌木覆盖度30%以上	12.4	118.8
	向不稳定方向发展	0.66~0.58	沙碱化区域中多垦殖的土地	32.9	糙隐子草群落、菱陵菜群落	38.2	乔木覆盖度10%以下,但灌木覆盖度20%以上	3.5	74.6

续表

类型特征\稳定类型	总隶属区间	农田生态系统 特征	面积	草地生态系统 特征	面积	林地生态系统 特征	面积	合计
不稳定的生态系统	<0.58	次生沙碱化在区域内上升	25.1	碱蒿群落碱蓬群落	44.0	乔木覆盖度在10%以下,且灌木覆盖度在20%以下	14.7	83.8

（3）结论：① 吉林省西部生态系统在无人类干扰情况下主要为稳定的生态系统和少量亚稳定的生态系统；在人类干扰停止或减轻后，亚稳定生态系统可逐步向稳定的生态系统方向演替。② 吉林省西部的人为干扰尽管很强，但目前仍以稳定的生态系统和向稳定方向发展的亚稳定生态系统占优势，二者面积为244.9万公顷，占评价面积的61.9%。③ 在亚稳定生态系统中，目前有占面积38.6%的生态系统正在向不稳定生态系统的方向发展，急需治理。

3.3.2 景观稳定性分析

景观及生态系统作为远离平衡态的功能耦合系统，其稳定性依赖于内部存在着的消除偏差的负反馈，而对稳定性的破坏，则既可来自于超过景观及生态系统稳定性阈值的强干扰，又可以是景观及生态系统中具有增强偏差功能的正反馈。因此，可用下式来判明景观及生态系统是否处于稳定状态：

$$S = f(c, ch, i)$$

式中：s——稳定性；

c——景观及生态系统的结构，即正负反馈关系；

ch——各斑块及生态系统组成成分的性能；

i——干扰的强度。

以生态建设为目的景观稳定性评价，应包括三个主要部分，即斑块的稳定性分析、干扰在景观中传播能力分析和景观整体的稳定性分析。

1. 斑块的稳定性评价

斑块的稳定性评价指标为斑块生物量：① 因为生物具有很强的恢复能力，特别是在严重干扰发生、种群密度降至低水平时，多数物种具有更强的繁殖和扩散能力。② 生物特别是植物，是固定太阳能、保证景观具有开放性和耗散结构的核心,同时也是景观中物质交换的重要载体。③ 生物反馈的不稳定性导致的种群区隔离,增加了景观异质性,从而减少了干扰的传播。因此,选用生物量作为判定斑块稳定性的标准是理所当然的。我们规定生物量比(H)为

$$H = \frac{W}{D}$$

式中:W——斑块上单位面积的生物量,为了与荒地分类指标体系相吻合,这时可用能量固定数量来代替;

D——荒地斑块演替至顶极状态时能量固定数量;

H——生物量比,其取值范围在 0~1 之间。该数值越接近 1,则斑块稳定性越好,反之亦然(表 3.6)。

表 3.6 不同生物量和物种多度下生物量恢复对比表

实 验 点 号	1—8	9—16	17—24	25—32	33—40
生物量比值	≥0.75	0.5~0.75	0.4~0.5	0.3~0.4	0~0.3
物 种 多 度	≥8	4~8	2~4	1.5~2	≤1.5
5 月 10 日平均生物量/(kg·m^{-2})	0	0	0	0	0
7 月 10 日平均生物量/(kg·m^{-2})	0.4	0.3	0.3	0.1	0.1
9 月 10 日平均生物量/(kg·m^{-2})	0.9	0.6	0.5	0.2	0.1
植被演替方向	森林	疏林	灌木	高草(多年生)	低草(一年生)

生物量比值主要反映生物的数量等级,尽管它同时也在一定程度上反映生物性质,如温湿区斑块的 H 值较大,说明其上发育的是森林植被。但是,这种反映具有粗线条的特点,例如,无法判定 H 值为 0.8 的斑块的植被为油松林还是杂木林,而二者的稳定性有一定差异。因此,还必须寻求能进一步反映生物性质的差异指标。由于生物群落中主要种类越多,其间的负反馈回路也就越多,同时抗干扰的差异也就越大,群落就越稳定。所以,可以用生物群落中常见物种的数量作为斑块稳定性的衡量指标。但是,物种数量与面积之间并非呈线性关系,因此,试图使用单位面积上的物种数量作为判断面积差异较大的不同斑块的稳定性关系是不可行的。为此,我们只能借用岛屿理论的数学模型:

$$A^z = \frac{S}{C}$$

式中：S——斑块常见种数量；

　　C——全区平均单位面积常见种数量；

　　A——斑块面积；

　　z——斑块物种的多度。z 越大则表明该斑块物种越丰富，其稳定性也就越高。

2. 斑块稳定性评价案例分析

为了测定斑块的稳定性与生物量比值、物种多度之间的关系，在实验区选择了多种荒地斑块及林地斑块作对比实验。

实验点共 40 个。在每个实验点上，首先测定各样点生物量比值和物种多度。然后在每个样点上选出 2 m² 的样方，并将样方内植被清除干净，再任其自然恢复，以观察一定时期内各样方生物量的恢复状况（表 3.7）。

表 3.7　实验区斑块稳定性评价表

稳定性等级		好	一般	较差	差	极差
评价指标	生物量比值	≥0.75	0.5~0.75	0.4~0.5	0.3~0.4	0~0.3
	物种多度	≥8	4~8	2~4	1.5~2	≤1.5
评价结果	面积/hm²	3.2	26.7	72.6	46.7	15.5
	占荒地面积/%	1.9	16.2	44.1	28.4	9.4
	主要荒地类型（代码）		V_{5-1}	IV_{6-2} V_{6-2} VIII_{5-2} IX_{6-2}	II_{3-3} III_{4-3} VI_{6-3}	—

从表中可见，实验区的荒地斑块稳定性较差，绝大部分属不稳定斑块。

3. 斑块变动临界值分析

尽管斑块自身属性决定了其稳定性差，但斑块能否发生变动，还要看斑块是否受到干扰。一般地说，干扰多为点式干扰，其传播有一定的路线。在干扰传播过程中，总会遇到稳定斑块和不稳定斑块。由于不稳定斑块对干扰抗性小，易于干扰传播，而稳定斑块对干扰抗性大，不利于干扰的传播，因此具有一定传播能力的干扰能否经过由不稳定斑块和稳定斑块组成的镶嵌结构 A 而达到不稳定的 B 斑块，是判断 B 斑块是否发生变动的依据。

假设 A 是由 $A_1, A_2, A_3, \cdots, A_n$ 等 n 个斑块连接在一起的系统，且 $A_1, A_2, A_3, \cdots, A_n$ 面积大体一致，形状近似于圆，随机分布。根据斑块的性质可将 $A_1, A_2, A_3, \cdots, A_n$ 分成不稳定斑块和稳定斑块两类型，分别为 C_1（由 d 个不稳定的斑块组成）和 C_2（由 $(n-d)$ 个稳定斑块组成），同时假定干扰的传播能力为可连

续越过 $m-1$ 个 C_2 型斑块,但无法连续越过 m 个 C_2 型斑块。干扰在传播过程中遇 C_1 型斑块的概率为 $p\left(p=\dfrac{d}{n}\right)$,遇到 C_2 型斑块的概率为 $1-p$,连续与 m 个 C_2 型斑块相遇的概率为 $(1-p)^m$,与 m 个斑块相遇其中至少有一个为 C_1 型斑块的概率 $R=1-(1-p)^m$,也就是说干扰能通过 m 个斑块进行传播的概率 R 为 $1-(1-p)^m$。R 值越大,干扰传播可能性就越大。物理学中的晶体渗透理论告诉我们,当 $R<59.28\%$ 时,干扰一般不能通过 A 系统,当 $R\geqslant 59.28\%$ 时,便可以认为干扰能通过 A 系统。也就是说,干扰获得传播的条件为

$$1-(1-p)^m \geqslant 59.28\%$$

干扰无法传播、斑块 B 不受干扰的条件为

$$1-(1-p)^m < 59.28\%$$

即 $p\left(=\dfrac{d}{n}\right) < 1-e^{-0.89845/m}$

将 $m=1,2,3,\cdots,8$,分别代入上式,便推算出 B 斑块在不同干扰能力下不受干扰的条件(表 3.8)。

表 3.8 不同的干扰传播能力下 B 斑块不受干扰的条件

干扰传播能力/m	1	2	3	4	5	6	7	8
不稳定斑块比重 $\dfrac{d}{n}<$	0.5928	0.3619	0.2588	0.2012	0.1645	0.1391	0.1205	0.1062

表 3.8 表明,如果干扰较弱,无法越过稳定斑块时,只要 A 系统中不稳定斑块数占系统中斑块总数的比重低于 59.28%,B 斑块便不受干扰;同理,当干扰传播能力为 2,即干扰能越过一个稳定斑块,但不能连续越过两个稳定斑块的条件下,A 系统中不稳定斑块比重小于 36.19%,则 B 斑块便不受干扰。以此可类推。

4. 斑块变动临界值案例分析

在温带湿润区的坡地上,经常发生泥水流对荒地的侵蚀。现考察坡面泥水流传播造成荒地斑块被严重侵蚀的临界条件。

假定坡面是由林地斑块(对泥水流而言是稳定斑块)和荒地斑块(对泥水流而言是不稳定斑块,农田斑块与荒地斑块类似,可归一类)组成,斑块面积为 0.75 hm^2。

泥水流的传播能力与多种要素相关,其中坡面坡度、坡长、降水的数量和强

度等要素对其影响较大。选择一次暴雨过程并认定该次暴雨过程无论是降水量还是降水强度在实验区都能代表一般状况。由观察可得坡面上泥水流的传播能力是:缓坡地上泥水流传播能力为 2(即连续遇到 2 个林地斑块的阻碍便停止传播)、较陡坡地上传播能力为 3(即泥水流可以连续穿过 2 个林地斑块却无法连续穿越 3 个林地斑块)、陡坡地上传播能力为 6。

根据表 3.8 可得:只要缓坡地上荒地斑块的比重小于 36.19%、较陡坡上荒地斑块的比重小于 25.88%、陡坡上荒地斑块比重小于 13.91%,泥水流就难以传播,坡面上荒地斑块基本上处于稳定状态。

对照实验区各种坡面的稳定斑块(林地斑块)和不稳定斑块(包括荒地斑块和农田斑块)的比值,可以得出如下结论(表 3.9):

表 3.9 实验区荒地斑块不受泥水流干扰的条件

坡面类型	缓坡山地	较陡坡山地	陡坡山地
主要荒地类型(代码)	III_{4-3} II_{3-3} V_{5-1} V_{6-2} VIII_{5-2}	IV_{6-2} VI_{6-3} IX_{6-3}	—
荒地斑块比	37.01%	20.9%	12.9%
不稳定斑块比	54.8%	24.5%	12.9%
不稳定斑块比与临界值差	54.8% − 36.19%	24.5% − 25.88%	12.9% − 13.91%
必须新增造林面积	15.7 hm^2	—	—

注:新增造林面积 = 坡面荒地面积 ×(不稳定斑块比 − 临界值)。

5. 斑块对景观稳定性的影响

景观是由相互作用的斑块以类似形式出现而具有高度空间异质性的区域。景观的稳定性,不仅取决于其子系统——各类斑块的稳定程度,而且也受景观结构的控制,这里,我们着重研究在特定的景观结构下,不稳定斑块对景观稳定性的影响。

(1)景观中不稳定斑块的面积比:景观中不稳定斑块的面积比是不稳定斑块的面积占景观面积的百分比。一般情况,景观的不稳定斑块的面积比越大,景观就越不稳定。

$$D = \frac{S_0}{S}$$

式中:D——景观中不稳定斑块的面积比;

S_0——景观中不稳定斑块的面积和;

S——景观面积。

(2)不稳定斑块的离散系数:不稳定斑块的离散系数是指不稳定斑块在景

观中的分布状态。当离散系数小时,表明不稳定斑块相互分离,该情形下景观较为稳定;反之,当离散系数较大时,不稳定斑块聚集,景观不稳定。

$$R = 1 - \frac{2S \sum d_i}{S_0 \pi N}$$

式中：R——离散系数；
　　　d_i——景观中不稳定斑块间的最小距离；
　　　S_0——景观中不稳定斑块的面积和；
　　　S——景观面积；
　　　N——景观中不稳定斑块的数量。

（3）景观中不稳定斑块均匀度：不稳定斑块均匀度指不稳定斑块在面积上是否均匀。一般情况下,不稳定斑块在面积上越均匀,即 Q 值越小,对景观整体稳定性影响越小。规定

$$Q = \frac{1}{S_{max}} \sqrt{\frac{\sum (S_i - \overline{S})^2}{N}}$$

式中：Q——景观中不稳定斑块均匀度；
　　　S_{max}——景观中面积最大的不稳定斑块的面积；
　　　S_i——景观中各不稳定斑块的面积；
　　　$\overline{S}$——景观中不稳定斑块的平均面积；
　　　N——景观中不稳定斑块的数量。

（4）景观中不稳定斑块的形状系数：不稳定斑块的形状系数用来表明不稳定斑块与基质接触的程度。一般来说,不稳定斑块与基质接触程度越高,景观越不稳定。通常用不稳定斑块的周长与等面积圆的周长之比的平均值来表示。由于非廊道斑块的比值通常在 1~8 之间,为了与其他参数比较,将该数值除以 8,使其成为 ≤1 的系数。该系数越大,说明不稳定斑块与基质接触越充分。

$$Z = \frac{1}{8N} \cdot \sum \frac{P_i}{2\sqrt{\pi S_i}} = \frac{1}{16N} \cdot \sum \frac{P_i}{\sqrt{\pi S_i}}$$

式中：Z——景观中不稳定斑块形状系数；
　　　N——景观中不稳定斑块数量；
　　　P_i——景观中各不稳定斑块的周长；
　　　S_i——景观中各不稳定斑块面积。

（5）景观中不稳定斑块综合影响系数：如果景观生态分类是在 GIS 支持下进行的,则不稳定斑块对景观稳定性影响的有关系数可自动生成。例如,吉林省

东部山地不稳定斑块对景观稳定性影响的系数分别为：$D=0.239, R=0.743, Q=0.480, Z=0.815$。据专家咨询系统，$D$ 与 R、Z、Q 相比均为绝对重要，R 与 Q 相比为同等重要，R、Q 与 Z 相比为较重要，故 D 的权重为 0.750，R、Q 的权重为 0.107，Z 的权重为 0.036。不稳定综合指数公式为

$$H = 0.750D + 0.107R + 0.107Q + 0.036Z$$

式中：H——景观中不稳定斑块综合影响系数；

　　　D——景观中不稳定斑块面积比；

　　　R——景观中不稳定斑块的离散系数；

　　　Q——景观中不稳定斑块均匀度；

　　　Z——景观中不稳定斑块的形状系数。

按此公式，吉林省东部湿润区荒地的 H 值为 0.339。也就是说，尽管实验区荒地斑块面积只占实验区面积的 23.9%，但由于荒地斑块相对团聚、不均匀和形状逼近廊道，其对实验区的稳定性的影响程度已达 33.9%，高出面积比达 10 个百分点。生态建设的迫切性比直观反映的要紧迫得多。因此，在荒地进行生态建设，不仅要增加荒地的稳定程度，而且要对荒地离散程度、均匀程度及形状加以控制。

3.4 生态演替促进法

生态演替是一个非常广泛的概念，它不仅包括物种的更替，还包括动物、植物和微生物数量及质量的变化，也包括土壤和周围环境的一系列改变。由于演替研究与农、林、牧和人类经济活动密切相关，所以，它是合理经营和利用一切自然资源的理论基础。演替的研究有助于对自然生态系统和人工生态系统进行有效地控制和管理，有助于对退化生态系统的恢复和重建。E. P. Odum 曾指出："生态演替的原理同人与自然之间的关系密切相关，是解决当代人类环境危机的基础。"

3.4.1 生态演替的原理

演替是生态学中最重要而又争议最多的基本概念之一，一般认为"演替是植物群落受到干扰后的恢复过程或原生裸地植被形成和发展的过程"。在未被干扰的自然景观，植物群落总会向该地带稳定性大的方向发展，即从结构简单向结构复杂的方向发展，这就是进展演替或正向演替。反之，受到干扰后，原来稳定性较大、结构较复杂的植物群落消失，取而代之的是结构简单、稳定性较小的

植物群落,或失去植被保护的裸地,这就是逆向演替。无论是正向演替还是逆向演替,演替过程中状态的依次变化称其为演替序列。

演替是一个漫长的过程,其时间长短与生态系统主要生物的生活史有关,但演替并不是无休止、永恒延续的过程,当群落演替到与环境的物质交换处于平衡状态时,演替就不再进行,即以相对稳定的群落为发展顶极。据此,一般称演替初期为先锋期,演替中期为发展期,最后的稳定状态为平衡期即顶极群落。处于顶极群落的生态系统结构最复杂,抗干扰能力最强,具有相对多的物种和相对高的生产力,是人类可仿效的生态系统。

3.4.2 仿效演替过程

人类可以仿效生态系统的演替过程对被破坏的景观进行恢复和重建。如对内蒙古自治区伊克昭盟准格尔旗东部的黑岱沟露天煤矿排土场复耕就是一典型例子。黑岱沟露天煤矿属晋、陕、蒙接壤的黄土高原地区,是我国水土流失最严重的地区之一。新中国成立以来,露天煤矿的开采,既造成很多劣地,也加剧了水土流失。

仿效生态系统的演替过程,对黑岱沟煤矿排土场进行恢复与重建时,把复耕过程分为三个阶段:

① 初期阶段:以速生先锋植物为主迅速恢复植被,有效控制水土流失。
② 中期阶段:建立具有持续改善排土场生态环境的地带性或持续性植被。
③ 后期阶段:着眼于矿区生态环境的综合治理和土地开发利用的经济效益,把复耕土地规划为农业、牧业、林业、养殖业等用地,形成有区域特色的生态产业链和旅游休闲度假园林区。

在排土场复土造田模式中,按照生态演替进程,首先选取耐贫瘠、速生的牧草覆盖地表,而后种植苏丹草、沙打旺、铁扫帚、红豆草等,改良土壤、恢复地力,进而采取豆科作物(大豆、绿豆)与蔬菜、杂粮间作方式,既获得较高的生产力,也能达到种地和养地相结合,促进系统达到生态演替的先锋期;然后根据土壤元素组成及肥力状况,辅之一定的水、肥措施,培肥土壤,并种植紫穗槐、洋槐(*Robinia pseudoacacia*)、臭椿(*Ailanthus altissima*)、泡桐(*Paulownia fortunei*)等耐受性较强的树种,使其尽快进入发展期(中期);最后通过对复耕过程三阶段的调整,形成立体化景观生态结构,逐步达到生态演替的顶极期。

以生态演替原理为指导,对黑岱沟露天煤矿排土场的土地复耕取得了良好的生态效益、经济效益和社会效益。

3.4.3 促进演替过程

生态演替的主要原因是生物之间及生物与环境之间关系的变化,要促进正向的生态演替,就必须改变植物的种类和数量、水分条件、土壤状况及人类活动的强度。森林、草原、湿地以及农田等生态系统,起主导作用的因素不尽相同,因而应该根据具体情况实施人工调控。

1. 处于逆向演替阶段生态系统的恢复

对于处在逆向演替阶段的生态系统的恢复应根据地带性规律、生态演替及生态位原理选择适宜的先锋植物,构建种群和生态系统,实施生物与生境同步恢复的策略,逐步将生态系统恢复到与大气候和地貌条件相协调的水平。

生态系统之所以发生逆向演替,一是由于自然因素的干扰,二是由于人为因素的干扰,或是二者的共同干扰。在多数情况下,以人为干扰引发的逆向演替居多。因此,调整人类的行为,停止负面干扰,促进生态系统向正向演替发展刻不容缓。

促进正向演替过程的基本步骤如下:

(1) 调整社会经济结构,减少人为干扰:由于人口激增,生态系统人为干扰的频度与强度加剧。为从根本上减轻因人口压力造成的干扰所采取主要措施:一是要严格控制区域内的人口总量;二是要依据生态系统的资源类型、质量、数量特征估算生态系统的生态承载力和资源承载力,依据人口数量、民族构成与生产、生活方式和社会发展对物质的需求,估算社会的总需求量,然后对资源的供给与社会需求进行对应分析,以此来调整人口政策、消费水平和产业结构等,实现生态系统与社会经济系统的协调发展,控制对生态系统的过度开发利用,促进生态系统的正向演替。

(2) 协调生态系统和周围环境的关系,促进正向演替:即使完全消除人为干扰(实际上不可能),生态系统恢复到平衡状态也需要较长的时间,为加快生态系统的恢复与重建,必须采取生态工程措施,在人工调控的基础上,充分发挥生态系统的自我调节和自我组织能力,加快生态系统的正向演替。

采用生态工程技术,对水文条件、土壤状况、地形与地貌条件等进行改造或改良,减少不利因素(物理因素、化学因素和生物因素)对系统的影响。如在干旱地区,通过改进灌溉技术,实现对水资源的集约利用,不仅有利于绿洲的形成,而且可改善土壤理化性质、增加土壤有机质,防止土地的荒漠化。

(3) 引进物种,建立稳定的生态系统:选择适宜植物,通过补播、补植增加地表生物的多样性。外来种的定植,不仅增大地表的植被盖度,而且增加了地面及地下的生物量。这既对生产者固定能量有利,也能通过能量转化驱动水分的循环,并以此带动营养物质的循环。在物质循环正常的状态下,生产者、消费者和分解者之间的比例协调,系统会自发地由层次较单调、结构较简单的植物群落向层次较复杂、结构较完善的植物群落演进,最终即可形成结构和功能完善、经济价值高、产出能力大的生物群落,系统也会发育成一个结构合理、功能高效的生态系统。

2. 处于正向演替阶段的生态系统的保护

目前处于正向演替阶段的生态系统,面对日益沉重的人口压力及随之而来的对自然资源需求的持续增长,其稳定发展也将受到越来越大的威胁,因此,必须加强对其的保护措施。

具体保护措施如下:

(1) 划分生态功能区:根据生态系统结构和生态过程的特点、人类活动对生态服务功能的影响及可能产生的生态风险,科学合理地划分生态功能区,实施突出重点、分区保护的措施。每一生态功能区,存在的生态问题不同,主要保护的对象也不同,以主导生态功能为目标进行保护措施的制定,同时兼顾其他辅助功能,可促进生态功能区的建设。

对生态极度敏感的功能区应禁止超负荷的人类干扰,采取相应的保护措施,提高其生态安全。对重点物种保护区应严格限制人类活动,包括无替代场所(高山陡坡、山脊、江河源头与两岸、自然保护区等)的科研活动。在这些地区的周围应建立缓冲区,进行以资源保护为目的科学活动或有限度地进行观赏性旅游和资源采集。

(2) 调整系统结构,在生态保护系统安全的条件下发展生产:设计生态廊道,建造防风固沙林或水土保持林,构筑合理的生态结构。保护生态系统的生物多样性,形成物质良性循环的食物链,促进生物种群之间的动态平衡。利用天敌抑制有害昆虫,减少虫灾发生的几率,提高生态系统的自控能力,在保证生态系统安全的条件下发展生产。

(3) 建立生态系统网络监测体系:采用遥感技术进行生态系统的宏观监测。建立监测站,形成布局合理、覆盖面广的生态系统监测网络,运用先进的 RS (remote sensing)、GPS(global position system)和 GIS 技术,监测生态系统变化及其演替趋势,及时掌握系统动态以采取相应的措施防患于未然。

3. 促进生态演替的案例

秦岭山地横贯中国中部地区,是东亚地区生物多样性最丰富的地区之一。它是中国南北自然环境的天然分界线,也是中国中部生态安全的天然屏障。但是,由于对该区域生态特征和生态服务功能的认识不足和对自然资源开发利用的不合理,使这一区域的生态服务功能下降,生物多样性降低。为促进正向演

替,仿效生态正向模式实施对秦岭山地的保护,主要措施如下:

(1) 划分生态功能区:秦岭山地现已列入国家级特殊生态功能保护区建设试点,按国家要求,必须制定保护区的规划,而且任何活动都要服从于该规划。秦岭山地自然条件复杂,生态系统服务功能多样,社会经济发展空间不平衡,为将规划制定得详实、可操作性强,有利于地区生态经济的协调发展,科学、合理地划分生态功能区是十分必要的,它有助于突出重点、分区保护。

(2) 健全和完善自然保护区体系:生物多样性保护是区域生态建设的主要内容之一,截止到 2000 年,秦岭山地正式成立了 9 个自然保护区,面积达 3.24 万 km^2,占秦岭山地总面积的 6.06%。但这些自然保护区在空间上分布不均,多集中在秦岭西部,而东部很少,保护区呈孤岛状分散在秦岭山地中,没有形成有机的联系。按照已发布的《陕西省自然保护区发展规划(1998—2010)》,在生态功能分区的基础上,到 2010 年秦岭山地自然保护区数量将增加到 19 个,面积将占秦岭山地的 8%,空间分布上趋于合理,并建有保护区间的廊道,形成优化的结构,保护功能将得到更大发挥。

(3) 规范生态旅游,减少人为干扰:秦岭山地发展生态旅游的条件得天独厚,目前已建有 10 个风景名胜区和 24 个森林公园,其中有 2 个国家级风景名胜区和 7 个国家森林公园,在减少人类干扰,加大保护力度的前提下合理开发具有区域特色的野生植物资源。为减少人为污染,要防止一哄而上的重复开发建设,有计划地开放旅游景点,以规范生态旅游。

(4) 生物资源的持续利用:过去对秦岭山地的生物资源开发多处于无节制的过度利用状态,导致生物资源极大的破坏和浪费,近几年来,在保护的前提下合理开发利用已取得一些成果。今后应进一步加强如下方面的建设:

① 利用杨凌农业高新技术产业开发区的科技优势,在保护的前提下,重点开发健康饮品等高科技含量的野生植物资源产品;

② 利用已有基础,在商州建立野生经济动物人工养殖中心;

③ 结合退耕还林还草工程,建立重要资源植物的人工种植基地,以满足市场需求。

(5) 实施生态工程建设:在秦岭山地,随着国家级生态功能保护区建设工作的开展,应重点实施九大生态工程建设:

① 天然林保护工程;

② 退耕还林工程;

③ 次生林改造抚育工程;

④ 低山带造林绿化工程;

⑤ 特困地区生态移民工程;

⑥ 保护站建设工程；
⑦ 林木育种和引种工程；
⑧ 资源利用工程；
⑨ 居民生态教育工程。

上述生态工程的实施应纳入秦岭山地生态功能保护区规划之中，通过生态功能保护区的建立，按照国家、地方的法律、法规和政策，协调区域内林区、自然保护区、森林公园和风景名胜区之间的关系，转变原有的国家、地方森工企业的生产经营职能为生态保护职能。

3.5 外来种的引进与控制方法

3.5.1 外来种的影响及引进原则

1. 外来种的影响

外来种是原生生态系统中没有的物种，它借助人类活动，穿越空间障碍成功定居并能繁衍。外来种的引入是柄"双刃剑"，它既可能给生态系统带来效益，也可能带来灾害。

外来种的效益：在人类历史上，外来种对各国文明的发展都做出过重大贡献。特别是作物的引进，如棉花、玉米、苜蓿(*Medicago sativa*)、番茄、西瓜等。原产我国的大豆、猕猴桃(*Actinidia chinensis*)成功定居美国、巴西和新西兰，成为其农业的主打品种。这些外来种不仅给当地带来巨大的经济效益，而且增加了生物多样性，与当地物种形成互惠共生的关系，对当地的生态、经济和社会发展都起到了积极的促进作用。

外来种的危害：外来种威胁生物多样性，造成乡土物种数量减少甚至灭绝。如澳大利亚引进的兔子不仅没有增加当地物种的多样性，而且造成兔灾，危及草场资源的可持续发展。不正确的引进外来种可能造成种群的改变、群落和生态系统结构的破坏以及功能的丧失，威胁景观的自然性与完整性，进而威胁人类健康。

2. 外来种引进的原则

（1）适生原则：每种生物都有各自的适生生境，即对气候、土壤和地形等条件有特殊的要求。在外来种引进之前，一定要详细调查物种在原产地的生态条件，引进时尽量选择生态环境相似程度高的物种。生境与外来种源地的生境越相似，引种成功的可能性越大。不仅如此，还应尽量掌握引进物种源地的古气候、古地理资料，以了解其演进史及其与环境和其他物种之间的相生相克过程，为外来种的成功定植做充分准备。

(2)利大于弊原则:在外来种引入前,不仅要做成本-效益分析,还要进行环境影响评估,对其经济价值和生态价值作综合评估,以确定其短期与长期的发展目标。如果外来种引入可带来较大的经济效益,并且对生态环境的正面影响超过实际的和潜在的负面影响,则可引进。

(3)可控性原则:在引入外来种之前,应分析研究外来种定居方面的特性和传播特性,掌握控制外来种的技术,防止其过度扩散。当外来种被引入到失稳的生态环境和生态系统时更要特别慎重,防止其对原生群落和生态系统产生威胁。只有在本地物种普遍适应的情况下,才可考虑在可控前提下引进外来种。

3.5.2 外来种的引进与控制

1. 外来种引进的技术

(1)种源选择和选种育种:引种时要对不同种源做对比试验,以获取最佳种源。引进物种时,应选择适应性强、遗传性状好的个体。为使外来物种适应本地环境,可采取与本地物种杂交育种的技术,培育适应性强的杂交后代。

(2)引种植物试验:引进外来种,必须通过试验,否则,可能会造成严重的生态问题。一般来说,物种引进之后要经过淘汰、测验和验证三个阶段。淘汰阶段是在一个或几个立地中,对大量不同物种的适生状况进行对比,筛选长势好、对当地物种无危害的植物种。测验阶段是以初试选种的植物种为主,在区域内同一地区的不同立地上进行扩种,了解该植物种的生长及适应状况,掌握该植物种的适生条件、范围、最适宜发展的地区及其立地条件。验证阶段可视为收获阶段,其目的是在正常人工种植条件下,进一步验证在测验阶段表现优异的植物种的数据指标。植物种经过上述几个阶段后,如果能达到预期目标,就可以大规模推广。

(3)引进植物的栽培:适宜的人工培育措施是引种最终成功的基本保证。培育技术包括:

① 种子处理与贮藏 引进的种子必须晾晒、精选、保持健康洁净,同时还要进行消毒,避免病菌、虫卵的传播。如果引进的苗木带有土壤,检疫及消毒则更重要。消毒后的种子不宜久放,否则会降低发芽率。种子若不能及时播种,需晾干后贮藏。一般小粒种子应充分干燥后贮藏,大粒种子如壳斗科的种子,要保持一定的含水量,而且不同种子贮藏时要求的温度也不同。

② 育苗 为保证外来种的出苗率和幼苗生长速度,一般采用容器法育苗,对土壤的要求有:养分充分、完全,以提供苗木健全生长发育的养分;土壤结构良好,容器轻,以保证植物对土壤养分及水分的吸收率高,且移栽时轻便;无虫卵块、病菌孢子或能传播的菌丝体。也可采用温室及塑料棚育苗,以避免室外的低

温、干旱、风霜和虫害等。

③ 栽植与管护 新引进的植物一定要寻找合适的生境栽植,并且对其生长发育状况及病虫害发生情况进行定期观测、详细记录,出现生长异常时要认真研究原因,并及时采取有效措施补救。遇到特殊天气前,要采取预防措施;特殊天气发生后,应立即观察受害情况,并采取相应的挽救措施。

④ 培养种源 外来种引进成功后,应建立母树林、种子园及采穗圃,以保证其快速繁殖和优良性状的可持续性。

(4) 建立引种技术档案:物种引种驯化是一项长期、复杂的科学试验,需从引种之初就建立技术档案,长期积累资料以作为分析引种成败和推广成果的科学依据。

2. 辽宁省引种东部白松的案例

东部白松($Pinus\ strobus$)又称北美乔松,原产加拿大和美国北部。它是高大乔木,高达 60 m(一般 30 m 左右),胸径可达 2 m(一般 30～50 cm),是北美东部最有价值的树种之一。它高大挺拔,树皮光滑、有光泽,针叶柔软细腻、蓝绿色,观赏性极强,是优良的绿化树种。它对空气污染有较强的抵抗力,又是空气净化的当选树种。该树种早期生长缓慢,但后期生长迅速。辽宁省的熊岳树木园在 20 世纪初引种,经过 80 多年的观察,生长发育良好,已正常开花结实,生长速度居该园所有栽植的外来和乡土松属树种之首,特别是显著高于重要造林树种红松。该树种的引进及培育过程主要包括如下步骤:

(1) 适生条件:东部白松原产加拿大和美国北部 34°～51°N,54°～96°E 的范围内,垂直分布区 0～1 220 m,分布区气候湿润、凉爽,年降水量 510～2 030 mm,年均气温 0.8～13.9 ℃,较耐寒,但耐旱稍差,生长季 100～200 天。可在各类土壤上生长,在排水良好的肥沃沙质壤土上生长最好。

(2) 选地和整地:育苗地要求土壤质地疏松,排水良好,地势平缓,地下水位较低,背风向阳,土层深厚呈中性,且以较肥沃的沙壤土为宜。播种前细致整地和作床。苗床南北走向,床宽 1.0 m,长 20 m,床高 10～15 cm,床间过道 30 cm。作床前用甲拌磷(3911)500 倍液灭虫。为了提高土壤肥力,利于苗木生长,应在土壤肥力分析的基础上,每公顷适施充分腐熟的农家肥。床要耙平,其后每公顷用 37.5 kg 五氯硝基苯或 0.5%～1.0% 硫酸亚铁溶液进行土壤消毒。播种床做完后,用碌子镇压,以利保墒。

(3) 种子处理:用 0.3%～0.5% 的高锰酸钾溶液浸泡东部白松种子 3～5 min,捞出后用水冲洗干净。然后再进行水浸催芽,即把东部白松种子放入冷水中,浸泡 36 h 后捞出,将潮湿的河沙按种沙 1∶3 的比例拌匀,放入 1～5 ℃ 低温下处理 60 天左右。播种前 1 周,将种子移到背风向阳处,铺成 10～15 cm 厚度,种子上覆 3~5 cm 细沙,盖塑料薄膜增温,夜间用草帘盖好,保持温度和湿度。白天将草帘打开,种子要上下翻动,适量浇水,并要适当通风。温度保持 18~25 ℃。1 周后,如有 30%~60% 的种子已经裂嘴,即可播种。

(4) 播种时间和育苗方法:经过处理后的东部白松种子应适时早播,平均地温达到 8~9 ℃时,即可播种。在辽宁省的播种时间为 4 月中下旬。一般为床播。播种前先灌足底水,待土壤松散时翻松、耙细。播种育苗尽量选在无风或风小的天气,采用撒播,播种量为 180 kg/hm²,为了使下种均匀,可与细沙混合均匀后再播,播后盖 0.3 cm 厚的河沙,做到边播种、边盖河沙、边镇压,并用稻草等覆盖,防止水分蒸发,以利保墒。

(5) 苗期管理:从播种到幼苗出齐前,保持表土湿润,含水率在 60% 左右,防止种子芽干而造成缺苗断条,还要设专人看鸟。当苗木出土数量达 60%~70% 时,应及时分 2~3 次撤去覆盖物。在 6 月末,由于幼苗茎细嫩,地表温差较大,要防止遭受日灼。要少量多次浇水,以调节床面温度和湿度。为了防止病虫害发生,苗出齐后用 500 倍液敌克松或甲基异硫磷喷施,每 7 天 1 次,持续 3~5 次。7—8 月为东部白松苗木生长旺盛期,必须供给其充足的水分,每隔 2~3 天浇 1 次透水。留苗密度为 500 株/m²,过密必须间苗,可分 2~3 次间苗,还要经常除草松土。8 月中旬以后,要控制浇水和停止追肥,防止苗木徒长,促进木质化,以利于越冬。由于原产地冬季降雪量大,而辽宁省寒冷干旱,为了苗木顺利越冬,要进行覆土防寒,覆土厚度为苗尖上 2~3 cm。

(6) 移植:在辽宁,东部白松一般用 3 年生苗木造林。培育 2 年后用移植的方法再培育 1 年,即第三年 4 月上旬,土壤解冻 30~40 cm 时开始,一般为垄作。为了防治蛴螬等地下害虫,作垄时用甲拌磷 500 倍液灭虫。垄底宽 60 cm,垄高 10~15 cm。移植前育苗地应浇 1 次透水,移植时应缩短裸根苗暴露时间,尤其是必须防止日光下苗根暴晒,最好是随起随栽。栽苗深度以苗叶不埋入土中为宜,移植密度为每米双行 80 株。也可进行作床移植,移植密度 150 株/m²。植苗后,要踏实垄面和垄侧,并及时浇 1 次透水,以利于成活。移植苗必须埋土防寒越冬。移植法培育的苗木根系发达,须根多,冠根比值小,根系多集中于土壤表层,起苗不伤根。另外,二次生长现象少,苗木能充分木质化,生长健壮,可显著提高造林成活率。

3.6 生态恢复方法

3.6.1 生态恢复的定义及目标

1. 生态恢复的定义

生态恢复是根据生态学、经济学和社会学等学科的相关理论,采用系统工程方法和生态工程技术,消除退化生态系统的各种限制因子,恢复和重建其合理的结构,使退化生态系统恢复到原有或正常状态,发挥正常的生态功能。与生态恢复相关的概念有:

(1)保护:即去除干扰使生态系统演替至原有的状态;

(2)改良:即改良立地的条件以使原有的生物生存,一般指退化景观向好的方向转化过程中人类对其采取的措施;

(3)改进:即对原有的受损系统进行结构调整,以提高其某方面的功能;

(4)修补:即修复部分受损的结构;

(5)更新:指生态系统发育及更替;

(6)再植:即恢复生态系统的部分结构和功能,或恢复先前的土地利用方式。与自然条件下发生的次生演替不同,生态恢复强调的是人类的主动作用。

2. 生态恢复的目标

广义的恢复目标是通过调整生态系统的结构或补充生物组分使受损生态系统的功能得以恢复,理想的恢复应同时满足区域和地方的经济发展目标。生态恢复工程的基本目标为:

(1)地表基底稳定性的恢复:地表基底(地质地貌)是生态系统发育与存在的载体,基底不稳定(如滑坡),就不可能保证生态系统的持续演替与发展。

(2)提高退化土地的生产力:增加植物种类和生物多样性,提高植被的覆盖率和促进生物群落的恢复,提高土壤肥力和生态系统的生产力、自我维持能力。

(3)在被保护的景观内:去除干扰以加强保护,减少或控制环境污染。

(4)对现有生态系统:进行合理利用和保护,维持其服务功能,增加视觉和美学享受。

3.6.2 退化生态系统恢复的技术

1. 生态系统恢复的原则

生态系统恢复的原则一般包括自然法则、社会经济技术原则和美学原则。自然法则是生态恢复与重建的基本原则,也就是说,只有遵循自然规律进行恢复和重建,才是真正意义上的恢复,否则只能是背道而驰,事倍功半;社会经济技术条件是生态恢复重建的后盾和支柱,在一定尺度上制约着恢复的可能性、水平与深度;美学原则是生态恢复与重建的行为准则,即生态系统的恢复与重建应给人美的享受。

2. 生态恢复的技术

不同地域存在不同的退化生态系统,当外部干扰类型和强度不同时,必然使生态系统出现不同的退化类型、阶段、过程以及响应机理。因此,在退化生态系统的恢复过程中,其恢复目标、侧重点及所选用的关键配套技术也应有所不同。一般而言,生态系统的恢复技术包括:

（1）非生物或环境要素：包括土壤、水体、大气质量的恢复技术；

（2）生物要素：包括物种、种群和群落的恢复技术；

（3）生态系统：包括结构与功能的总体规划、设计与组装技术（表 3.10）。

表 3.10 退化生态系统的恢复与重建技术体系

恢复类型	恢复对象	技术体系	技术类型
非生物环境因素	土壤	土壤肥力恢复技术	少耕、免耕技术,绿肥与有机肥施用技术,生物培肥技术(如 EM 技术),化学改良技术,聚土改土技术,土壤结构熟化技术
		水土流失控制与保持技术	坡面水土保持技术,生物篱笆技术,土石木工程技术(梯田、小水库、谷坊、鱼鳞坑等),等高耕作技术,复合农林牧技术
		土壤污染恢复控制技术	土壤生物自净技术,施加抑制剂技术,增施有机肥技术,移土、客土技术,深翻与埋藏技术,废弃物的资源化利用技术
	大气	大气污染控制与恢复技术	新兴能源替代技术,生物吸附技术,烟尘控制技术
		全球变化控制技术	可再生能源技术,温室气体的固定转换技术(如利用细菌、藻类),无公害产品开发与生产技术,土地优化利用与覆盖技术
	水体	水体污染控制技术	物理处理技术(如过滤),化学处理技术(如加沉淀剂),生物处理技术,氧化塘技术,水体富营养化控制技术
		节水技术	地膜覆盖技术,集水技术,节水灌溉(渗灌、滴灌)

续表

恢复类型	恢复对象	技术体系	技术类型
生物因素	物种	物种选育与繁殖技术	基因工程技术,种子库技术,野生生物种的驯化技术
		物种引入与恢复技术	先锋种引入技术,土壤种子库引入技术,乡土种种苗库重建技术,天敌引入技术,林草植被再生技术
		物种保护技术	就地保护技术,迁地保护技术,自然保护区分类管理技术
	种群	种群动态调控技术	种群规模、年龄结构、密度、性比例等调控技术
		种群行为控制技术	种群竞争、捕食、寄生、迁移等行为控制技术
	群落	群落结构优化配置与组建技术	林灌草搭配技术,群落组建技术,生态位优化配置技术,林分改造技术,择伐技术,透光抚育技术
		群落演替恢复技术	次生演替技术,封山育林技术,水生与旱生演替技术,内生与外生演替技术
生态系统	结构功能	生态评价与规划技术	土地资源评价与规划,环境评价与规划技术,4S辅助技术(RS、GIS、GPS、ES)
		生态系统组装与集成技术	生态工程设计技术,生态系统构建与集成技术
景观	结构功能	生态系统链接技术	生物保护区网络,流域治理技术,景观设计技术,景观生态评价与规划技术

非生物的恢复技术包括水体恢复技术(如控制污染、去除富营养化物质、换水、积水、排涝和灌溉技术)、空气恢复技术(如烟尘吸附、生物和化学吸附等)、土壤恢复技术(如耕作制度和方式的改变、施肥、土壤改良、表土稳定、控制水土侵蚀、换土及分解污染物等)。

生物的恢复技术包括生产者(物种的引进、品种改良、植物快速繁殖、植物的搭配、植物的种植、林分改造等)、消费者(捕食者的引进、病虫害的控制)和分解者(微生物的引种与控制)的重建技术和生态规划技术(RS、GIS、GPS的应用)。

生态恢复最重要的是技术整合,充分利用各种技术,尽快地恢复生态系统的结构和功能,以实现生态系统的生态、经济、社会和美学效益的统一。

3. 恢复成功的标准

通常将恢复后的生态系统与未受干扰的生态系统进行比较,其内容包括关键种的多度及表现、重要生态过程的重建,诸如水文过程等非生物特征的恢复。国际恢复生态学会建议比较恢复系统与参照系统的生物多样性、群落结构、生态系统功能、干扰体系以及非生物的生态服务功能来鉴定其恢复的程度。

恢复退化生态系统的终极目标是恢复生态系统的功益。生态系统的功益是指人类直接或间接从生态系统功能(即生态系统中的生境、生物或系统性质及过程)中获取的利益。恢复后的生态系统尽量具有如下的服务功能:生态系统的产品(生态系统中生物的全部、部分或产品,可为人类提供肉、鱼、果、蜜、谷、家具、纸、衣等)、生物多样性(为人类创造和丰富精神生活和文化生活)、自然杀虫、传粉播种、空气和水的净化、旱涝灾害的减缓、土壤的形成、保护及更新、废物的去毒和分解、种子的传播、营养的循环和运移、气候的调节等。

4. 退化生态系统恢复实例

浙江省武义县石龙头小流域的水土流失面积大、强度高,土壤较贫瘠,土地生产力低,荒芜化现象严重,为治理退化的土地生态系统,主要采取以下措施:

(1) 将坡地改成梯地,控制水土流失,恢复土壤:采用沿等高线修水平梯地,梯地宽1.5~2.0 m,梯地适当内倾,内侧挖排水沟,外筑土埂,使坡面梯地化,减少水土流失。

(2) 完善水利设施,恢复水体:在石龙头流域建立水库和灌溉设施,通过提水设备将水抽入制高点的蓄水池。同时埋设田间输水管道,一定间距上设置一个出水口,灌溉时利用高差进行喷灌,这样彻底解决灌溉问题。

(3) 种养结合,培肥地力,恢复土壤肥力:在植树前挖1 m深1 m宽的种植沟,施足有机肥;在定植之后,套种豆科作物。一方面增加地面覆盖,减少水土流失;另一方面,绿肥压青或秸秆还田,培肥地力。通过这些措施,果园土壤肥力明显提高。

（4）采用生物措施：在建起等高梯田时，松动了原来的土壤结构，如不注意采用生物措施加以保护，容易造成新的水土流失。为此，采取两项生物措施防止水土流失：一是在开垦梯田的外壁土埂全部种上香根草。香根草根系发达，耐瘠薄，生长旺盛，极易形成植物障篱；二是新开地全年套种绿肥作物，增加地面覆盖。此外还加强了山林抚育和新垦园地的山顶绿化和防护林设置。

3.7 结构调整的方法

3.7.1 结构失稳

1. 垂直结构失稳

生态系统的垂直结构包括两个层次：第一，系统内部不同组成要素垂直方向上的构型；第二，不同物种的垂直分层。生态系统在垂直方向上组成物质形态不同、性质不同但又互相联系的"千层饼"构型即垂直结构。

稳定性是生态系统最基本的特征之一，是生态系统存在的必要条件。当前，人类面临粮食、人口、能源、资源和环境污染五大社会问题。究其本质，就是系统失稳产生的生态问题。当外界干扰(自然或人为)所施加的压力超过生态系统自身调节能力和补偿能力时，将造成生态系统结构破坏、功能受阻以及反馈自控能力下降，这种状态称为结构失稳。

生态系统垂直结构失稳主要表现在物种的缺失和组成成分的不完善。例如，森林生态系统群落的垂直结构一般由乔木层、灌木层和草本层，枯枝落叶层等组成。一旦乔木层遭到破坏，系统就失去了一个关键的组成成分，必然影响灌木、草本和枯枝落叶层的物种组成和形态变化，最终系统的垂直结构也将失稳，整个系统亦发生变化。在一定的区域内，水平方向上垂直结构是异质的，包括森林、草地、农田、湿地等多种类型。这种水平方向上异质的垂直结构有利于区域的稳定。若人为地破坏这种组合，就会造成不利的影响。例如，若将小流域内的陡坡毁林开荒，不仅自身的垂直结构遭受破坏，而且由于坡面失去植被保护，侵蚀加剧，亦引发水土流失、土壤肥力下降等问题，进而殃及相邻的水上和水下环境，发生河道淤塞、农田和道路被毁、旱涝灾害频繁等生态灾害。

2. 营养结构失稳

生态系统各组分间以食物关系为纽带，把生产者、消费者和分解者联系起来，一种生物以另一种生物为食，而另一种生物又以第三种生物为食，这种生物之间以食物联系起来的关系称为食物链。食物链间相互交错，形成食物网。食物链(网)构成营养结构。

生产者是食物链的起点。食物链则是各种生物按其食物关系的排列次序。一种生物在未被吃掉以前,它将以残噬位于其前的别种生物为生。这种营养结构来源于光能进入生态系统,能量通过吃与被吃的关系从一种生物传递给另一种生物,这种生物之间的能量传递关系是错综复杂的。如"大鱼吃小鱼,小鱼吃虾米,虾米吃泥巴"以及"螳螂捕蝉,黄雀在后"等都是营养结构的形象比喻。

营养结构的失稳主要表现在整个系统内个别物种的灭绝,食物链的断裂。营养结构主要是通过生产者、消费者和分解者的能量转化和物质循环实现的,如果其中的某一环节断裂或缺失就会影响到整个系统的正常运转。如"大鱼吃小鱼,小鱼吃虾米,虾米吃泥巴"这一营养链条,如果缺少了虾米,那么小鱼就会因缺乏食物源而受损,河泥也会因缺失消耗者而加快积累速度,最终导致鱼类消失,系统崩溃,对处于平衡状态的生态系统来说,生产者、消费者、分解者都是不可缺少的。生产者减少或消失,消费者和分解者就没有赖以生存的食物来源;分解者减少,系统就会因动、植物残骸不能分解而养分失调,最终系统也会崩溃。例如,澳大利亚草原生态系统因缺乏"分解者"这一组成成分,养牛业发展使草原上牛粪堆积如山,后从我国引进蜣螂(俗称"屎壳郎"),才解决了这一难题,促进了系统的完整与平衡。又如,秘鲁是一个盛产磷肥的国家。但一度因大量捕捞鱼类资源,不但使秘鲁磷肥的产量大为减少,磷石肥的外贸也遭受重大损失。其原因是海鸟以鱼类为生,而海鸟的粪便则是磷石肥的基本来源,由于大量捕捞海鱼,打乱了这条食物链,致使海鸟数量锐减,其粪便与磷石肥料当然亦减。

3. 水平结构失稳

生态系统的水平结构是指在一定生态区域内生物类群、景观单元在水平方向上的组合与构型。在不同的地理环境条件下,受地形、水文、土壤、气候等环境因子的综合影响,植物种类在地表的分布是非均质的,植物分布的变化必然引起动物的变化。在植物种类多、植被覆盖度大的地段动物种类也相应多,反之亦然。生物分布的水平差异必然引起景观类型在水平方向上形成带状、同心圆、块状镶嵌、扇状等形状各异的景观格局,即不同地段的水平结构是不同的。

水平结构失稳的主要表现是水平方向上植物群落和景观单元的均质化。如吉林省西部的草甸草原景观自然状态下宏观的水平结构表现为坨甸相间。沙地(坨)上的自然植被为翼枝榆(*Ulmus davidiana* var. *saberosa*)山杏(*Armeniaca sibirica*)疏林群落,而甸子地的典型植被为羊草(*Panicum maximum*)草甸。新中国成立以来,由于人口增加,人民群众对粮食的需求量加大,他们将异质的地表覆垦为清一色的农田,结果失去林地对沙地的保护和草甸对地表过度蒸发的抑制,造成沙地出现沙化、草甸出现碱化和草场退化等生态问题。

3.7.2 结构调整的方法

1. 垂直结构调整的方法

(1) 自然调控:生态系统的自然调控机制是从自然生态系统自我进化生成的生物与生物、生物与环境之间的反馈调控、多元重复补偿的稳态调控。如光、温度对作物生长发育的调节;昼夜节律对家禽行为的调节;林木的自疏现象;功能组分冗余现象等都属自然调控。

多元重复补偿是指在生态系统中,有一个以上的组分具有完全相同或相近的功能,或者说在网络中处在相同或相近生态位上的多个组成成分,外来干扰使其中一个或两个组分破坏时,另外一个或两个组分可以在功能上给予补偿,从而相对地保持系统的输出稳定不变。例如,植物的种子和动物的排卵数大大超过环境中可能容纳的下一代数目;同一食草动物常消费多种的植物,同一种生物残体为数以百计和各种大小的生物所分解利用等。这就使得生态系统在遇到干扰之后,仍能维持正常的能量和物质转换功能。这种多元重复有时也理解为生态系统结构上的功能组分冗余现象。

生态系统的自然调控是有一定限度的。系统在不降低和不破坏其自我调节能力的前提下所能忍受的最大限度的外界压力(临界值),称为生态阈值。外界压力包括自然灾害、不利环境因素的干扰等自然力,也包括人类干扰。例如,森林的采伐是有一定限度的,若采伐量高于生长量,就会引起森林生态系统的结构失调;同理,草地亦有其承载力,过度放牧,草原就会退化;天然湖泊过度捕捞,也会引起鱼类资源的枯竭。

生态系统中反馈控制和多元重复往往同时存在,这是使系统的稳定性得以有效保持的必要条件。这些自然调控相对人为调控来说,往往更为经济、可靠和有效,对保护生态环境和生态工程设计更为有利。

(2) 人工调控:人工调控是指对被破坏的生态系统实施人工设计,以人为主导,在人与自然共同创造原则的指导下,对结构进行修补和完善,以达到修复生态系统的目的。

① 人工调控的原则 生态工程设计中人工调控必须遵循两个原则:第一,人工调控必须尊重自然生态系统的自组织原则;第二,仿自然生态系统的演替系列和原生结构进行调控。如在农业生态系统中,确定合理的农、林、牧、渔比例和配置,用不同的种群合理组装,建立新的复合群体,使系统的结构更趋完善,系统内各组成成分间关系更加协调,系统的能量流动、物质循环更趋合理,在资源可持续利用的前提下,获得较高系统生产力和最大的综合效益。

② 人工调控的方法
• 生境调控：就是利用生态技术措施改善生物的生态环境,达到调控目的。包括对土壤、气候、水分、有利有害物种等因素的调节。其主要目的是改变不利的环境条件,或者削弱不良环境因子对生物种群的危害程度。
• 输入输出调控：例如,在农业生态工程设计中,农业生态系统的输入包括肥料、饲料、农药、种子、机械、燃料、电力等农业生产资料；输出包括各种农业产品。输入调控包括输入的辅助能和物质的种类、数量和投入结构的比例。输出调控包括：调控系统的储备能力,使输出更有计划,或对系统内的产品进行加工,改变产品的输出形式,使生产加工相结合,产品得到更充分的利用,并可提高产品的经济价值；同时,控制非目标性输出,如防止因径流、下渗造成的营养元素的流失等。
• 系统生物调控：是指在个体、种群和群落水平上,通过对生物种群遗传特性、栽培技术和饲养方法的改良,增强生物种群对资源的转化效率,达到调控目的。
• 系统结构调控：是利用综合技术与管理措施协调生态系统内部各要素之间的比例关系。用不同种群合理组装,建立新的复合群体,使系统各组成成分间的结构与机能更加协调,系统的能量流动、物质循环更趋合理。在充分利用和积极保护资源的基础上,获得最高的系统生产力,发挥最大的综合效益。
2. 营养结构调整的方法
生态系统营养结构的失稳可以通过以下方法进行调控：
(1) 食物链加环：食物链加环可分为生产环、增益环、减耗环和复合环。
① 生产环　可分为一般生产环与高效生产环。凡是某种生物需要的资源亦是人所需要的一级产品称为一般生产环,如牛、羊、猪等草食动物,它的饲料中的粮食、蔬菜,也是人类所需要的。秸秆、糠壳可作为工业原料、燃料和饲料,其转化是由低价值增至高价值,低能量转化为高能量。凡是某种生物需要的资源、同时也是人类不需要或不能直接利用,但经转化后能被人类利用的,称为高效生产环。如花粉需经蜜蜂这一环节才可酿为蜂蜜,增添高效环一般效益更为突出。有资料统计,经蜜蜂传粉,皮棉可增产 20%,油菜可增产 18%,梨(*Pyrus ussuriensis* Maxim)可增产 30%~50%,苹果可增产 20%~47%。
② 增益环　是指为扩大生产环的效益所加入的环节,如利用普通饲料中的营养成分,生产高蛋白饲料。由于增加动物蛋白营养,饲养的牲畜生长快、肉质好。如每日给仔猪饲养 1 568 饲料,15 天后比一般饲料喂养的猪增重 90.3%。
③ 减耗环　在食物链中,有的环节只能是消耗者或破坏者,称为"耗损环",为抑制耗损环对物质和能量的过度消耗,可通过"减耗环"来解决。如人工饲养

赤眼蜂和瓢虫抑制消耗者——蚜虫。

④ 复合环　即增益环和减耗环的整合。如稻田养鱼养鸭,既可利用其消灭害虫和杂草,又可增肥松土。增加稻谷产量;同时鱼亦育肥、鸭又高产,是多种效益的整合。

(2) 食物网设计:在原有的食物链网中增加或引入新的环节是调整食物链网常用的一种方法。食物链加环应遵循以下原则:

① 填补空白生态位,增加产品产出;

② 废弃物资源化,提高其利用效率;

③ 减少养分的丢失、浪费和能量的无效损耗。

(3) 食物网设计案例:建立以食用菌为中心的食物链结构。用稻草、稻谷壳培养食用菌,培养食用菌后的底料含有丰富的养分,用来作牲畜的饲料。这种借助食用菌的降解作用,分解木质素、纤维素,既生产饲料又生产蘑菇(*Tricholoma gambosum*)的工艺,在不少地区被广为采用。日本把由水稻(草)—蘑菇(菌床、残渣)—牛(粪)—蚯蚓四大环节组合起来的良性循环系统,称为"四维农业"。日本学者大平上拮用泥炭作培养基,培养可食用的白色腐朽菌,再添加若干营养物质。使泥炭中的木质素、纤维素和甲壳质等物质完全分解,变成糖分和蛋白质;分解过程中长成的蘑菇供人类食用,底料作为畜禽的优质饲料。生产 1 t 饲料可同时收获 300~350 kg 蘑菇。我国学者李树清等利用秸秆之类的农业有机废物——稻草、稻谷壳、玉米芯、锯木屑、甘蔗酒和泥炭配制成食用菌的培养基,也获得了饲料和食用菌的双丰收。

3. 水平结构调整的方法

生态系统水平结构的调整主要从以下两方面进行:

(1) 生态系统生物调控:是指通过生物栽培,实现生物与生物、生物与生境之间的相协关系。如某一自然区可分为干生生境、中生生境、湿生生境和水生生境,不同的生境为生物提供的生态位不同,通过每一生境上生物适生种的调整和不同生境间生物种间的互利互惠关系的调整,增强生物种群对环境资源的利用效率,达到调控目标。

(2) 群落水平的调控:通过建立合理的群落结构和景观单元的镶嵌关系,形成种群与种群、种群与环境之间的协调关系,以实现资源的合理利用和种群的持续发展。如农业生态系统中的套种、间种措施,农林牧复合生态系统,都是通过建立合理的群落结构,实现对资源的最佳利用,使系统的功能更趋完善。

3.7.3　案例分析

1. 洪泽湖区概况

洪泽湖区属淮河冲积平原,海拔多在 50 m 以下。由于湖水枯丰变化强烈,沿湖 12~13 m 等高线以内,垂直结构经常变化。在大雨或湖水汛期,大量积水,无法排除,造成内涝,水退后这些地方又都是蝗害多发区,水陆经常转化是该区生态问题的源头。

2. 生态工程设计

洪泽湖区的蝗害必须与水旱灾害同时治理,才能达到预期的目的。调控的方法主要有以下三个方面:

(1) 调整种植结构:根据小地形和水面的深浅变化种植芦苇、水稻和旱田。调整整个区域植物的水平结构和垂直结构。

(2) 设置水利工程设施:稳定水旱面积的变化,把过去时涝时旱适合飞蝗繁殖的不稳定地带改造成适合种植水旱作物的农田,控制飞蝗繁殖。

(3) 通过社会间接调控:调整资金投入,将历年购买杀虫剂的费用转投生产部门,提高田间管理水平;加强该地区的管理,降低因结构变化而带来的生态恶果。

3.8　功能完善的方法

生态系统的功能具体表现为基本功能和服务功能。这些功能能为人类提供必要的能量和物质,同时也可以消除由于人类干扰而产生的熵增。正常功能的发挥是系统稳定的重要保证。

生态系统的基本功能为供给功能、处置功能、抵制功能和保存功能,四者协调运转是保证生态系统功能正常的前提。

3.8.1　生态系统功能缺损的诊断

1. 供给功能缺损的诊断

每一生态系统都必须靠外界源源不断地输入物质、能量、信息、物种以维系自身的生存和发展。当供给功能缺损时,一是表现为进料不足,即输入的物质、能量、信息、物种不能满足系统正常运转的需求,这时系统的生产和建造就会被迫降低消耗或是消耗殆尽。如吉林省西部近几年降水量明显减少,向海湿地和莫莫格湿地均因水供给不足而出现湿地面积萎缩、生物多样性降低等湿地退化现象。二是表现为进料过剩,即输入的物质、能量、信息、物种超过系统正常运转的需求,这时系统的生产和建造也会因积累或负担过重而被迫停止。如洪涝灾害的发生和碱化土地的形成,前者是系统中水分供给过剩,后者是系统中的易溶元素供给超标,都使系统偏离了正常状态。

2. 处置功能缺损的诊断

生态系统的处置功能是将周围环境输入的物质、能量、信息和物种加以处理、转移或排除的能力。生态系统处置功能缺损的主要表现是系统阻塞。如城市生态系统由于缺少分解者,导致输入系统中的物质经转化后不能及时地分解,而形成大量的城市垃圾,不仅影响城市功能的正常运转,而且污染环境。

3. 抵制功能缺损的诊断

生态系统的抵制功能,是防止物质、能量、信息和物种从周围环境进入系统内部超过其最大忍耐限度的能力。生态系统的抵制功能从选择和调节两个方面起作用。当有毒成分欲进入系统时,系统通过自身的抵制功能来"禁止入内"。如捕食动物遇到不熟悉的食物时非常谨慎,绝不轻易去吃。蓝枧鸟和红翅乌鸦对热带陌生色型的蝴蝶均采取回避的态度。这些谨慎行为均是捕食动物为生存而采取的"禁止入内"的防御措施。抵制功能的缺损常常表现为系统对输入的物质失去选择与调控能力。如食物中毒、水环境污染都是系统抵制功能不能正常运转而呈现出的状态。

4. 保存功能缺损的诊断

生态系统的保存功能是把周围环境输入到系统内部的物质、能量、信息和物种流保存在系统内部的功能。系统保存功能的缺失主要表现为物质和能量的泄漏。例如,水土流失、黑土退化都是系统保存功能不正常,有用的物质和元素泄漏造成的。

3.8.2 生态功能完善的方法

生态系统的功能是系统得以维持和发展的基础,对功能受损伤的生态系统必须进行功能修复。功能缺损的类型不同,补救的方法各异。

1. 供给功能完善的方法

供给功能补救的措施包括增加直接供给和间接供给。直接供给就是按系统的供给需求差额,及时地向系统输入缺损的能量、物质、物种与信息。如修建水利工程设施,保障农田的用水需求。间接供给是通过"二传手"的方式向系统补充其所缺失的物质、能量、信息和物种。如种植绿肥作物就是通过间接供给的方式向土壤中补充养分。

2. 保存功能完善的方法

保存功能不完善的补救措施就是增强保存能力。例如,吉林省西部草原,过度放牧致使草地退化,系统整体功能受损。补救措施一是增加植被覆盖度,如人工种草、建草库伦、天然草地的自然恢复等,增加物质的投入,加大"库存量";二是禁牧、禁刈、禁垦,减少物质和能量的输出,控制"出库量"。以此来完善系统的保存功能。

3. 处置功能完善的方法

生态系统中处置功能受损的补救措施就是增强系统的疏导能力。疏导能力的增加：一是在系统中增加新的疏通渠道,加快流通速度,排除阻塞；二是增加系统中新的组成成分,替代原来处置失灵的组分。如农田中排水渠系的设置、用生活垃圾培育蚯蚓等都是提高系统处置功能的有效方法。

4. 抵制功能完善的方法

生态系统抵制功能的补救措施就是增强系统的抵抗力。抵抗力的增强措施有二：一是提高系统自身抗干扰的能力；二是为系统设置屏障,减少干扰入侵的几率。如设置农田防护林是减少干扰,提高系统抵制功能的典范；而农田自身结构的调整如高秆与矮秆作物套种、林草田复合生态系统的建设等都是通过系统自身结构的完善,提高系统抗干扰能力的成功经验。

功能的完善,绝不能单纯地"头痛医头,脚痛医脚",一种功能缺损,其他功能也受牵连,必须以系统整体功能的完善为立足点,考虑补救的措施。

3.8.3 案例分析

1. 安太堡矿区概况

安太堡矿区地处黄土高原东部、山西省北部的朔州市平鲁境内,与晋陕蒙接壤区,号称黄土高原"黑三角"的世界特大型煤田相连接,是一个对环境改变反应敏感、维持自身稳定性能力较差的生态环境系统,属于黄土丘陵侵蚀的生态功能脆弱系统。由于近年来人类活动的干扰,生态系统的功能严重受损。

2. 生态问题诊断

安太堡矿区复垦土地存在的生态问题主要表现在供给功能的缺失、保存功能的降低以及生态系统处置功能的减弱,具体表现为非均匀沉降导致的地面起伏、水土流失、水分亏缺、地力贫瘠、土壤尚未熟化。针对这些问题,提出并实施了半干旱黄土区露天煤矿土地重塑、土壤重构和植被重建的一体化综合集成的生态功能恢复技术。

3. 生态功能恢复措施

（1）土地重塑：土地重塑是指从工程复垦角度进行合理的地貌重塑和土体再造,首先消除对植被恢复有影响的生存性限制因子。土地重塑主要包括：基底构筑、平台构筑、边坡构筑、水土保持与排洪渠构筑等,以重建该生态系统的处置功能。

基底构筑是通过犁耕已压实的土体,形成"输水型"基底,确保基底的水流通畅,改善系统的处置功能。平台构筑和边坡构筑是平整土地和修建坡面,以防止雨季流水冲刷,增强保存功能。

(2) 土壤重构:土壤重构是在土地复垦的基础上,再造一层人工土体,并通过各种农艺措施,改善土壤耕性、提高土壤肥力的过程。土壤重构的实质是通过人为措施增加有机质、加速岩石风化和生土熟化的过程,从而使土壤的物理、化学、生物等性状逐渐趋于正常化,间接地增强该生态系统的供给功能和生产功能。

(3) 植被重建:主要采取建立植被的方法来完善整个地区生态系统的保存功能。平朔安太堡矿区地处半干旱黄土高原脆弱区,植被稀少,整个生态系统的保存功能微弱。因此对生态系统保存功能的恢复应采取恢复生物多样性的措施,根据立地条件、矿区发展时空顺序,合理配置树种。

① 平台植被配置模式 根据平台的地理位置和使用方向可分为永久性林牧用地平台和过渡性林牧用地平台。永久性林牧用地平台主要分布在距离公路、铁路、广场较近的地区,对矿区环境美化、防止粉尘污染和防风固沙等方面起着重要作用。其配置模式有刺槐(*Robinia pseudoacacia*)纯林、杨树纯林、沙棘(*Hippophae rhamnoides*)纯林、旱柳(*Salix matsudana*)纯林、刺槐 - 杨树混交林、刺槐 - 沙柳(*Salix psammophila*)混交林、油松(*Pinus tabulaeformis*) - 刺槐混交林、刺槐 - 旱柳混交林、杨树 - 沙棘混交林等。过渡性林牧用地最终的土地利用方向为耕地,但由于土壤肥力缺乏,可通过种植林草进行改良。当土壤肥力提高后,当地对耕地有需求时,除保留30%的林草用地外,其余70%可转为耕地,其植被配置模式有:林网新疆杨(*Populus alba f. pyramidalis*) - 网间豆科牧草、林网刺槐 - 网间药用植物、林网小黑杨(*Populus × xiaohei*) - 网间沙棘林等。

② 边坡植被配置模式 在排土场复垦和生态重建中最为关注、技术难度最大的是边坡植被配置工程。根据环境保护、水土保持和土地复垦的要求,边坡的利用方向是永久性林草用地。边坡上的黄土不宜铺的过厚,一般以 20~30 cm 为宜,促使植株根系从纵深向石砾层伸展,其上的植物应以直播为主,栽植为辅。在边坡的底部即坡麓部分修建深宽各 50 cm 的排水渠,在水渠两边各间植两行刺槐和杨树,边坡植被配置模式有:刺槐 - 豆科与禾本科牧草、沙棘 - 豆科与禾本科牧草、小叶锦鸡儿(*Caragana microphylla*) - 豆科与禾本科牧草等。

4. 生态系统功能完善效果分析

安太堡矿区系统功能恢复以来,该地区生态系统的功能得到明显的改善,供给功能增强,处置功能得到明显的优化,由于植被增多,系统的保存功能也明显增强,系统得到正常运转,产生了很大的生态效益、经济效益和社会效益。地面植被覆盖率提高,生物多样性增加,水保作用增强,土壤肥力提高,彻底改变了原来的矿山废弃地景观。

3.9 物质循环与能量转化的调整方法

3.9.1 生态系统中的能流渠道及过程

1. 能量赋存形式

生态系统的能量主要有五种存在形式：

（1）辐射能：来自于光源的光量子以波状运动形式传播的能量，在植物光化学反应中起重要的作用。

（2）化学能：化合物中储存的能量，它是生命活动中基本的能量形式。

（3）机械能：运动着的物质所含有的能量。动物能够独立活动就是基于其肌肉所释放的机械能。

（4）电能：电子沿导体流动时产生的能量。电子运动对生命有机体的能量转化非常重要。

（5）生物能：凡参与生命活动的任何形式的能量均称为生物能。

此外，热能也是能量的一种形式，但热能的特性是在同温条件下不能做功。只有存在温度梯度时，才能够从高温区向低温区流动，称为热流。以上各种形式的能量最终都以热能的形式释放回宇宙空间。各种形式的能量是可以相互转化的，如太阳辐射能可转化为生物能、化学能、机械能等。

2. 能量转化遵循的定律

生态系统中的能量流动遵从热力学的两个定律：热力学第一定律和热力学第二定律。

（1）热力学第一定律：即能量守恒定律，其涵义是：能量既不能消失，也不能凭空产生，它只能以严格的当量比例，由一种形式转化为另外一种形式。如果用 ΔE 表示系统内能的变化，ΔQ 表示系统所吸收的热量或放出的热量，ΔW 表示系统对外所做的功，则热力学第一定律可表示为：

$$E = \Delta Q + \Delta W$$

该式表示系统的状态变化，都伴随着吸热或放热和做功过程，而整个生态环境和外界的总能量是不变的。能量是守恒的。根据热力学第一定律，能量进入生态系统后，在系统的各组成部分之间呈顺序的传递流动，并发生多次的形式变化。这些变化都是以一部分热能的产生为代价而实现的，但是包括热能在内的总能量并没有增加或者减少。例如，生态系统通过光合作用所增加的能量等于环境中太阳辐射所减少的能量，总能量不变，不同的是太阳能转化为潜能输入到了生态系统。

(2) 热力学第二定律：通常被称为衰变定律或者是能量散逸定律，它是指生态系统中的能量在转换、流动过程中存在的衰变、散逸现象，即能量在传递过程中，总有一部分能量要从浓缩的有效形态变为可稀释的不能利用的形态。也就是说在传递过程中，必然有一部分能量失去做功能力而使能质（能的质量）下降。伴随过程的进行，系统中潜在做功的能量分解为两部分：有用能和热能，前者可继续做功，叫自由能，通常只占一小部分，具有更高的质量；后者无法再利用，而以低温热能形式散发回外围空间，但却占大部分。

热力学第二定律公式为：

$$G = \Delta H + T \Delta S$$

式中：G——吉布斯自由能，可做功的有用潜能；

H——系统含有的潜能；

S——系统的熵；

T——过程进行时的热力学温度。有用能做功后即衰变为不能做功的无用能，通常是分散的热能。正如食品、汽油中含有的潜能只能利用一次一样，有用能在做功后即转化为热能。因此，根据热力学第一定律，能量虽守恒，但流出能量的大部分已不能再做功，仅有一小部分会产生优质能，但数量总是少于原来的输入能。

综上表明：

① 任何系统的能量转换过程，其效率不可能是100%；

② 任何生产过程中产生的优质能，均少于其输入能；

③ 生态系统中的能量流动是单向的衰变过程，不具有返回性。

3. 能量流动的渠道

生态系统中的能量流动是通过一定的渠道——食物链和食物网来实现的。

(1) 食物链

食物链是生态系统能量流动的主要渠道，食物链具有以下几种类型：

① 捕食食物链：也称草牧食物链或活食物链，是指由植物开始，到草食动物、再到肉食动物以活有机物为营养源的食物链。例如，草→兔子→狐狸。

② 腐食食物链：也叫残渣食物链、碎屑食物链或分解链。该食物链是以死亡的有机体（动物和植物）及排泄物为营养源，通过腐烂、分解，将有机物还原为无机物，腐食者主要是细菌、原生动物、还包括吃残屑和这些微生物的动物，以及吃这些动物的某些捕食者。

③ 寄生食物链：是以活的动物、植物有机体为营养源，以寄生方式生存的食物链。例如，鸟类→跳蚤→细菌→病毒，寄生食物链往往是由较大生物开始再到较小的生物，个体数量也呈由少到多的变化趋势。

④ 混合食物链:即构成食物链的链条既有活食性生物成员,又有腐食性生物成员,例如稻草养牛,牛粪养蚯蚓,蚯蚓养鸡,鸡粪加工后作为添加料喂猪,猪粪入池养鱼。在这一食物链中,牛、鸡为活食者,蚯蚓、鱼是腐食者,猪亦以活食为主。

⑤ 特殊食物链:世界上约有500种能捕食动物的植物,如瓶子草、猪笼草、捕蛇草等。他们能够捕捉小甲虫、蛾、蜂,甚至青蛙。被诱捕的动物被植物分泌物所分解,产生氨基酸供植物吸收,这是一种特殊的食物链。

生态系统中的食物链结构复杂,其传递能量的方式主要有三种:

① 捕食性食物链主要以绿色植物为基础,以食草动物开始,能量逐级转移、耗散,最终全部消失到环境中去,该食物链传递的能量称为"第一能流"。

② 腐生性食物链包括一系列分化和分解过程,在陆生生态系统中地位重要,该食物链传递的能量称"第二能流"。

③ 寄生性食物链即生态系统中的储存和矿化过程,又称"第三能流"。

(2) 食物网

生态系统中各种生物之间取食与被取食的关系,往往不是单一的,营养级别常常是错综复杂的。例如,不仅家畜采食牧草,野鼠、野兔也吃牧草,即同一种植物被不同种的动物食用,同样,同一种动物也取食多种食物,如沙狐狸吃野兔,又吃野鼠,还吃鸟类。有些动物(鹰等)既食肉也吃草等。这样,通过吃与被吃的错综复杂的关系形成了生态系统内多条食物链纵横交错、相互联结构成的网状结构,即食物网,它也是生态系统重要的能流渠道。

3.9.2　生态系统中几种重要的物质循环

生态系统中的生物生长发育,新陈代谢等需要不断地从环境中获取营养物质,这些营养物质进入有机体后经传递、代谢和分解后,又重新回到环境中,这一过程称为物质循环。生态系统物质循环的主要特点是:物质循环与能量流动是相辅相成的;物质不灭,循环往复;生物富集;各种物质循环过程相互联系,不可分割。物质循环的类型主要有两种:气相型循环(gaseous cycles)的储存库主要是大气圈和水圈,分为 O_2、CO_2、H_2O、N_2、B、Cl 等,它们在生态系统中的分布比较均衡,移动速度较快,局部短缺现象相对较少,局部短缺发生后也会及时得到补充,故该类循环相对较完善;沉积型循环(sedimentary cycles)的储存库主要是岩石圈和土壤圈,P、Ca、K、Mg、Fe、Mn、I、Cu 和 Si 等都属于沉积型循环,这些物质循环主要是通过岩石的风化作用和沉积作用,将储存在库中的物质转变为生态系统中生物可利用的成分,这种转变过程相当缓慢,可能在较长时间内不参与各种库之间的循环,因此它具有非全球性。

1. 水循环

没有水,生命不能维持,生态系统不能运动。水是最重要的生命物质之一,构成水分子的氢(H)、氧(O)是构成生命有机体的主要元素。水在生态系统中的循环是靠太阳能和重力能带动的。海洋、湖泊、河流和地表水不断蒸发,形成水蒸气进入大气,而植物体内的水分通过叶表面的蒸腾作用进入大气。大气中的水分随大气环流移动,遇冷形成雨、雪、冰、雹等降落至地表的高山、河流、湖泊、土壤表面及部分重回海洋;回归陆面部分形成地表水、地下水、土壤水以及高山积雪等,如此往复形成水循环。在此过程中促进地球上的万物生长。根据计算,一株玉米一天大约需要消耗 2 kg 水,完成整个生长发育过程需要 200 kg 水。森林可截留降水量的 20%～30%,草地仅为 5%～13%;森林地区比同纬度的无森林地区降水量增加 30%,地表径流比无森林地区少 10%。在水分循环中森林起重要作用。

2. 碳循环

碳(C)是构成生命体的主要元素,有机物质的 50% 由碳构成。碳循环的主要形式是从无机的 CO_2 经生物合成有机碳后再分解为无机的 CO_2。碳的循环途径有三:一是陆地生物与大气之间的碳素交换。绿色植物通过光合作用吸收大气中的 CO_2,与水合成各种含碳有机化合物构成自身。植物固定的碳水化合物经食物链转入动物体和微生物体,植物、动物和微生物通过呼吸作用及残体分解释放出 CO_2,返回大气参与下一轮循环;二是海洋生物与大气之间的碳素交换。海洋中的浮游植物同化溶解于水中的 CO_2 释放 O_2,浮游动物和鱼类消耗浮游植物所固定的 C,并利用溶解氧进行呼吸,最后通过有机物的分解,补充浮游植物所同化的 CO_2。海洋是 C 的储存库,当海水中的 CO_2 浓度增高时,则转变成碳酸盐而沉积下来,从而保持大气中 CO_2 含量的相对稳定;三是化石燃料燃烧参与的碳循环。煤、石油、天然气等化石燃料是生物残体埋藏在地层中,经过长期的地质作用形成的含碳物质。人类把这些化石燃料开采出来作为能源燃烧时放出大量的 CO_2,释放出的 CO_2 被植物吸收后再利用,重新加入生态系统的 C 循环。

3. 氮循环

氮(N)是形成蛋白质、核酸的主要元素。N 存在于生物体、大气和矿物质中。大气中的 N(占大气组成的 79%)是惰性气体,不能直接被大多数生物吸收利用,必须通过固氮作用将氮气转变为氮化物(NH_3)。固氮有三条途径:一是生物固氮,二是高能固氮,三是工业固氮。生物固氮,如根瘤菌和固氮蓝藻可以固定大气中的氮气,使氮进入有机体。工业固氮如合成氨工业。大自然中岩浆、雷电也可使氮气转化为可被植物利用吸收的形态。土壤中的氮经硝化细菌的硝化作用也可以转变为能为植物吸收的硝酸盐及亚硝酸盐。固定的氮被植物吸收后,通过反硝化细菌的反硝化作用又将氮气返回大气,完成氮的循环。

4. 磷循环

磷(P)是生物与人类机体中重要的组成成分。磷主要来源于磷酸盐矿、鸟类和动物化石。磷通过天然侵蚀和人工开采进入水和土壤中,后被植物吸收利用,植物及摄食者死亡后,其尸体中的磷被分解又回归到土壤中,一部分被淋溶冲至海洋沉入海底,还有一部分被海洋中的鱼类吸收,再被食鱼的鸟类带回陆地,鸟粪作为肥料施于土壤,完成磷的循环,磷循环是一个不完全封闭的循环。生态系统中磷的循环主要表现为以下几种形式:

(1)沉积型循环:磷溶于水,但不挥发,故主要储存在岩石圈和水圈中。磷循环从岩石圈开始,磷酸盐类岩石被风化和侵蚀后,磷被释放成为可溶性无机磷酸盐,后随水从岩石圈转移到土壤圈、水圈,被植物吸收利用后,经过一系列的生化反应过程转化成有机磷酸盐,进入食物链。动物也可直接摄取无机磷酸盐。部分动植物残体和动物的排泄物经微生物分解转化为可溶性磷酸盐,可再度被植物所利用。

(2)生物小循环:陆地生态系统中的部分磷可随水进入江河、湖泊和海洋,加入水生生态系统的磷循环。水生生态系统中,浮游植物吸收无机磷,浮游植物又被浮游动物或食碎屑生物所食。浮游动物在代谢中排除的磷,有一半以上是可被浮游植物直接利用的可溶解的无机磷,浮游动物代谢迅速,每天排出的磷几乎与储存在体内的磷一样多;其动植物尸体和排泄的粪尿,可被微生物利用、分解,再次变为水体中的无机磷酸盐,再被动植物所利用。因此,磷在水生生态系统的周转速度相当快。

(3)磷的地质大循环:陆地生态系统经由江河进入海洋生态系统的磷,除一小部分进入海洋生物小循环外,其中大部分磷以钙盐形式沉积于海底或珊瑚岩中,可能要经过几百万年,直到地壳运动,海底上升为陆地,磷可能重新返回陆地岩石圈。此种磷循环的特点是时间长、速度慢。

5. 硫循环

硫是动物和植物生存必需的元素。硫大量储存于岩石圈、水圈及土壤圈中,也以气态和气溶胶的状态存在于大气圈中。一般情况下硫循环是沉积型循环,但受大气和人类活动的影响,也有介于气相型和沉积型之间的循环。土壤中的硫主要呈硫酸盐和有机态硫的形式。在还原条件下可生成硫化氢气体,释放回大气。硫在土壤中形态的转化是通过特定微生物群实现的。植物吸收利用的硫,主要是硫酸盐。硫循环与其他元素的循环关系密切。硫元素的另一来源是化石原料的燃烧、火山喷发和有机物的分解。

3.9.3 物流与能流调控的基本方法

1. 通过状态反馈实施调控

系统的状态是系统输入变量和输出变量及系统内部运行正常与否的综合反映。若系统的输出大于输入,系统必然表现为"萎缩"甚至"衰退"的"饥饿"状态。若输入大于输出,则系统可能出现"臃肿"或"膨胀"的"超饱和"状态。无论哪种状态出现,都是系统物流和能流流通不畅的反馈。对系统的状态进行监测,及时进行输入和输出变量的调控,是进行物流和能流调控的有效方法。例如,沙化土地表象是土壤贫瘠、土层变薄,植物长势不好,实则是系统处于"饥饿"状,物质的输入小于支出所至。将沙化土地上的农田改种豆科植物沙打旺,实质是调整输入变量,增加系统中有机质的投入,减少输出。通过调整输入和输出变量,系统就会恢复为正常状态。生态系统中输入、输出变量调节的依据是系统的正负反馈环。利用系统的正反馈,促进系统的有序化,提高系统的生产力,保持物质可持续的高输出;利用系统的负反馈,提高系统的稳定性,保持系统资源的可持续利用。

2. 生态系统复合调控

物质和能量的调控除了调整输入—输出变量外,还可以通过复合调控来实现。复合调控就是自然调控和社会调控两者的整合。调控策略的制定不仅要考虑自然因素,还要考虑社会因素、经济因素等。例如,当地的政策和法律、市场交易和交通运输等都影响到系统的运行和状态。生态系统的复合调控分为两个层次:

(1) 以自然调控为主,社会调控为辅。通过自然机制实现对生态系统物质和能量流动的控制,各种流的流通渠道畅通,充分发挥物种结构优势,使系统具有较高的生产力。

(2) 以社会调控为主,自然调控为辅,通过仿自然原型,人工建造符合自然规律,按自然过程运行的仿自然生态系统,以使各种流的流通渠道畅通,系统可持续发展。以上无论那种调控措施,都应从系统的整体性出发,以有利于系统结构有序,物流、能流畅通,状态良好,功能完善为前提。

3. 案例分析

(1) 太行山生态问题诊断:太行山山地生态经系统存在的问题可归结为四个字:"干、瘠、失、扰"。干:平均年降水量为 400~600 mm,水面蒸发量为 1 400~1 500 mm,蒸发量是降水量的 3~4 倍;瘠:山地土壤层薄(平均不到 30 cm),养分贫乏(平均总 N 含量仅为 0.071%,土壤肥力普遍低于 4 级);失:水分以重力运动和蒸发作用而流失,养分和大量有机质在自然和人为作用下流失,生态系统失去平衡,扰:指的是人为干扰严重,发展旅游业导致的游客人数超过该地区的承受能力,发展农业造成农林牧用地比例失调,人为干扰严重。

(2)太行山生态系统调控方法:针对太行山地区大量的物质与能量的流失问题,利用生态工程学的设计方法,以输入输出调控和复合调控为基本指导思想,主要采取以下五种调控措施:

① "双效"品种资源的引种法 遵循生态效益和经济效益双高的原则引进优良品种,引进并筛选出核桃(*Juglans regia*)、石榴(*Punica granatum*)、文冠果(*Xanthoceras sorbifolia*)、火炬树(*Rhus typhina*)、黄连木(*Pistacia chinensis*)、毛樱桃(*Cerasus tomentosa*)、水牛瓜等十个系列及多个适生的"双效"品种,栽植于生态环境相对好的地段。这种措施既提高了该地段的经济效益,也因有植被保护而减少了物质输出。

② 坡地水土调控法 通过挖竹节沟、蓄水坑、庭院储水等措施与节水措施相结合,以供"水"的保证率提高坡地栽植植物的成活率,达到既保证生产,又稳定生态系统的目标。

③ 培肥地力技术法 种植豆科牧草和"林-草-畜-肥"互惠互利技术培肥地力。实验表明,山地土壤有机质含量提高 0.3%~0.9%,总 N 增加 0.22%~0.52%。

④ 物种共生,复合匹配法 利用共生原理,进行种子的人工匹配。选石榴、葡萄(*Vitis vinifera*)、核桃、杏(*Armeniaca vulgaris*)、苹果(*Malus pumila*)、山茱萸(*Macrocarpium officinalis*)、佛手瓜(*Sechium edule*)、葫芦等上层经济林植物和牧草、魔芋、草姜、中草药等下层草本经济植物,建立太行山区复合经济,并为生态系统工程提供了种子复配模式。该模式既增加生态系统的物质输入,又控制了生态系统内物质和能量的流失。

⑤ 节律配合法 改变传统的春季和秋季造林方法,采用营养育苗、雨季降水后造林新技术,基本上消除了造林后小苗的"缓苗"现象,提高了水分利用率,最大限度地保证了成活率(太行山干旱坡造林成活率由 30% 提高到 85% 以上)。

(3)结果分析:该工程的实施,改善了土壤质地,增强了土壤保水和保肥能力,有效地控制了水土流失和能量流失等生态问题(表 3.11)。工程共建设 12 个示范样板,模式示范基地 50 hm^2,技术推广区域 100hm^2。直接经济效益 460 万元,为生态工程的推广提供了成功的示范。

表 3.11 土壤质地变化情况比较表

实验项目	土层深度/cm	石砾含量/%			各级土粒含量/%				样地数量
		>3 mm	1~3 mm	平均	0.5~1 mm	0.2~0.5 mm	0.1~0.2 mm	<0.1 mm	
竹节沟平均	0~35	41.25	14.87	56.12	21.42	9.19	6.00	7.28	6
对照平均	0~30	49.22	15.45	64.67	17.68	8.35	4.98	4.32	6
平均变幅/%		19.32	3.90	15.27	21.15	10.06	20.48	68.52	

思考题

1. 为什么生态工程设计必须强调尺度问题？不同尺度的工程设计方法有何区别？
2. 生态系统的稳定性分析应选用哪几种指标？为什么？
3. 以吉林省东部湿润区荒山为例，说明稳定性程度的分析与生态工程设计的关系。
4. 从哪几个方面分析斑块对景观稳定性的影响？
5. 采用何种生态工程技术促进已污染的生态系统向好的方向演替？
6. 对引进外来种你有何认识？采用何种技术可确保外来种既能安全定植，又能与本地种和睦共生？
7. 应用何种生态工程技术可对退化的生态系统进行恢复？试举例说明之。
8. 何为生态恢复？举例说明退化生态系统恢复的常用技术有哪些？
9. 用哪些指标诊断生态系统的结构失稳？采用何种技术对其进行调整？
10. 你认为物流与能流调控还有哪些可用的技术？试举例说明。

第四章　种植业生态工程

种植业生态工程是指人类在同自然合作的前提下,充分利用太阳能和各种自然资源,栽培各种农作物、药用和观赏植物,生产食物、饲料、工业原料以及其他产品的技术与工艺流程。

种植业生态工程是生态工程的最重要类型,是农业生态工程的基础。它要求种植业的开发、生产必须符合生态学的规律,要求农业生产者必须注重经济学规律和生态学规律的有机结合与统一。简单地说,种植业生态工程就是要按照生态规律发展种植业,根据生态系统的共生原理,建立和管理一个生态上自我维持的低输入、高产出,经济上可持续的种植生态系统,使其在长时间内对环境不造成明显改变的情况下具有最大的生产力。

4.1　种植业生态工程的特点

自蒸汽机发明以来,人类社会进入飞跃发展的阶段。人口迅速增长,生产力快速提高,社会不断进步,以先进科学技术为手段发展经济的巨大力量集中在对某些有限资源的开发上。首先是对农业资源的强度开发,具体表现为滥砍、滥伐、滥牧,耕地面积无节制地扩大。这就使农业中生态与经济的矛盾愈来愈尖锐,尤其是种植业中土地、粮食、人口之间的矛盾更为突出;其次是种地不养地,耕地越种越薄,从而出现了农业资源利用中的生态经济危机。

"生态农业"一词最早是由美国土壤学家 W. A. 阿尔布雷奇(Albreche,1971)提出的。其原来的含义主张完全不用或基本不用化肥、农药、生长调节剂,尽量依靠作物轮作、秸秆还田、施用粪肥、种植豆科作物、绿肥等维持地力,并以生物防治的方法防治病虫害。这种思想基本上主宰了西方国家生态种植业的实践。它强调"低耗"、"低投入",注重维持、保护资源和环境的可持续性。根据美国农业部调查,1980 年美国生态农户在 2 万~3 万户之间,仅相当于美国农户总数的 1%,生态农场的面积多为 10~600 hm^2(其中86%是小于 40 hm^2 的小农场),主要是生产蔬菜和水果的专业性农场。在以粮食作物生产为主的地区,有机农场数量极少,且由于它过于注重生态目标,在某种程度上忽视了经济目标,制约了西方生态种植业的发展。

20世纪90年代以来,德国的生态种植业迅速发展。据资料统计,至20世纪90年代末不同规模、不同类型的生态农庄、村镇已发展到6 000个,是世界上生态农场最多、发展最快的国家之一。其经济效益更为可观,一个农民可以提供80多人的口粮;在德国100个就业人员中仅有40人从事农业生产,平均每个劳动者经营的土地面积为100 hm^2。

我国生态种植业的建设已有20多年的历史。从20世纪80年代初期到2003年底,全国开展生态种植业建设的村、镇、县已达2 300多个,其中试点县150个(国家级试点县50个,省级试点县100个)。生态种植业建设面积已达1 000万 hm^2,实施生态种植业建设的县基本实现了经济发展与生态环境建设的良性循环,农业与农村生态、经济、社会效益的普遍提高。我国是发展中国家,也是世界上人口最多的国家(超过13亿人),解决人口、资源、能源、环境污染与粮食的矛盾,走种植业生态工程之路是非常必要、非常及时的。

种植业生态工程是依据经济发展水平,因地制宜地将现代科学技术与传统农业技术结合起来,充分发挥地区资源优势,对中低产地区进行综合治理,对高产地区进行生态功能强化,实现种植业高产、优质、高效、持续发展的农业工程。它可恢复被人类活动严重干扰和破坏的耕作系统,使其能够在稳定供给的前提下,保持稳定和持久的产出,实现生态、经济、社会复合系统物质的良性循环和能量的畅通转化,达到经济、生态、社会三个效益的统一。

种植业生态工程的特点如下:

① 种植业生态工程既是对自然生态系统的模拟,又是对西方现代种植业的继承。

② 充分利用太阳能,尽量减少化石能源的投入,建立栽培作物与生态环境相互协调的关系,获取比常规种植业更高的生产力。

③ 建立物质的多重利用渠道,充分利用自然物,尤其是对水、土、气、化学元素的多重利用,建成新的少污染的生产体系,减少系统对环境的公害输出,把有机废物变成营养源,改善土壤物理、化学性质,提高土壤的蓄水能力和肥力。

④ 生产"绿色"食品。由于生态种植业少用或不用化肥、农药、除草剂,因此大大减轻其对水、空气及土壤的污染,这就为种植业的生产提供了较为洁净的生境。食物质量由于免除了有害化学物质的侵害,质量大幅度地提高了,成为洁净的"绿色"食品,其经济效益明显高于有污染的产品。

⑤ 强调发挥农业生态系统的整体功能。通过生态规划与生态技术实现扬长避短和系统优化,实现部分稀缺资源的替代和弥补,一方面充分挖掘系统内部的资源潜力;另一方面高效利用"外部"的农业投入,不局限于单一作物产量或

单一产业产值的提高,而要注重整个系统整体功能的完善和发挥。

综上所述,种植业生态工程是一种生态经济优化的农业技术体系,它既是当代全球经济与生态系统可持续发展要求的必然产物,也是解决我国农村人口、资源、环境需求与经济发展矛盾的一种带有方向性的途径。

4.2 种植业生态工程的设计

4.2.1 种植业生态工程的设计原则

1. 近期效益与远期效益结合,经济效益、生态效益与社会效益结合的原则

种植业生态工程项目的选择既要注意近期易见效的"短、平、快"项目,又要注意具有长远效益的工程项目,解决好宏观与微观生态环境的调控问题。在县以上的种植业生态工程建设规划中要重要突出产业结构的调整,搞好生态环境工程建设,做到经济与环境协调发展。

种植业生态工程建造的是功能协调互补、稳定持久的良性循环农业系统。整体功能健全,生态、经济和社会效益最佳,是种植业生态工程建设的重要目标。围绕三大效益确定投入产出率、内部效益率、投资回收率、成本利润率、劳动生产率、土地利用率、商品率、年平均增长率、土壤侵蚀控制率、水土流失控制率等主要评价指标。力图通过对这些指标的分析全面地反映出种植业生态工程建设的内涵和特点。

种植业生态工程是狭义的农业生态工程。在地表各类生态系统中,农田是人类介入程度较大的一类生态系统。与自然生态系统相比,农田生态系统物质循环快,生命周期短,受气候等自然因子的影响大,对经济效益的要求高。因此,在进行种植业生态工程项目评价时,经济效益对种植业生态工程项目的选取权重更大。

中国是农业大国,满足13亿人口的吃饭问题是农业生产的基本任务,也是维护社会稳定的根本要求。我国人口多、耕地少,这些决定了我国种植业结构以粮食作物为主的基本特征。进行种植业生态工程设计时,考虑政策因素和社会需求对种植业结构调整的影响,合理部署农作物的时空布局,建立并完善粮食作物－经济作物－饲料作物的比例结构,提高种植业生态工程的社会效益,这是种植业生态工程不同于其他生态工程的显著特征之一。

种植业生态工程设计不仅是要获得最大的产出,而且还要保护生态环境,维护农业可持续发展。在实施种植业生态工程设计时,应尽可能地因地制宜选取用地与养地相结合的模式与项目。

在三种效益中,经济效益起主导作用。经营者注重经济效益,国家注重社会效益,但生态效益有利于农业的可持续发展。

2. 时间结构与空间结构相结合的原则

合理的时空结构是种植业生态工程设计的重要原则。时空结构包括时间结构和空间结构(水平结构和垂直结构)。种植业生态工程是人类模拟自然群落的层次与演替序列而设计的人工复合群落。空间结构包括地上株、枝、叶和地下根系分布,如农作物间作的空间结构。时间结构是指各种生物生育期和气候节律的匹配,如农作物套作、轮作形成的时间结构。应用生态位原理,根据不同的地形地貌和土壤条件,选择种植不同的作物品种,设计出高效的空间结构和时间结构,最大限度地提高土地利用率和光能利用率,可以收到最佳的效果。河北省种植业中的枣粮间作、玉米与大豆间作都是较成熟的种植业生态工程模式。

3. 物质和生物多层次利用的原则

不同的作物品种对土、肥、水、热等的需求不同。根据不同生境为植物生长提供的水、热、土、肥等条件,因地制宜地发展具有区域特色、物质多层次利用、提高生物多样性的可持续发展的作物品种,是种植业生态工程设计中必须考虑的原则之一。它有助于形成具有一定规模的"品牌"种植业品种,减少作物、微生物之间不必要的竞争,充分利用其和谐共生关系。该原则由因地制宜、突出重点、合理的种群结构和合理投放附加能源这四方面构成。

要提高物质的多层次利用首先必须遵循因地制宜的原则。我国幅员辽阔,从东到西,由南至北自然条件和社会条件变化很大,各地都有自己的优势和不足。因此,在设计对物质财富多层次利用模式时,应根据当地优势,扬长避短,建立切合实际的模式,不能生搬硬套外地模式。否则,即使该模式的产业结构、层次结构、生物间的搭配都很合理,但当地缺乏实现的条件,仍是无用的。因此,因地制宜、从当地实际出发,是建设和发展种植业生态工程的根本原则。

突出重点是因地制宜发挥地方优势的关键。不同地区的自然条件与社会经济条件不同,决定该地区重点突出的产业就不同。必须根据当地资源条件,发挥当地优势,突出重点产业,带动其他相关辅助产业,把资源优势转变为产品优势、商品优势和经济优势。

合理的种群结构是物质多层次利用的必要保证。在一个物质多层次利用模式中包含不同的产业和生物类群,发展这些产业和生物类群都需要一定的资金。产业越多,生物类群越多,资金越分散。每种产业又都需要相应的技术和劳力,每种生物也需要有相应的管理技术和管理人员。在劳力数量有限的条件下,产业越多,生物种类越多,则劳力也越分散。由于资金和劳力的分散,每个产业的规模也越小。从生产每单位产品所需资金、劳力与生产规模的关系看,生产规模越大,生产的产品越多,生产单位产品所需要的费用和劳力越少;反之,如果生产规模越小,生产的产品越少,则每生产单位产品所需费用和劳力就越多。因此,必须根据当地条件,考虑模式中产业结构和生物类群结构,根据"规模出效益"的原理,如果当地自然资源和社会资源都较丰富,就可以增加产业数和物种类群数,以充分利用农业生态系统中的生物质和生物能,使之转化为更多的产品,以增大财流。

合理投放附加能源是提高物质多层次利用的重要措施,向产业系统投放附加能源是提高该产业系统生产力的重要措施。但是,随着附加能源投入量的增加,根据"报酬递减"原理,单位投入能量所引起的增产效应越来越小,且又引起环境污染。对农业生态系统中生物质和生物能的多层次利用,本来是为了充分利用系统中的物质和能量,使其转化为更多的产品,提高经济效益。如果在这一过程中投入的附加能源过多则转化出的产品成本必然高。从能量和价值方面考虑,可能会得不偿失,失去了对系统中物质和能量进行多层次利用的意义。因此,在对生物质和生物能进行多层次利用的设计和实施时,应特别注意合理投放附加能源,尽可能达到投入的附加能源最少,转化出的产品最多、质量最佳,从而提高产投比值,降低产品成本,获得最高的经济效益。

4. 扬长避短分步建设的原则

扬长避短就是寻找当地约束农业发展和影响自然资源开发、转化的生态环境薄弱环节,将其作为突破口进行种植业生态工程建设。不同地区应有所区别,如吉林省西部退化土地区的土地沙化、盐碱化是当地种植业发展的桎梏,但盐碱化土地与沙化土地比较起来,治理难度大,投入高,见效慢,故可选择相对易治理的沙化土地作为实施种植业生态工程设计与建设的先期工程。当沙化土地得到治理,有较充裕资金时,则可实施盐碱化土地种植业生态工程的设计与建设。

注意资金来源的可行性。要建立和完善以农民为主体的生态种植业投资机制,引导农民尽可能将一部分积蓄转化为再生产资金;金融部门要实行投资倾斜,重点投向生态经济效益好、发展潜力大的产业和项目,扶持生态种植业重点项目和重点环节的建设。

5. 注重种群之间的相生相克关系

不同作物对土壤肥力的要求不同,因此,应根据土壤的肥力决定种植的作物品种(表4.1)。同样,不同的土壤肥力应采取不同的群落结构。在复合群落中,不同作物的高矮、株型、叶型、需光特性及生育期等各不相同,如果把它们合理地搭配在一起,就有可能充分地利用空间和时间,取得较好的生态和经济效益;若搭配不当,就可能使竞争激化。生物之间存在复杂的相生相克关系,在实施种植业生态工程设计时,应充分利用生物之间的相生关系(表4.2),尽量避免它们之间的相克关系,使人工建造的复合群落在空间上互补,在时间上合理匹配。

表 4.1　不同作物对农业生产用地的配置要求

项目	配置一般要求
大田作物	水稻:地势低平,地下水位高,耕层厚度一般小于 20 cm,土壤 pH 在 5.5~7.0 之间,含盐量不超过 0.1%,有灌溉水源保证 小麦:地势平缓,土壤 pH 在 7.0 左右 棉花:土壤疏松,排水良好,土壤 pH 在 6.5~7.5 之间;地下水位距地表 1.5 m 以下
蔬菜	土壤要求熟化的沙壤、壤土和富含腐殖质的黏壤土,地势平坦,便于运输和管理的地段,地下水位不宜太高,一般距地表 1.5 m 以下,有灌溉水源的保证

表 4.2　生物的相生相克关系

作物或树木名称	相生关系	作物或树木名称	相克关系
春小麦	大豆、芝麻、瓜类、蓖麻	春小麦	大麻、亚麻
玉米	鹰嘴豆、蓖麻	荞麦	玉米
菜豆	大麻、蓖麻、马铃薯、豌豆、瓜类、向日葵、籽用亚麻	大麦	菜豆、鹰嘴豆、苜蓿
		冬黑麦	冬小麦
鹰嘴豆	春小麦、大麻、亚麻	大麻	红麻、蓖麻
马铃薯	大麦	向日葵	玉米、菜豆、鹰嘴豆
大麻	向日葵	鹰嘴豆	马铃薯、蓖麻、瓜类、菜豆、向日葵、玉米、芝麻
蓖麻	玉米、菜豆、鹰嘴豆		
红麻	大麻、蓖麻	榆树	五谷
桑树	绿豆、黑豆、芝麻、瓜类	桑树	谷子
茶树	泡桐		

作物根系的深浅配置有助于水分、养分的互补,避免竞争,如禾本科与豆科的结合。豆科作物可借助共生的固氮菌固氮,供禾本科作物吸收;而禾本科作物的存在可较快地吸收土壤氮素,从而促进豆科固氮。又如紫云英利用难溶性磷的能力最强,萝卜和油菜次之,小麦最弱。因此在复合群落设计中,要考虑不同作物在利用营养方面的差异。

6. 充分发挥边缘效应

边缘效应是种植业生态工程设计时需考虑的问题。高秆、矮秆作物相间种植,行数比应适宜,如玉米与大豆、玉米与花生、玉米与甘薯,常采用 4∶1 或 2∶1 行数比。这样,矮秆作物生长的空间作为高秆作物通风透光的"廊道"。在复合群落设计中,利用不同生物对生境要求的差异,有助于人工群落的稳定和生产力的提高。例如,在橡胶树下间作茶树,橡胶树喜光,茶树相对耐阴,两者利用不同的生境条件,对茶树的管理也促进了橡胶树生长;麦、棉间作,由于在小麦上生长的大量瓢虫,可减轻棉蚜虫的危害,有利于棉花生长;高粱与棉花间作可减轻棉铃虫的危害。

将立地条件与作物品种有机地结合起来,合理匹配作物品种,如早种与晚种、高秆与矮秆、地面与地下、深根与浅根、蔓生与直立、喜阴与喜阳等,做到合理用地,消除竞争,增加互补,互利共生。

4.2.2 种植业生态工程设计流程图

种植业生态设计时要重视系统的自我调节和人为多方面的干预,利用自然界存在的生态系统、群落、种群及有机体,通过系统的结构、信息的输入输出,优化并重建生态经济系统。

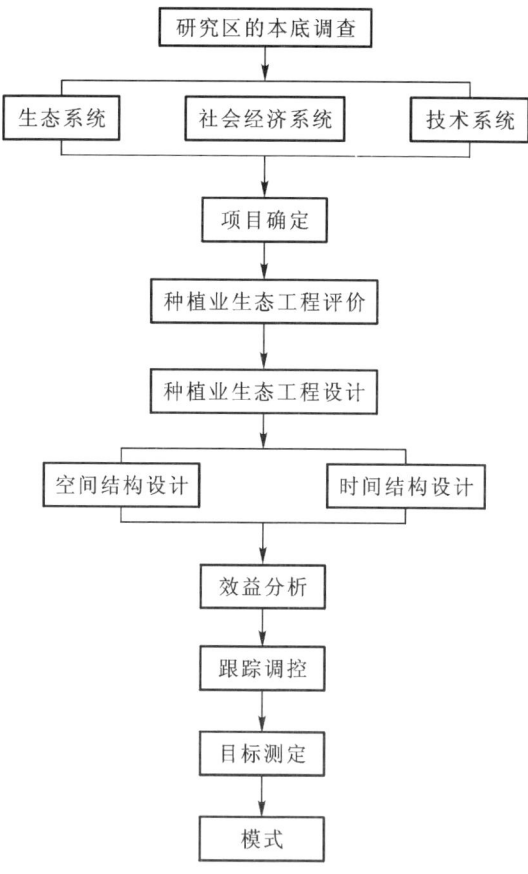

图 4.1 种植业生态工程设计流程图

种植业生态工程设计时以第一性生产力为主要内容：① 确定设计目标，通过系统诊断与规划，依据当地自然资源条件，从宏观角度确定区域农业开发与资源、环境保护相协调的发展方向，从微观角度进行环境辨识。② 选择要克服的障碍因子，设计最佳方案。③ 选择适宜的高效、高产技术，通过系统组装，建立模型化生态系统，进行生态工程实施与运行。在设计过程中增加模型化和定量化程度，设计流程图如图4.1所示。

4.2.3 种植业生态工程的类型

种植业生态工程有多种类型，按生物组成要素的复杂程度可分为农作物单要素种植业生态工程，农林双要素种植业生态工程，农、果、微生物三要素种植业生态工程，农、果、林、药多要素种植业生态工程。

1. 农作物系统

对传统作物的间作、套作等进行改进，使之成为种植业生态工程的组成部分。在管理中遵循下列目标：① 高产、高效、优质；② 各种作物在时空上合理搭配，系统地把前后茬或上下层作物按间作、复种和轮作等形式进行组装；③ 应用新技术，保证设计模式实施。

（1）间作、套作：在同一地块的一个完整生长期间只种一种作物，称为单种。生育季节相近的两种或两种以上作物（包括草本和木本）在同一田块上同时或同一季节成行地间隔种植称为间作。若生育季节相近的两种或两种以上的作物多行一组间隔种植，形成带状，称为带状间作。在间作的不同作物间，共生期占全生育期的主要部分或全部。套作是指在前作物的生长后期，于其株行间播种或栽植后作物的种植方式。在套作的不同作物间，共生期只占全生育期的一小部分。在农作物系统中，种植业生态工程需两种或两种以上的作物匹配，种植一种作物不能称其为种植业生态工程。

间作、套作增产，须采取的相应措施：

① 适宜的作物搭配　复合群体中的各种作物要具有不同的形态和生态特性，使之处于不同的小生境，选择相互促进而不是相互抑制的作物搭配种植。为了减少竞争，在株型方面选择高秆与矮秆、垂直叶与水平叶、圆叶与尖叶、深根与浅根作物搭配；在适应性方面选择喜光与耐阴、C_3与C_4、需氮与需磷钾、喜温与喜凉、耐旱与耐涝等作物搭配；在根系分泌物方面，要互利而无害。在套作的增产措施中关键是要缓和两者在共生期间的矛盾，减少前作物对后作物的不良影响。

② 合理的种植结构　单一作物的田间结构比较简单，主要取决于密度与株行距；间、套作时，田间结构就变得复杂了，除了密度与株行距以外，还涉及到带

宽、行比、不同作物排列位置、作物间距等。安排种植(田间)结构的总原则是：既要有适当的密度以截取更多的阳光，又要有较好的通风透光条件以减少竞争。要减少高秆作物对矮秆作物的不良影响，还需要确定两者之间的适宜间隔距离，高秆作物的行数要少一些，矮秆作物的行数要多一些，兼顾两种作物的生长发育。

③ 采取适宜的栽培技术　通过田间管理调节作物的生长发育，促进复合群落协调发展。

(2) 复种：指在一块地上一年内种、收两季或多季作物的种植方式，或称多熟制，是我国精耕细作集约种植的模式之一。复种常与套作相结合，可充分地利用时间，是一种时间结构型的种植业生态工程。复种与人口密度和气候条件密切相关，凡是人多地少、气候温暖多雨的地区都适宜发展复种多熟制，以提高土地利用率。

1995 年我国的复种指数为 1.58，比 1952 年增加 27 个百分点，大致相当于增加农作物播种面积 0.27 亿 hm^2，这对我国粮食和经济作物总产量的增加与多种经营的发展无疑起到了重要的促进作用。2003 年，我国复种面积达 0.53 亿 hm^2。我国南方地区光热资源丰富，宜进行复种型种植业生态工程的设计。

(3) 轮作：指在同一田地上有顺序地轮种不同作物或轮换不同复种方式的种植方式。根据地形、土壤、水利等条件，在一定区域内安排不同作物类型、大小不等的轮作，使之相互协调组成体系，称为轮作制度。轮作可以更新地力，防治病、虫、草害。不同作物对土壤的营养具有不同的要求和吸收能力。例如，谷类作物对氮、磷和硅的吸收较多；豆科作物对钙、磷和氮的吸收较多，吸收硅较少；烟草、薯类消耗钾较多。因此，不同类型的作物轮换种植就可以全面而均衡地利用土壤中各种营养元素，充分发挥土壤的生产潜力。

就同一轮作区而言，每轮换一次完整顺序称为一个轮作周期。轮作周期的长短与养地作物的后效期长短、组成轮作的作物种类和主要作物面积，以及各类作物耐连作的程度和需要间歇的年限有关，应建立科学的作物轮换顺序。

(4) 作物布局：指安排一个地区种植作物的种类、面积、比例和配置地点，是种植业生态工程的宏观格局。合理的作物布局是充分利用生态条件和生产条件，发挥农作物的生产潜力，取得最大的经济、生态和社会效益的必要保证。它既制约一个地区作物复种程度的高低，又影响间、套、复种的方式。合理的作物布局必须正确处理粮、棉、油、麻、丝、茶、烟、果、药、杂等之间的关系，进行区域性种植业生态工程的作物组配。

作物布局的内容体现在：

① 作物品种布局　指不同作物品种同季的平面布局和不同作物品种上下季的搭配。在南方实行多熟制，可通过育苗移栽来解决作物生育期不足的缺陷，

② 作物种类布局　资源和环境多样化,则作物种类布局就复杂;反之亦然。如地形复杂、土壤多样的山区丘陵,作物种类布局复杂;平原地带资源分布均匀,作物种类布局相对简单。根据各地资源环境状况和生产条件选取适宜的作物种类布局。

③ 熟制布局　是指一个地区一年内不同复种方式的结构和比例的布局。全面安排各季作物的播种面积,其中以两三种复种方式为主,适当配合其他复种方式,充分利用当地资源。

2. 现代农林复合系统

传统农林复合系统是指简单的作物与林木结合,没经过人工的设计,在一片土地上同时栽培林木和农作物。现代农林复合系统是在人地共生思想的指导下,设计多年生木本植物(用材林、经济林、防护林等)和农作物(粮食、油料、蔬菜和其他经济作物)的各种间作模式,使之成为物质循环利用、多级生产、稳定高效的人工复合生态系统。林粮间作是我国现代农林复合系统中最普遍的类型。据初步统计,在林粮间作中采用的树种已有150多种,其中主要以泡桐、枣树、杉木(*Cunninghamia lanceolata*)、杨树为主,特别是泡桐与农作物间作,无论是应用范围还是研究深度都达到了相当的水平。2003年,全国农粮间作面积已达440万 hm^2。

农林复合系统可分为双层结构和多层结构。双层结构的农林复合系统可分为:农田防护林型,主要是为了保护农田,形成良好的生态小环境,将树木栽种在田缘、路旁和渠旁;林粮间作型,将树木与农作物间作,同时获得木材和粮食,对改善与涵养耕作层养分、水分成效显著,又具有改善土壤和增加经济效益的作用;果粮间作型,将果树与农作物间作,同时获得果品和粮食。多层结构的农林复合系统主要为林果农间作型(表4.3)。

表4.3　农林复合系统的典型模式

系　统	类　型
农　林	小麦/大豆-泡桐,农作物-槐树,水稻/小麦/油料作物-池杉,玉米/大豆/小麦-核桃,谷物/棉花-毛白杨,水稻/玉米-旱冬瓜/江南桤木,谷物/棉花/油料作物-茶,茶-旱冬瓜,茶-湿地松,蔬菜-树/竹园
农林草	薪炭林-蛋白/油料作物-饲料作物
农林渔	鱼塘-小麦/水稻-泡桐,鱼塘-水稻-梨/棕榈
农林药	农作物-杉木-黄连,农作物-泡桐(既可作木材,又可入药)
林草田	农作物-防护林-牧草
林里农	农作物-防护林-果树

4.2.4 种植业生态工程评价

种植业生态工程设计的内容很多,怎样评价种植业生态工程设计的合理性与可行性,为建立最优的模式和选择最优的经济管理措施提供科学依据呢?通常的方法是评价种植业生态工程可行性与效益目标的可行性。通过评估逐步调整设计方案,使其成为最佳方案。

评估的方法通常有两种:现金净流量计算法和综合评分法。

1. 现金净流量计算法

计算对比项目投资现值和项目实施后所产生的现金净流量(即净效益),这种方法也叫静态效益分析法。计算公式如下:

$$AB = A_i \left[\sum (MY_{is} MP_{is} + SY_{is} SP_{is}) - \sum RI_{ik} IP_{ik} - \sum CI_{im} \right]$$

式中:AB——现金净流量(净效益)

A_i——规划面积

MY_{is}——主产品产量

MP_{is}——主产品单价

SY_{is}——副产品产量

SP_{is}——副产品单价

RI_{ik}——生产性投入(各种要素)

IP_{ik}——生产性投入单价

CI_{im}——建设性投资

在此基础上,计算静态投资效益费用比,公式为:

$$R = B/C$$

式中:B——总净收益;

C——总投资;

R值越大,工程的效益越高。

2. 综合评分法

综合评分法是对某一技术措施的多项经济效益进行综合评价的比较数量化方法。其数学表达式为:

$$某一方案的总分 = W_1 P_1 + W_2 P_2 + \cdots + W_i P_i$$

式中:$W_1, W_2, \cdots, W_i$——各个评价项目的权重;

$P_1, P_2, \cdots, P_i$——各个评价项目的评分。

它能将多个具体的指标数值综合起来,用一个数字表示措施方案的状况以评价其优劣,比较各方案的得分,确定实施的方案。

4.2.5 种植业生态工程设计模式

1. 复种模式

我国主要复种模式可概括为以下几种("→"表示年间上下茬衔接;"-"表示年内上下茬衔接;"="表示年内上下季生物套种;"+"表示间作):

① 豆科作物→稻-小麦 定期或不定期地轮换种植油菜、蚕豆、紫云英、蔬菜等,一般以麦、稻复种为主,两季都是高产的主要粮食作物。主要分布在淮河两岸、长江中下游一带。

② 豆-稻-稻 蚕、豌豆接种双季稻,是南方种养结合的复种方式。

③ 肥-稻-稻 紫云英与大麦、油菜、萝卜等组成禾本科与十字花科作物间混播绿肥,组成"地上三层楼,地下三层根"的人工生态群落,对提高绿肥产量和质量,均衡土壤中氮、磷、钾比例,改善土壤结构,均有很好的效果,是南方种养结合的复种方式。

④ 麦=豆(花生)、稻=豆(花生) 适合于华北土壤较贫瘠的田块以及水、肥、劳力差的地区。

⑤ 小麦(蚕豆)-甘薯(玉米) 在低山丘陵区,普遍采用麦后复栽甘薯。在华北平原,小麦-玉米两熟制是种植业的主体模式。

2. 间作模式

我国主要的间作模式可概括为以下几种:

(1) 禾本科作物+豆类作物:玉米+豆类作物是农业生产上广泛运用的一种模式,适应地区广泛,一般在地力较差时采用窄比间作,如玉米与大豆行数的比例是1:2、2:2等。随着地力水平与玉米产量的提高,玉米与大豆争光的矛盾激化,玉米与大豆间作应向宽比发展,如2:4、2:6、4:4、6:6等。

(2) 禾本科作物+非豆类作物:玉米+薯类,包括玉米与甘薯间作、玉米与马铃薯间作,分布在水肥条件较差的山地和丘陵旱地上,以甘薯为主,如4垄甘薯间1~2行玉米。玉米与马铃薯间作,往往在马铃薯与玉米行间间作大豆,形成马铃薯+玉米+大豆"三种三收"的种植模式。

3. 套种模式

我国的套种模式很多,以棉田套种洋葱模式为例加以说明,棉田套种洋葱模式有很多优势,一是棉株与洋葱可以实现两段共生,即秋季洋葱与正值采收期的棉花共生,春季洋葱又与棉苗共生,两次套种均无共生矛盾;二是棉株与洋葱套种可以提高复种指数,棉田宽行套种洋葱,窄行可以套种其他蔬菜;三是可延长棉花的有效生育期,确保秋桃和晚秋桃如期成熟;四是洋葱有辛辣味,可以驱避棉蚜虫和红蜘蛛等虫害;五是可使每公顷棉田增收4 500~7 500元。在套种技术上应掌握以下两点:① 推株并行,精细整地,10月中旬前后,当大批伏桃和早秋桃采收接近尾声时,将棉株向棉田沟边推压露出宽行,然后用犁翻耕宽行;精细整地,做到土壤细碎,上虚下实;结合整地,适量增施腐熟的有机灰渣肥和钾肥;边整地边清理棉田沟厢,防止土垡淤塞造成渍水。同时,要注意防止洋葱重茬。② 适播洋葱,及时套种,9月上旬至10月上旬,选用红皮中熟偏早洋葱品种播种、育苗,11月上旬即可在棉田宽行套栽,每公顷洋葱的定植密度为2.25万~3万株。

4. 农林生态工程模式

用于农林生态工程的树种,常见的有杉木、梧桐(*Firmiana simplex*)、桑树(*Morus alba*)、橡、油桐(*Vernicia fordii*)、桂、槐、茶、榆(*Ulmus pumila*)、柳、槭、桤木(*Alnus cremastogyne*)、竹、板栗、核桃、苹果、梨、枣树等,与农作物间作,形成多种模式。现仅以农杨间作为例做简单介绍。

农杨间作主要分布在山西西部,山东临沂、聊城的黄泛区,江汉平原和洞庭湖区、东北牡丹江林区等。2002年全国营造的各种类型的农杨间作林有110万 hm^2,其中以杨树丰产林为主的有22万 hm^2。各地气候和社会经济条件相关较大,因此形成众多的农杨间作模式。其中最主要的有三种模式:

① 以农为主,小径用材型 该类型适用于农业集约化程度较高的地区,一般以粮、棉、油为主,兼营生产椽材的小径速生杨树。造林规格为 $2 m \times 5 m$。

② 林农兼顾,大径用材林型 主要分布在土质肥沃、有水浇灌、人均耕地 $0.13 hm^2$ 以上的平原、川地和部分丘陵地区。造林规格为 $2 m \times 8 m$ 或 $3.5 m \times 4 m$。

③ 以林为主,综合用材型 在林木生长初期,进行林农间作、林菜间作或林药间作,株行距一般为 $2 m \times 3 m$。

5. 农村的燃料、饲料、肥料工程

农村的燃料、饲料和肥料是关系到农民生产、生活的重大问题,关系到经济发展、资源利用和环境保护的重大问题。目前,农村的燃料、饲料和肥料正处于互相矛盾的状态。一般平原农区由于农作物秸秆多被烧掉,致使家畜的养殖因饲料匮乏得不到发展。因此,农村的燃料、饲料和肥料问题是困扰种植业发展的关键。通过协调三者之间的关系,使其由竞争关系变为互促关系是种植业生态工程建设的内容之一。农作物秸秆可以作饲料,也可以作肥料。用秸秆作燃料必然影响饲料利用,对积攒有机肥十分不利。肥料少,下一年的秸秆也少,用地和养地失衡,农田处于入不敷出的亏损状态,形成一个肥料更少,秸秆更少的正反馈环。如果农村的农副产物不是单纯地烧掉,而是改为多重利用,即经过氨化或糖化处理将其转化为饲料,发展牛、羊、鹿等以反刍动物为主的畜牧业,积攒有

机肥,并以此为原料进行厌氧发酵,制造沼气,将沼气作为燃料煮饭,多则可以发电,沼渣既可作为肥料施入农田,也可用来养殖蚯蚓。蚓粪是上好的培肥土壤的肥料,蚓体又是动物性蛋白饲料。沼渣还可用来养水葫芦、细绿萍或红萍等水生饲料植物(图 4.2)。这样,就可以解决农村的燃料、饲料和肥料"三料"间的矛盾。

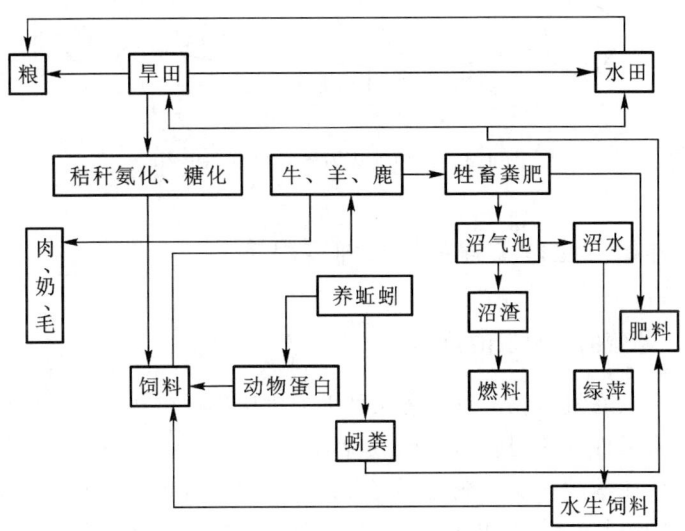

图 4.2 "三料"工程流图

6. 以种植业为中心的生物链工程设计

该模式是运用生态规律对山、水、林、田、路进行全面规划,农田生长的稻、棉、油菜、绿肥及水面放养的"三水"植物(浮水植物、挺水植物、沉水植物)作为生态系统中的生产者;农畜、家禽作为消费者;沼气池、堆积肥中的微生物作为生态系统中的"分解者"。(图 4.3)。组成农田 - 畜禽 - 沼气 - 农田,农田 - 绿肥 - 沼气 - 农田;农田 - 绿肥 - 畜禽 - 农田,农田 - 畜禽 - 鱼池 - 农田和"三水"植物 - 畜禽 - 沼气 - 农田等闭环系统。以上若干个小循环都是以农田为中心,通过生产者→消费者→分解者的多重循环最后又回归农田,形成一个大的良性循环的农田种植业生态系统。

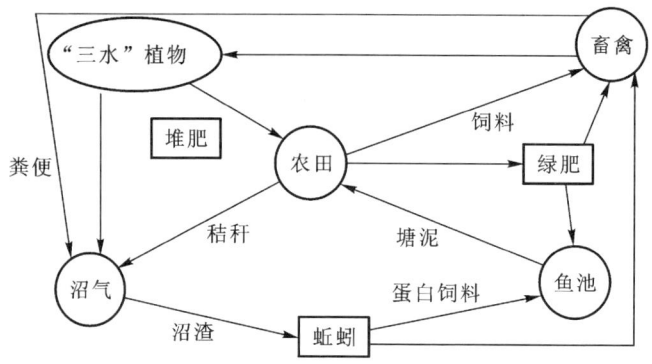

图 4.3　以种植业为核心的生态工程

4.3　种植业生态工程中的几种实用技术

4.3.1　沼气的厌氧发酵技术

沼气是天然有机质在厌氧环境条件下通过厌氧微生物的分解发酵作用产生的一种混合可燃性气体,其主要成分是 CH_4、CO_2、O_2、N_2、H_2S、H_2、CO 和水蒸气。它是农村清洁能源的主要组成之一。农村的有机废弃物(秸秆、人畜粪便等)都可作为沼气的原料,将这些原料投入沼气罐和地埋式沼气池,经过发酵、产酸、产 CH_4 三个阶段,即可生成沼气。

1. 小康型沼气池的构造

小康型沼气池主要由厌氧消化池、进料管、溢流管、出料装置、贮气装置、活动盖、蓄水圈、导气管等部件组成(图 4.4)。

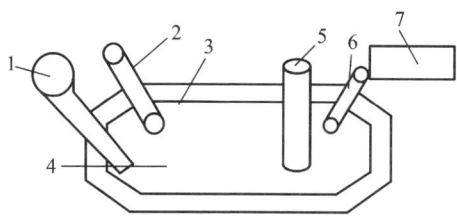

图 4.4　小康型沼气池构造图

1. 进料管；2. 导气管；3. 活动盖；4. 厌氧消化池；5. 活塞式出料器；6. 溢流管；7. 贮粪池

池基应考虑土质,一般来说,每平方米地基承载力在 5 吨以上的自然土层都可在其上建钢筋混凝土沼气池。池基应选在土质紧实、地下水位较低、背风向阳、靠近猪栏、厕所,有利于建"三结合"沼气池,利于沼气越冬的地方。沼气池尽可能距旧井、旧窖、树根远一点,距使用沼气的地点近一点,以减少沿程管道压力损失,便于沼气的管理和使用。

2. 沼气发酵微生物

沼气发酵微生物分为不产甲烷微生物和产甲烷菌。不产甲烷的微生物能将复杂的有机物转变为简单的小分子物质。不产甲烷微生物分为细菌、真菌和原生动物三大类。这些细菌按生长过程中对氧气的要求可分为好氧菌、专性厌氧菌和兼性厌氧菌三类。其中专性厌氧菌数量最多,是不产甲烷阶段起主导作用的菌类,根据作用可分为纤维分解菌、半纤维分解菌、淀粉分解菌、蛋白质分解菌、脂肪分解菌和其他一些特殊的细菌。

产甲烷菌是沼气的主要成分——甲烷的生产者。如果说沼气微生物是沼气发酵的核心,那么产甲烷菌又是沼气微生物的核心。甲烷菌是一群非常特殊的微生物,严格厌氧,最适的 pH 范围为中性或微碱性。它们依靠 CO_2 和氢生长,并以废物的形式排出甲烷,是要求生长物质最简单的微生物。产甲烷菌在自然界中分布广泛,如土壤、湖泊、沼泽中、反刍动物的胃肠道、淡水或碱水池塘污泥中、下水道污泥、腐烂秸秆堆、牛马粪及城市垃圾堆中都有大量的甲烷菌。

在沼气发酵系统中,不产甲烷菌与产甲烷菌相互依靠,互为对方创造维持生命所需的物质基础和适宜的环境条件。但另一方面,它们之间又相互制约。它们的关系主要表现为以下几方面:

① 不产甲烷菌为产甲烷菌提供生长和产甲烷菌所需的基质,产甲烷菌又为不产甲烷菌生化反应解除反馈抑制;不产甲烷菌通过其生命活动为产甲烷菌源源不断地提供合成细胞的物质;产甲烷菌连续不断地利用不产甲烷菌所产生的酸、H_2、CO_2 等,使厌氧消化中不致有酸和氢积累,不产甲烷菌也就可以继续正常的生长和代谢。不产甲烷菌和产甲烷菌协同作用,致使沼气发酵过程达到产酸和产甲烷的平衡,使沼气发酵正常进行。

② 不产甲烷菌为产甲烷菌创造适宜的厌氧环境。在沼气发酵初期,由于原料和水分的加入,大量的空气随之进入沼气池中,这对甲烷菌是有害的,但是由于不产甲烷菌类群中好氧和兼性厌氧微生物的活动,使发酵液的氧化还原电位不断下降,逐步为产甲烷菌的生长和甲烷的产生创造厌氧环境。

3. 沼气发酵的基本条件

要使沼气发酵正常进行并获得较高的产气量,就必须保证沼气微生物进行正常生命活动所需要的基本条件。这些条件主要包括:

(1) 严格的厌氧环境:微生物发酵分解有机物,在好氧的情况下产生 CO_2,在厌氧的情况下才产生甲烷。沼气发酵中起主要作用的微生物是严格厌氧的,即它们的整个生命活动都不需要氧气。氧气对它们的生命活动是有害的,所以沼气发酵中要求沼气池要严格密封。密封有两个作用:第一,保证沼气细菌的正常生命活动;第二,保证产生的沼气能有效地储存起来,不至泄漏。因此,沼气池的密封质量是沼气发酵能否成功的关键。

(2) 充足和适宜的发酵原料:发酵原料是生产沼气的物质基础。沼气细菌需要从原料中吸收的主要营养物质是 C、N 元素和无机盐等。碳素多来源于碳水化合物,是细菌进行生命活动的主要能量来源。氮素多来源于蛋白质以及亚硝酸盐和铵等无机盐类,是构成细胞的主要成分。沼气细菌需要碳素营养和氮素营养维持适当比例,通常称为碳氮比,用 C/N 来表示。一般认为,农村沼气发酵原料含碳量和含氮量的比值在 20~30:1 较为适宜。常用的发酵原料中鲜人粪含氮高,含碳少,C/N 小;作物秸秆含碳高,含氮少,C/N 大。为了满足沼气细菌对 C/N 的要求,在投料时要注意合理搭配,综合投料,才能获得较高的产气量。自然界中的沼气原料相当丰富,几乎所有的有机物都可以作为发酵原料,如人畜粪便、作物秸秆、青草、含有机质丰富的废水、污泥及农业废弃物等。

(3) 适当的水分:在沼气发酵中水分是细菌活动必不可少的环境因素。这是因为沼气细菌在生长、发育、繁殖和代谢过程中都需要有适当的水分;细菌分解有机物质产生沼气,也需要有一定水分才能进行。如果原料含水过少,发酵浓度过高,不利于沼气细菌活动,原料不易分解,容易使浮料结壳,积累大量的有机酸、氨态氮,抑制发酵,影响沼气的产量;反之,浓度太低,水分过多,发酵物质含量相应减少,会降低沼气单位容积的产气量,不能充分利用沼气池的有效容积。目前,采用湿发酵的沼气池发酵料液的含水量以 88%~94% 较为适宜。也就是说,发酵液的干物质含量为 6%~12%。在这个范围内,夏天浓度可以低一些(6%),低温季节浓度可以高一些(10%~12%)。

(4) 适宜的发酵温度:自然界中的微生物只有在一定的温度条件下才能生长繁殖。沼气发酵细菌在 8~65℃ 的范围内都能生长活动,产生沼气。在这个范围内,温度越高,原料分解速度越快,产气越多。通常根据沼气发酵对温度的要求划分为高温发酵(50~55℃)、中温发酵(33~38℃)和常温发酵(10~30℃)三种类型。农村沼气发酵利用自然温度发酵,属常温发酵。

温度对沼气发酵速度影响较大,这是因为温度越高,微生物代谢旺盛,分解原料的速度也就越快。但是,发酵原料总的产气量不受发酵温度的影响。也就是说,提高发酵温度并不能提高发酵原料的分解利用率,在一定的温度范围内(8~35℃),每千克发酵原料的总产气量大致相等,只不过是要产同样多的气体,温度低时发酵周期要长,温度高时发酵周期短。夏季(27℃)一个月可消化的发酵原料,在冬季(10℃)却要四个月或更长的时间才能消化完。

（5）适宜的酸碱度：沼气发酵细菌可在 pH 为 6~8 的环境中生长,适于甲烷发酵的 pH 范围是 6.8~7.5,最佳值是 7.0~7.2,pH 高于 8.5 或低于 6.5 对发酵都有一定的阻抑作用,若小于 6.5 就会产生严重的阻抑作用,造成"酸中毒",所产的气不能燃烧。产甲烷最旺盛时,CO_2 的含量很低,此时 pH 在 7.0~7.5 之间。农村沼气池在正常发酵过程中,pH 有一个由高至低,然后又升高以致基本稳定的自然平衡过程。一般不需要进行调节,但用喂配合饲料的鸡粪、猪粪发酵时则需用草木灰、石灰水调节 pH。常用发酵原料的酸碱度如表 4.4 所示。

表 4.4 常用原料的酸碱度

原料	猪粪	猪尿	牛粪	人粪	人尿	潲水	草木灰	石灰水
pH	6~7	7	7	6	8	6	11	12

4. 沼气发酵技术

（1）沼气发酵原料的选择：沼气发酵原料是生产沼气的物质基础,又是沼气微生物赖以生存的营养物质来源。为保证沼气发酵有充足而稳定的发酵原料,使池内发酵既不结壳,又易进易出,达到管理方便,产气率高,需认真选择沼气发酵的原料(表 4.5)。农村发酵原料中,根据 C、N 的含量分为两类：一类是富氮原料,主要指人、畜和家禽粪便。这类原料颗粒较细,含有较多的低分子化合物,氮素含量较高,C/N 一般小于 30∶1,产气特点是发酵周期短,容易分解,产气速度快,单位原料的产气量比农作物秸秆低。另一类是富碳原料,主要是指农作物秸秆,其碳素含量较高,C/N 一般在 30∶1 以上。农作物秸秆通常是由木质素、纤维素、半纤维素、果胶和蜡质等化合物组成。其产气特点是分解速度较慢,产气周期较长,但单位原料总产气量较高。在将这些原料投入池前要进行预处理,以提高产气效果。

表 4.5 农村常用沼气发酵原料(鲜料)产气量参考表

原料种类	1 kg 鲜料产气量/m^3	生产 1 m^3 沼气需原料量/kg	备注
鲜人粪	0.040	25.0	鲜粪
鲜猪粪	0.038	26.3	鲜粪
鲜牛粪	0.030	33.3	鲜粪
鲜马粪	0.035	28.6	鲜粪
鲜鸡粪	0.031	32.3	鲜粪
鲜青草	0.084	11.9	鲜草
玉米秆	0.190	5.3	风干
高粱秆	0.152	6.6	风干
稻草	0.152	6.6	风干

(2) 原料预处理:秸秆中含有 66%～88% 的纤维素和半纤维素,还有 15%～25% 的木质素。木质素是一种结构不均一的环状聚合物,很难被细菌分解利用。而且木质素与纤维素紧密地结合在一起,秸秆表面还有一层蜡质。因此,秸秆直接投入池中会大量漂浮结壳,而不能被充分利用分解,必须进行预处理,才能有效地生产沼气。常用的预处理方法是:

(1) 切碎或粗粉碎:将秸秆用铡刀切断,切成 60 mm 左右长短,或进行粗粉碎。这样不仅可以破坏秸秆表面的蜡质层,而且增加了发酵原料与细菌的接触面积,加快原料的分解利用。同时,也便于进出料和施肥操作。经过切碎和粗粉碎的秸秆一般可提高 20% 左右的产气量。

(2) 堆沤处理:堆沤处理是先将秸秆进行好氧发酵,然后再将堆沤的秸秆下沼气池进行厌氧发酵。秸秆经过堆沤处理后,可以使纤维束变得松散,扩大了纤维素与细菌的接触面,可以加快纤维素的分解,加快沼气发酵过程;通过堆沤还可以破坏秸秆表面的蜡质层,使其下池后不易浮料结壳。堆沤的方法有两种:

① 一种是池外堆沤　先将作物秸秆铡碎,起堆时分层加入占料重 1%～2% 的石灰或草木灰,以破坏秸秆表面的蜡质层,并中和堆沤时产生的有机酸。然后再逐层泼一些人畜粪尿或沼气液肥、污水,所用的水量以料堆下部不流水,而秸秆充分湿润为度。料堆上覆盖塑料薄膜或糊一层稀泥。堆沤时间夏季 2～3 天、冬季 5～7 天。当堆内发热烫手时(50～60℃)要立即翻堆,把堆外的翻入堆内,并补充些水分,待大部分秸秆颜色呈棕色或褐色时,即可投入沼气池内发酵。

② 另一种方法是池内堆沤　池内堆沤比池外堆沤损失的能量和养分要少一些,而且利用堆沤时产生的热量可以提高池温。新池进料前应先将沼气池内试压的水取出,老池大换料时也要把发酵液基本取出,然后按配料比例配料,可以在池外拌匀后装入沼气池,也可将粪、草分层,一层一层交替均匀地装入池内。要求草料充分湿润,但池底基本不积水。将活动盖口用塑料膜盖好,当发酵原料的温度上升到 50℃ 时,再加水到零压水位线,封好活动盖。这种方法能够增高池温,加快启动,提早产气。

(3) 接种物:为加快沼气发酵的启动速度和提高沼气产气量而向沼气池内加入富含沼气微生物的物质,通称接种物。在一般沼气发酵原料和水中,沼气微生物的含量很少,靠其自然繁殖,不利于尽快产气。所以在新池投料和老池大换料时,一定要添加 30% 的含有大量沼气微生物的接种物,才能保证沼气发酵顺利进行。沼泽、池塘污泥、老粪坑底脚污泥、屠宰场阴沟污泥、酒厂、豆制品厂废水污泥及沼气池沉渣表面污泥等都可以做沼气发酵的菌种。

(4) 沼气发酵工艺类型:沼气发酵从配料到入池到其产出沼气等一系操作步骤、过程和所控制的条件称为沼气发酵工艺。按沼气发酵的温度、进料方法、装置类型以及作用方式、发酵液的状态等可将沼气发酵工艺分为若干类型(表4.6)。其中最为常见的工艺类型为干发酵方法。

干发酵通常是指发酵料液总固体浓度超过20%的发酵方法。其技术关键是:第一,添加足够的优质接种物;第二,秸秆切碎后用石灰水预处理,并进行池内或池外的堆沤处理;第三,添加适量的氮源物质,发酵浓度为20%~30%。具体包括以下方面:

① 秸秆用量和预处理　风干秸秆(TS=85%)切成150 mm左右小段,加石灰水润湿,再将接种物总用量的1/3混入,进行池外堆沤,时间为2~3天。堆沤的目的在于初步破坏秸秆纤维的木质结构并增加秸秆容重,以提高单位池容的秸秆处理量。堆沤结束后加入其余接种物和氮肥,入池再堆沤24 h,以增加启动的料温。每立方米池容处理风干秸秆约为100 kg,加入粪便一般不影响秸秆处理量,若发酵周期为90天,则平均有机负荷率(每立方米池平均每天处理的总固体量)为:

$$100 \times 85\% / 90 = 0.94 \text{ kg}/(\text{m}^3 \cdot \text{d})(以干物质质量计)$$

此时,平均体积产气率可超过 0.3 $m^3/(m^3 \cdot d)$。若增加粪便则由于平均体积有机负荷率增加,可提高体积产气率。例如,按秸秆质量的3倍加入猪粪(TS=20%),则平均体积有机负荷率为:$[(100 \times 85\%) + (200 \times 20\%)]/90 = 1.4$ kg/($m^3 \cdot d$)(以干物质质量计)。

这就可保证平均体积产气率超过 0.28 $m^3/(m^3 \cdot d)$。

表 4.6　沼气发酵的工艺类型

分类	工艺类型	主要特征
发酵温度	常温发酵	发酵温度随气温的变化而变化,沼气产量不稳定,转化效率低
	中温发酵	发酵温度28~38℃,沼气产量稳定,转化效率高
	高温发酵	发酵温度48~60℃,有机质分解速度快,适用于有机废物及高浓度有机废水的处理
进料方式	批量发酵	一批料经一段时间发酵后,重新换入新料,可以观察发酵产气的全过程,但不能均衡产气
	半连续发酵	正常的沼气发酵,当产气量下降时,开始小进料,以后定期地补料和出料,能均衡产气,适用性较强
	连续发酵	沼气发酵正常运转后,按一定的负荷量连续进料或进料间隔很短,但均衡产气,运转效率高,一般用于有机废水的处理
装置类型	常规发酵	装置内没有固定或截留活性污泥措施,提高运转效率受到一定的限制
	高效发酵	装置内有固定或截留活性污泥的措施,产气率、转化效率、滞留期等均较常规发酵好

续表

分类	工艺类型	主要特征
作用方式	二步发酵	沼气发酵的产酸阶段与产甲烷阶段分别在两个装置中进行,有利于高分子有机废水及有机废物的处理,有机质转化效率高,但单位有机质的沼气产量稍低
	混合发酵	沼气发酵的产酸阶段与产甲烷阶段在同一装置内进行
发酵料液状态	液体发酵	干物质含量<10%,发酵料液中存在流动态的液体
	固体发酵（干发酵）	干物质含量在20%左右,不存在可流动态的液体,甲烷含量较低,气体转化率稍差,适用于水源紧张,原料丰富的地区
	高浓度发酵	发酵浓度在液体发酵与固体发酵之间,适宜浓度为15%~17%

② 接种物　对接种物要求与其他发酵工艺相同,数量为秸秆质量的1.5倍以上,它是保证干发酵正常进行的关键。池外堆沤时先用1/3,其余入池时加入。

③ 添加氮源物质　由于采用批量投料方法,平时无含氮丰富的粪尿流入,而秸秆本身含氮量不足,所以必须在入池时补充氮源物质。但由于发酵水分含量较少,太多的氮容易造成发酵抑制。加碳酸氢铵时用量为秸秆用量的2%,加尿时为1%。

④ 用石灰水预处理　石灰用量为秸秆质量的5%,此项措施的目的是破坏秸秆的木质纤维结构,并中和发酵过程中产生的酸,防止pH下降。

⑤ 浓度控制　用加水量控制浓度,石灰5 kg加入100 kg水配成石灰水用于预处理;接种物(TS=10%)按1:1加水稀释;氮肥每千克加水50 kg溶解后使用。由于堆沤过程中水分损失,按上述比例加水,浓度可控制在20%~30%的范围之内。

⑥ 发酵周期　冬春季池温低,南方地区为了充分利用沼气池和积造有机肥,可采用一个发酵周期约为150~200天;夏秋季(5—10月)可采取两个发酵周期,每个周期约为90~100天。各地应把发酵周期和农事用肥密切结合起来考虑。

⑦ 贮气问题　干发酵池必须附有贮气设施,如塑料贮气袋、分离浮罩或水压式贮气池,但采用每户一个干发酵池和一个水压式池最简单。

(5) 沼气发酵的产物

① 沼气　人工沼气是按天然沼气产生的条件,用人工的方法制取的。沼气的主要成分甲烷是无色、无味、无毒的气体,是一种气体燃料。甲烷含量越高,沼气的质量就越好。一般来说,甲烷含量达到35%时就可以勉强点燃,含量在

50%以上时,方能正常燃烧。火焰的红色较多,甲烷含量偏低;火焰呈蓝色,甲烷含量高。

② 沼气发酵残留物　生物质经厌氧发酵产生沼气后,残留的渣和液统称为沼气发酵残留物、俗称沼气肥。由于经厌氧发酵处理后,一方面抑制和消灭了各种有害病菌和虫卵;另一方面又富集养分,并转化成能为动、植物利用的形态,所以沼气发酵残留物更适合于做饲料、肥料和食用菌栽培料。

③ 沼渣　经厌氧发酵生产沼气后,残留物料的固体部分俗称沼渣,它富含腐殖化的有机质。经分析,沼渣中含有腐殖酸10%～20%,有机质30%～50%,全氮1.0%～2.0%,全磷0.4%～0.6%,全钾0.6%～1.21%,并含有维生素、激素,可用作饲料、肥料和食用菌栽培料。

④ 沼液　沼液是沼气发酵的副产物,是一种溶肥性质的液体,其中不仅含有较丰富的可溶性无机盐类,同时还含有多种沼气发酵的生化产物,沼液中含有17种氨基酸和维生素、生长激素、抗生素及铁、锌、铜、锰等多种元素。沼液中含丰富的速效养分。除用作肥料外,还用于养鱼、植保和喂猪等方面。

5. 发展沼气的生态意义

沼气是农村中物质多重利用又无污染的燃料,发展沼气不仅可解决我国农村能源紧张的燃眉之急,而且沼液和沼渣还为农业生产提供了优质的肥料和饵料。

(1) 沼肥养鱼技术:沼肥养鱼的关键是科学地管理好沼气池,保证有充足的沼肥供养殖鱼类用。为使沼气池正常运转,一是必须备好菌种和足够的发酵原料,使沼气池能可持续地使用;二是要定时出料和进料,以保证沼气池有充足的原料补充;三是有计划地用肥。在沼气池正常产气半月左右,每隔4～7天就应加料、加水。沼肥及时注入养鱼池以避免占沼液总氮90%以上的氨态氮挥发损失;四是沼气池每年至少要进行两次大换料,其时间应安排在养殖鱼类和饵料生物生长的旺季最好。经计算,一般 10 m^3 的沼气池正常运转 10 个月,可出沼液约 50 t、沼渣 8 t,可供年产 4 500 kg/hm^2 左右"肥水鱼"的 0.133 hm^2 鱼塘的肥料之用。

沼肥主要是培养鲢鱼、鳙鱼、鲮鱼、罗非鱼、白鲫等所需的饵料生物。而草鱼、团头鱼、鲤鱼等则要投喂足够数量的人工饵料。优质沼渣可用部分做直接饵料和人工饵料量的 50%。

(2) 沼渣液的其他应用:

① 沼渣液是一种优质的肥料,施沼肥可提高作物和蔬菜的产量。以施沼肥和化肥的小麦和草莓做对比,施用沼肥的小麦和草莓的产量均比用化肥的产量高,其增幅在 10%以上。

② 沼液可防治果树蚜虫、红蜘蛛等虫害。施沼液可在 48 h 内将果树上 5% 以上的害虫消退；沼液加适量的农药防治效果更为显著，其效果有的可超过常规化学农药。

③ 沼液浸种。用沼液浸玉米种，其增产效果可达 13.91%。

4.3.2 秸秆的氨化技术

作物秸秆，如玉米秸、麦秸和稻草等很难消化，其营养价值也很低，直接使用这类秸秆喂家畜的效果差，即不能满足家畜维持营养的需要，也造成了种植业副产品的浪费。若将这些饲料经过适当的加工处理，就能改变其本身的结构，提高消化率，改善适口性，提高饲养效果，提高物质的多重利用水平。

1. 工业氨化处理秸秆法

① 氨化装置　两组框架车每组 4 辆，每车装稻草 1 200 kg，用卷扬机实施机械化送料。

② 湿度控制　电热器加热至 80℃，一般加热 11 h 即可停止加热，闷 2 h 后打开车门，即可取出稻草。稻草呈深褐色，香脆，粗蛋白含量达 9.05%。比未处理的稻草粗蛋白含量高 1 倍。每 100 kg 费用为 6.43 元。

③ 水量控制　加水量为干稻草重时的 20% 左右。

④ 液氨的注入量　打开阀门将液氨(氨水)注入，氨的质量为稻草质量的 2.5 倍。

2. 简易氨化秸秆法

氨化处理的关键技术是对秸秆的密封，不能漏气。简易氨化处理的程序为：

① 农作物收割后稍风干，即用铡刀将秸秆切为 2～3 cm 左右长短。

② 在地面下挖长、宽为 4.6 m×4.6 m、高为 1 m 的土坑；用 8 m×8 m 的塑料布铺坑底和壁，接触地面的薄膜应留有一定的余地，以便四周压上泥土；将铡碎的玉米秸堆放其中，压实，上盖塑料薄膜，使其成密封状态；将与无水液氨罐连接的管子插入垛底；开启罐上的压力表，按秸秆重的 3% 通入氨气。氨化速度的快慢与气温有关，若气温低于 5℃，氨化时间需 8 周以上；若气温在 5～15℃，氨化时间需 4～8 周；若气温在 15～30℃，氨化时间需 1～4 周。氨化结束后，应先通气 1～2 天，或推开晾晒 1～2 天，待游离氨挥发后，方可作为饲料。

秸秆经氨化处理后，颜色棕褐，质地柔软，干物质消化率可提高 10%，其营养价值相当于中等质量的干草。

4.3.3 蚯蚓养殖技术

1. 蚯蚓的生态习性与用途

蚯蚓是一种土壤动物,它的分布范围相当广。一般每公顷土地可多达15万~45万条蚯蚓。土质肥沃的土壤中蚯蚓数量可达45万~60万条/hm^2,菜园土中每公顷多达45万~150万条蚯蚓。蚯蚓的生活习性:

(1) 喜温暖:一般气温在16~28℃范围内,最适合蚯蚓生存;当气温>29℃或<12℃时,则不适合蚯蚓生存,当气温在10℃左右时蚯蚓活动迟钝,当气温<5℃时蚯蚓休眠。

(2) 喜潮湿:一般土壤湿度为30%~40%时,最适合蚯蚓生存,当土壤湿度>70%时,则蚯蚓难于生存。

(3) 不喜盐:土壤含盐量低于0.25%~0.3%时,蚯蚓可生存;当土壤含盐量高时,蚯蚓一般不易生存;但也有一种蚯蚓在含盐量达5%的海边土壤中能生存。

蚯蚓的生长非常迅速,在北方夏季的自然环境中,蚯蚓幼体仅重0.036 g,但15周后,其体重就达7.4 g,15周的时间内体重增加了205倍。日本的大平2号蚯蚓增重更明显,15周的时间内可增重1 000倍。

蚯蚓的用途主要有:一可改土造肥,二可作为优质的肥料;三可处理垃圾;四可药用。

(1) 改土造肥:蚯蚓粪及体表黏液(粘蛋白)都含N素。据达尔文统计1 hm^2土地中若有75万条蚯蚓,每年可翻动表土270 t,可排出114.9~276.15 t粪便,若将蚯蚓粪平铺在地面上,10年后可在1 hm^2土地上铺一层厚38.1~57.15 cm的蚯蚓粪。由于蚯蚓不停地进行纵横钻洞、吞土排粪等生命活动,它不仅能形成团粒结构,改善土壤,还可以改变土壤的化学性质,使板结贫瘠的土壤变成疏松多孔、通气、保水、保墒的促进作物根系生长的肥沃土壤。

(2) 优良的动物性蛋白饲料:蚯蚓体含的蛋白质很高,干物质中蚯蚓蛋白质的含量高达70%左右,一般分析表明,蚓体含41.62%~66%的粗蛋白。蚓粪亦含一定量的蛋白质。故蚓体和蚓粪均可做饲料,供畜、禽和鱼类食用。用蚯蚓喂养的猪、鸡和鱼类,不仅长得快(据报道,每头猪每天喂5~10 g蚯蚓,可增重0.25~0.5 kg,而不喂蚯蚓的猪只能增重0.15~0.35 kg)而且肉味鲜美,其主要原因是蚯蚓蛋白质易被畜、禽和鱼类消化、吸收。畜、禽和鱼类均喜食拌有新鲜蚯蚓的饲料。蚯蚓与饲料的混合量应根据畜、禽和鱼的种类与个体大小而定。一般以占饲料总质量的5%左右为好。

(3) 处理有机废物,变害为利:蚯蚓1天的食量相当于自身的重量。养10亿条蚯蚓,1天便吃掉500 t垃圾。美国洛杉矶附近的一个蚯蚓养殖场,饲养100万条蚯蚓,20天便吃掉了7.5 t垃圾。利用蚯蚓处理垃圾、净化环境,已成为世界各国养殖蚯蚓的主要目的。

(4) 优质营养品及药物：在本草纲目中，李时珍对蚯蚓的药用价值写到"上食蒿壤，下饮黄泉，故其性寒而下行。性寒，故能解诸热疾，下行，能利小便，治足疾而通经络也"。蚯蚓的中药名为地龙。它对肺和支气管有明显的扩张作用，故可治疗哮喘病。蚯蚓的酒精提取液还有缓慢而持续的降压作用。蚯蚓体内含有促进子宫收缩的物质可作催产剂。此外，蚯蚓已成功地用于治疗黄疸、伤寒、痉挛、丹毒、外伤炎症和牙龈溃疡、口疮等。最新研究证明，蚯蚓体内含有多种特殊酶（蚓激酶），能溶解血管中的栓子，治疗脑血栓亦有一定的效果。

2. 养殖方法（大平2号蚯蚓的箱养法）

① 制作一体积为 $1\ m \times 1\ m \times 0.30\ m$ 的木箱，最好用铁丝网做箱底，此规格的箱可养1万~3万条蚯蚓。

② 饲料。树叶、杂草、牛粪、马粪、腐烂的植物落叶、蔬菜不可食用部分都可作为饲养蚯蚓的饲料。将饲料堆积发酵，待植物叶变为棕黄色，温度降至25℃以下后，将其装入木箱。注水使饲料湿度达60%左右，手捏成团，放手散开即可。

③ 放入大平2号蚯蚓的卵茧，上覆腐殖土5~10 cm，并用草帘盖上遮光。

④ 箱中放地温表一只，用来控制温度，箱内温度控制在13~26℃之间，温度高时，可浇水降温；温度过低时，应将箱移入室内，或覆盖塑料薄膜。冬季可利用马粪发酵保温。

⑤ 每10~15天往箱中投入新饲料。

⑥ 2~3个月翻箱采取。

按此方法，采取多层木箱饲养，$1\ m^2$ 一年可生产25 kg的鲜蚯蚓。

4.4 案例分析

4.4.1 间作、套作案例

1. 实例

河南省黄寨镇是传统的优质粮棉生产大镇，95%的农作物实行间作套种技术。过去多以套种棉花、无籽西瓜为主，一年两熟。如今，在稳定棉花、无籽西瓜种植面积的基础上，引进白蜜甜瓜、脱毒土豆、凯特杏、甜柿、红梨等新品种，增加套种指数，变一年两熟为麦、棉、无籽西瓜、蔬菜套种，麦、棉、甜瓜、小杂果套种或麦、小杂果、蔬菜套种一年三熟至四熟。

该镇通过调整农业种植结构，发展大棚反季节瓜菜、无籽西瓜、土豆、洋葱、露地菜等，年总产4万t，总产值近2 400万元。目前该镇形成具有区域特色的种植结构,麦棉套、麦瓜套、麦烟套、麦菜套、麦果套等多模式间作套种面积稳定在 3 000 hm²,农民年均增收 3 000 元。粮经比例为 5∶5。优质苹果、梨、无籽西瓜、大棚洋香瓜、池藕、生姜、甘蔗已形成基地生产规模,大豆、绿豆、芝麻、豌豆等优质小杂粮远近闻名。梨枣、甜柿、银杏(*Ginkgo biloba*)等精品林业成为新的生态农业生长点。

2. 优点

(1) 间作套种技术的实施为作物生长创造了良好的田间生态环境,在确保粮食安全的前提下,进一步促进种植业内部结构的调整。同时,也有效地解决了单纯种粮或种菜,增产不增收和粮经争地的矛盾。

(2) 农作物合理间作套种,充分利用了生长空间的光、温、水、肥等自然条件,抑制了病虫害的发生,实现了种间及作物与环境之间的协调共生。

(3) 间作套种方法简单,便于操作、投资低、用工少,经济效益高。

4.4.2 协调共生案例

1. 实例

北京市朝阳区金盏乡的蟹岛成立于 1998 年 8 月,占地 200 hm²,是中国环境科学学会指定的北京绿色生态园基地,其最大的特点就是形成了一个衣食住行相对独立的生物链(图 4.5)。

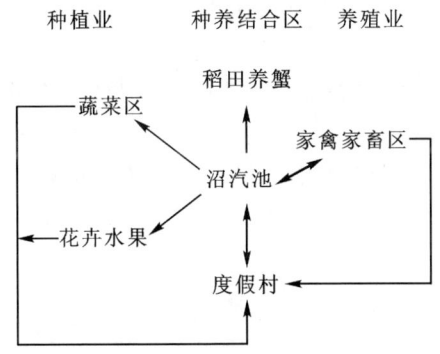

图 4.5 北京绿色生态园基地生物链

蟹岛种植业主要分为大田种植区和温室大棚种植区两大部分。在种植业子系统内,农产品大部分被系统内的职工和前来观光旅游的游客消费。农副产品(粮食加工的麸皮等)及农作物秸秆作为饲料输送到养殖场和鱼塘,这一模式既解决了农业废弃物的处理问题,又为养殖业提供了充足的饲料来源。

蟹岛在水稻田中养蟹,将稻和蟹组合在一个系统内"稻蟹混养",每公顷田里投放9 000只螃蟹苗用来驱除害虫、消灭杂草、疏松土壤,由于蟹发挥了稻田"医生"和"施肥者"的功能,水稻生长期间不用施农药、化肥,这样,产出的大米是质量上乘的"绿色"食品,而蟹也获得其生长发育的"饲料",生长良好。

2. 实例分析

稻田养蟹成功地运用了复合仿生原理和物质循环和资源再生利用的原理,体现了生物之间的相生相克关系,提高了整体对资源的利用率。

① 稻田养蟹的模式,运用了稻蟹之间的互惠共生关系,建立了生态系统内相互依存、相互利用、相互促进的食物链结构,有利于农田系统的可持续利用。

② 稻田养蟹,投资少,管理方便,经济效益高。

思考题

1. 何为种植业生态工程?种植业生态工程与传统种植业有何本质的区别?
2. 你认为,进行种植业生态工程设计应遵循哪些基本原则?
3. 在进行种植业生态工程设计时,应从哪几方面考虑各种作物在时空上的合理搭配?
4. 种植业生态工程设计中必须包括哪些内容?
5. 以种植业为中心的生物链工程有何优点?
6. 根据我国国情,你认为现阶段在我国开发农村清洁能源采用何种技术最适宜?
7. 应用生态学原理,说明怎样利用农作物秸秆在物质和能量转化上最合理?
8. 举一种植业生态工程的实例说明"结构决定功能"的原理。
9. 你能根据"协调共生"的原理,自己设计一例种植业生态工程的方案吗?

第五章　林业生态工程

林业生态工程是根据生态学、生态经济学、系统科学与林学原理,以解决一系列林业生态问题为目的,以木本植物为主体,通过植物、动物、微生物等生物种群匹配,形成稳定而高效的人工复合生态系统,以实现林业的高产高效和可持续发展。它是以"共生、互生、循环、再生"为理论核心的"生态工程学"的重要研究领域。

5.1　林业生态工程概述

1. 林业发展中存在的问题

进入20世纪以来,世界人口迅速增长,森林面积则迅速减少。与300多年前相比,人均森林面积减少了几十倍。发展中国家人口与森林资源之间的矛盾尤为突出。

(1) 人口增长对森林资源的压力:发展中国家由于人口的不断增长,薪材严重短缺,毁林开荒现象极为严重,而且为了增加收入允许发达国家到发展中国家过量开发森林,森林资源遭到严重破坏,尤其是热带地区森林资源锐减趋势令人担忧(图5.1)。

(2) 贫困和环境危机:世界森林资源减少趋势引发了两大危机:贫困与环境问题。发展中国家特别是处于热带地区的国家,由于过量采伐森林,廉价出口木材以弥补本国财政困难,致使森林资源急剧减少,形成森林资源减少与贫困呈正相关的恶性循环。

森林破坏带来了严重的生态环境危机。山区森林的破坏造成严重的水土流失,致使江河下游洪水泛滥加剧,危及人畜生命安全。干旱地区森林破坏还引起了沙漠化。

发达国家森林资源与发展中国家森林资源减少趋势相反,呈上升趋势,但环境污染尤其是酸雨危害日趋严重,受害面积越来越大。据1993年调查,欧洲大气污染使约1%的森林遭受病害的侵袭,23%的树木受损,近年来,美国、日本、南美洲和东南亚一些国家的森林受酸雨危害的面积也在不断增加。

2. 林业生态工程的发展

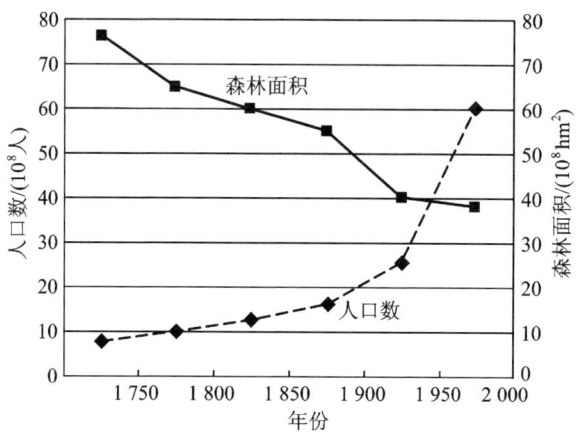

图 5.1　世界人口发展与森林破坏趋势

世界林业的发展及森林资源的变化都说明当今世界林业处在转轨期,沿用传统经营林业的思想、理论、方法已无法使森林满足现代人类的需求。传统林业造成生态失衡,使林业发展不可持续。

（1）生态失衡的基本原因：地球上不可更新资源是有限的,环境对可更新生物资源的容量也是有限的。在一定的技术、经济条件下,环境容量也有限,小于此容量时生物资源的更新率导致资源总量增加（正反馈）;达到环境容量阈值后,生物总量减少（负反馈）,减少到某种程度后更新率和资源总量又增加,因而呈现出围绕环境容量正负反馈交替出现的状态。但是,在现代社会经济系统内,由于人口增加,生活质量不断提高,在一个经济区内存在着无限发展的正反馈机制,要求向经济系统内不断输入更多的资源,以满足经济增长的需求。这种需求一旦变为对资源的现实开发利用,必然对生态系统产生巨大的压力。如果人们单纯追求暂时的经济利益,采取掠夺式的技术、经济手段,就会出现生态失衡问题,当前全球性的生态危急正是这样造成的。而科学技术的进步和生产、生活中大量废弃物对环境的污染,更加速了生态失衡的进展过程。

（2）生态失衡的主要标志：生态平衡失调或生态失衡,简单地说就是生态系统的稳定状态削弱或消失。主要表现在系统要素的有序性降低,自组织能力降低或消失,并且最终表现在结构和功能两个方面。

结构方面：生态系统是由绿色植物、动物、微生物和环境四种成分构成的统一体,其中任何一种结构成分甚至是它的二级结构成分（如物种、水分）在数量上突然减少或增加都会引起系统结构的改变,导致稳定态降低或消失。

功能方面：物质循环是生态系统中的重要功能,包括能量转化、物能积累、分解还原、降解(对有害物的消化能力)、适应(对灾害的调节能力)和自组织(把无机物变为有机物)等功能,生态失衡就是这些功能受阻、减弱或消失。

(3) 生态效益对经济效益的影响和制约:

① 生态效益是经济效益的潜在基础　没有物质和能量的输入,经济系统不可能得到发展。因此,生态系统永远是经济发展的能量源泉。生态效益高(物能积累量高)的生态系统,经济效益一定高,因为当对其进行经济开发时,花费等量的劳动,可比生态效益低的系统得到更多的产品;反之亦然。

② 生态供给阈对经济开发的制约　生态供给指"生态系统资源满足生产过程需求的潜力",包括物质和能量的现存量和更新量。生态系统为维护自身的稳定状态,各组成成分必须达到一定的量,这个量就是"阈"值。"所谓生态供给阈就是维护生态系统动态平衡所需要的系统各成分的量的规定性。"要保持系统的稳定性,经济系统只能获取各组分阈值以内的物质和能量,超过了则系统失衡,并进一步降低生态供给阈。各种不同的生态要素有不同的阈值,牧草的更新力就是牲畜增加量的阈值。在人工的合理参与下,通过加强培育良种、施肥、采取各种减少蒸腾提高光合效率等手段可以扩大阈值。但阈值的扩大仅是提高了系统的生态供给能力,阈值对经济开发的限制还是始终存在的,所以人们不可能无所顾忌地从生态系统中获取物质和能量。

③ 生态失衡对经济效益的影响　生态失衡主要是不合理的经济活动和向环境中排放有毒、有害物质造成的。如果生态失衡不治理,必然会造成生产—破坏—再生产—加速生产—加速破坏的恶性循环,进而引起经济的全面崩溃。现代社会出现的全球性生态危机和经济问题中的成本上升、能源价格上涨、通货膨胀和贫困饥饿等,无不与生态失调,特别是森林植被因不断破坏而逐年减少这一因素有关。生态系统中物质、能量的开发、利用和更新不仅关系到当前几代人的切身经济利益,也关系到子孙后代的永续经济利益。因此生态资源的过速消耗和生态平衡的严重失调对生态经济持续发展是致命的,其影响之大是无论如何估计都不会过分的。各国对林业经营的目标和重点各有差别,但其整体思路却都是导向一个经济与生态均能永续的林业。如奥地利的"与自然协调的生态林业"、波兰的"森林经营新模式"等提法,其目的是进行不破坏生态平衡的环境保护与经营;瑞典在讨论"立地特点的林业"时认为"合理林业可与小规模自然保护的景观并存,并与保持生物多样性共存";德国则采用"正确林业"的提法,其定义采取"与健全的科学知识和经验证明的实践准则一致的经营方法,同时保证林地的经济与生态生产率,从而实现物质与非物质机能的永续"。科学界发起的"欧洲接近自然的森林"运动倡议,其含义是要求从整体出发经营森林生态系统,以保证生态系统的生产率与稳定性。纵观 20 世纪 90 年代世界林业经营

思想,随着"和谐理论"、"多功能理论"、"林业分工论"等的发展,发达国家率先从传统的木材生产为中心的森林永续利用转向森林多效益永续利用,由此林业生态工程在世界各地均得到认可。世界发达国家的林业生态工程战略可归纳为三类:以德国为代表的森林经济、社会、生态三大效益一体化的林业生态发展战略;以法国、新西兰、澳大利亚为代表的森林多效益主导利用的林业发展战略;以美国、日本、瑞典为代表的森林多效益综合经营的林业生态发展战略。目前发展中国家仍处于向工业化转变的时期,面临人口多、底子薄、经济不发达、能源短缺、毁林轮垦等众多问题,多数国家采取多元结构的林业生态经营模式。我国是发展中国家,森林资源贫乏,人均占有资源极少,原始森林结构已发生明显的变化,生态环境也不同程度地恶化。20世纪80年代末,为使有限的森林资源满足社会经济和改善生态环境的需求,许多国家都提出了"林业生态工程"建设的思想。

3. 林业生态工程学内容

林业生态工程本身当然要包括传统的造林绿化内容,是对一些成功的单项造林技术与新技术的筛选与应用,但又不是简单的"相加"与"拼盘";林业生态工程的目的不是只考虑经济效益,而是经济、生态、社会三大效益的统一;其全过程不是单项技术的叠加,而是配套技术合理组合的完整工艺流程。因此,林业生态工程是一个综合性的新领域。

林业生态工程的目标就是在促进林业系统良性循环的前提下,充分发挥林业生产潜力,防止环境污染和水土流失,达到经济效益与生态效益的同步发展。它可以是纵向的层次结构,也可以是几个纵向的工艺链联合而成的网状工程系统。林业生态工程的内容较复杂,既不像传统造林学,也与森林经营学、森林利用学不同,有些内容是原来未列入林学范畴的。目前可将其划分为森林环境保护工程、森林生态环境服务工程、生态经济协调三大林业生态工程(表5.1)。

表 5.1 林业生态工程列表

林业生态工程	森林环境保护工程	防护林工程	水源涵养林
			防风固沙林
		固沙工程	水土保持林
		森林自然保护区	农田防护林
		森林公园	海防林
			国防林
	森林生态环境服务工程	森林疗养建设	
		城市环境林	
		农林复合生态经济系统	
	生态经济协调	生态经济沟	
		立体林业	
		……	

目前,我国已在进行的林业生态工程有:三北防护林工程、沿海防护林工程、长江中上游防护林工程、太行山造林绿化工程,以及正在规划进行的淮河-太湖流域综合治理防护林体系工程、珠江流域综合治理防护林体系工程、辽河流域和黄河中游的综合治理防护林体系工程、东北林区大量降低采伐量以求现有林的休养生息的"天保"工程,划定相当数量的自然保护区等,也都属于森林环境保护工程范畴,并且已经收到相当明显的效果。

4. 林业生态工程与传统造林绿化的主要区别

林业生态工程与传统造林绿化是两个不同的概念,一般讲林业生态工程与传统造林绿化的区别有以下几方面:

① 森林本身是一个复杂的大系统,它不仅是木本植物的群集,而且是一个具有独特森林生物和森林环境的生态系统。森林生物不仅仅只是乔木,还包括其伴生的灌木、草本植物、低等生物,也包括森林动物,如哺乳类、鸟类、昆虫、爬行类等。这些组分结构和谐,它们之间以食物链的形式不断地进行着物质、能量的转化传递,存在着紧密的共生、抗生关系。所以说,人工林营造本身应是一个人工生态系统重建的综合工程,而不是栽上乔木即成林的简单过程。用一年生农业作物的经营方式来进行林业建设极其有害。从传统的乔木种群培植过程过渡到林业生态工程的人工群落或生态系统建造是林业发展的一个重大转折,或者说是一个进步。

② 人工林生态系统建造的目的是为人类服务,它不但受自然因素制约,同时要与社会经济发展相协调,因此,除了解决长远的生态环境问题以外,短期内三大效益也是不容忽视的。

我国是一个人口众多而可耕地资源相对贫乏的国家,任何一项事业都必须为国家经济建设服务尤其是发展林业的地区多为贫困落后地区,过去传统提法中的"为子孙万代造福"必须与现实生产中的"脱贫致富"恰当地结合在一起,这也就是常讲的"长短结合"。因此,"林业生产周期长"的提法是不完整的。实践证明,很多成效显著的造林绿化典型往往都采取长短结合的方针。

③ 林业生产是一项社会性大生产,它的一切技术措施必须与社会经济发展水平相适应。根据我国当前国情,尚不可能将大量的资金、能量投入到林业生产建设中来。因此,日本、美国、西欧的一些技术路线和做法仅供参考和有条件地采用。林业生态工程的重要特色之一就是根据我国国情、民力来制订中国自己的技术方案,形成具有中国特色的森林营造道路,盲目生搬硬套所谓"先进"国家的做法往往会造成失误。

④ 林业生态工程根据生物与环境相互作用原理,利用环境建设工程保证生物群落的建造。同时,也利用生物对环境的影响使系统生产力不断提高,是一种

动态的观点。因此,林业生态工程建造可以分阶段进行。尤其是绝大多数地区森林破坏历史长,生态环境退化严重。过去造林绿化中采取的按历史上有过什么样的森林就造什么林的思路是值得重新认识的。应当针对当前环境特点建造适当的植被类型,通过人工干预以及植物群落对环境的影响和改良作用、逐步恢复到高水平的人工生态系统。

⑤ 根据结构决定功能的原理可知,林业生态工程的根本在于建造一个优化的群落结构。而传统的造林绿化往往把精力集中于种群的建造,忽视种群间和谐关系的建造。

总之,林业生态工程离不开一些传统的造林绿化技术。但是,它又严格不同于传统意义的造林绿化,可以认为是一种综合的系统工程。

5.2 林业生态工程设计的原理

5.2.1 系统论原理

人工生态系统的建造是生态工程建设的主要目的所在,因此,必须按照系统论原理对林业生态工程进行综合、系统的设计。

1. 结构的有序性

一个系统既然是一个有机的整体,它本身必须具备自然或人为划定的明显边界。边界内的功能具有相对的独立性。一片果园、一片人工林与它相邻的系统是具有明显边界的,其功能与其他系统不同。每个系统本身必须由两个或两个以上的组分构成。系统内的组分之间具有复杂作用和依存关系。人工林生态系统包括森林生物和森林环境两大组分(图5.2)。而其两大组分又可以自成系统。如森林生物可分成植物、动物、微生物。从环境角度讲,作为人工林生态系统

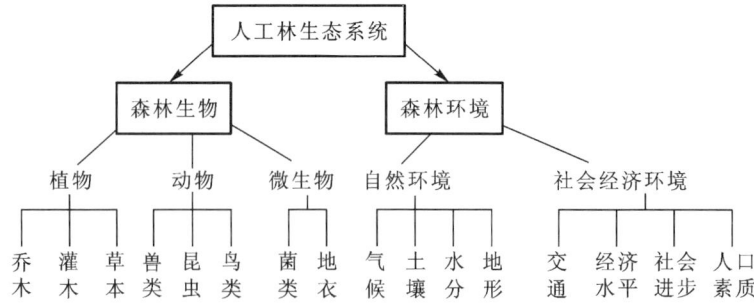

图 5.2 人工林生态系统构成图

又分为自然环境和社会经济环境。这些组分形成了复杂的水平结构和垂直结构。

从图 5.2 可以看出,没有森林生物不能成其为森林,而没有森林环境也不会形成森林。所以林业生态工程必须把环境与生物有机地协调起来,构成一个和谐而高效的人工林生态系统。在生物部分,首先是以木本植物为主的绿色植物群落,它是这个系统的生产者;其次是以放牧性食物链形式存在的动物群落,它是依赖于绿色植物而存在的,同时也对绿色植物群落有明显的作用;再次是以腐生性食物链形式,利用上述两种生物残体形成的低等生物群落。以上三大组分共同组成了森林生物这个功能集团。在林业生态工程设计、建造过程中应当体现生物系统的这些主要特征。

过去,"造林、绿化"只考虑其中的乔木部分,更有甚者仅仅考虑一个或两个树种,这种人工建造的生物群落并不是一个完整的生态系统,而只能算一个人工营造的生物群体。因此,大多数的林地稳定性差,效益也不高。近年来,南方发生马尾松松毛虫灾害的根本原因就在于此。建造一个高效的人工生态系统必须遵循生物与环境统一的原则。也就是说,不但要考虑生物之间的和谐有序,还要考虑环境与生物之间的相关关系。因为生物只有在适宜的环境条件下才可以体现其最高生产量;同时,生物还可以改善与提高生存环境的质量。

2. 系统的整体性

作为一个稳定高效的系统必须是一个和谐的整体,各组分之间必须具有适当的比例关系和明显的功能分工与协调。只有这样,才能使系统顺利完成能量、物质、信息、物种、价值的转换。当系统中某一组分发生量的变化后,必然导致其他组分发生变化,最终影响到整个系统。林业生态工程设计、建造的一个重要任务就是通过整体结构的建造,达到人工生态系统的整体功能提高。

3. 系统功能的综合性

作为一个完整的系统,其总体功能是衡量系统效益的关键,建造人工生态系统的重要目标就是要求整体功能最强。也就是说,要使系统的整体功能大于系统各组分的功能之和。用公式表示为:

$$\overline{W} > \sum_{i=1}^{n} p_i \qquad (i = 1,2,3,\cdots,n)$$

式中:$\overline{W}$——整体功能;

p_i——各组分的功能。

5.2.2 生物间互利共生的原理

自然界没有任何一种生物能离开其他生物而单独生存繁衍。生物之间的关系可分为抗生与共生两大类。一般用"+"号代表一种生物对另一种生物有利;

用"-"号代表一种生物对另一种生物有害;用"0"号代表一种生物对另一种生物无利也无害。用这种符号可以描述生物之间的相互关系。比如森林中(图5.3)一些动物和鸟类在林木上筑巢而对林木是有利的,这种关系称为"互利共生";蜜蜂用树木的花粉、花蜜繁衍生息,树木受惠于蜜蜂的授粉结实率增加;松树中的灰喜鹊以松毛虫为食并在树上营巢,既有利于本身的繁衍又消灭了松林害虫,这些都属于互利共生的关系。在林业生态工程中如何选择、匹配好具有这种关系的种群,发挥生物种群间互利共生的机制,使生物复合体"共存共荣",是人工生态系统建造的一个重要环节。长白山的"林参结构"、河北、山东的"枣粮间作"、河南黄河故道的"桐粮间作"、苏北的"水稻池杉结构"等,都是互利共生的典型模式,均取得了很明显的效益。抗生机制也并不都是有害的,在林业生态工程建设中利用得当也会取得有益的结果。比如林中鸟类与森林害虫之间是具有抗生关系的两个种群。根据资料,一只山雀每天的捕食量等于其体重,一只啄木鸟每天捕食的害虫多达 200 条、一只灰喜鹊可以保护 0.067 hm^2 的松林……因此,通过鸟类保护与"指引"工程就可以控制森林害虫的发生。再如,南方柑园中"放蚁保柑",太行山低山区利用石榴作为绿化树种,栽植一般家畜拒食树种而使荒山绿化,吉林放养寄生蜂防治松毛虫等都是因遵循了这一原理而取得很高效益的实例。

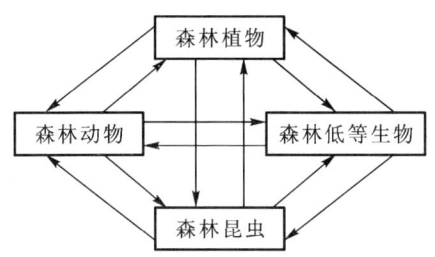

图 5.3　森林生物关系图

5.2.3 "生态位"与自然资源多级利用原理

生态位有人译为"生态龛"或"小生境"。它是指"生态系统中各种生态因子都具有明显的变化梯度,这种变化梯度中能被某种生物占据、利用或适应的部分称之为生态位"。比如,一片荒山在种植上乔木树种以后,树冠中隐蔽的条件和其中的食叶昆虫等就为鸟类提供了一个适宜的生态位;林冠下的弱光照、高湿度给喜阴生物提供生态位;枯枝落叶的堆积又给小动物(蚯蚓、蠕虫等)提供了适宜的生态位。在林业生态工程设计、调控过程中合理利用生态位原理,可以构成一个含有种群多样性的稳定而高效的生态系统。在某一特定的生态区域内自然资源是相对常量的,如何通过生物种群匹配,利用生物对环境的影响,使有限的资源合理利用,增加转化固定效率,减少资源浪费,是提高人工生态系统效益的关键。当前常说的"乔、灌、草"结合,实际就是按不同植物种群地上、地下部分的分层布局,充分利用多层空间生态位,使有限的光、气、热、水、肥资源合理利用,最大限度地增加生物产量并发挥其防护效益的有效模式。当然,单纯从森林植物结构方面考虑并不全面,在林业生态工程中还应当更深入一些,应当考虑到由于植物多层布局,可为动物(包括鸟、兽、昆虫等)、低等生物(真菌、地衣等)生存提供适宜的生态位,从而形成一个完整、稳定的复合生态系统。比如,三北地区沙棘是一种适生树种,沙棘成林后,其丰盛的果实和繁茂多刺的树冠给雉类(野鸡)构成了一个适宜的生态位,雉粪的累积又提高了土壤肥力,给植物增加了适宜的生态位,从而形成了高效的群落。而同类地区的纯杨树林却因林下干巴巴、结构简单,形成了大面积的"小老树"群体。再如,"果 - 菇"工程,就是利用果园中地面弱光照、高湿度、低风速的生态位,接种适宜的"食用菌"种群,加入栽培食用菌的基料,由此释放出 CO_2 及果树所需要的养料,又给果树提供了适宜的生态位。在太行山低山丘陵区利用疏林环境,进行了多次围栏养鸡试验,每公顷林地养鸡 600～750 只,养鸡饲料用量比对照降低 20%～30%;不仅如此,养鸡使山上昆虫大量减少,植被盖度也明显增加。

通过生态位的建造与利用,各种生物之间巧妙配合,使得有限的自然资源和社会资源能够得到最大限度地充分利用,从而使系统获得较高的"生产力"。

5.2.4 环境的时间节律与生物的机能节律原理

环境因子与生物的机能都不是一成不变的,环境因子的时间节律对生物的机能变化来讲是生物的机能节律或"律动"。

自然环境因子中的光照、温度、湿度随时间而不断地变化。对于环境因子一年的动态变化称之为年周期、不同月份的变化称之为月周期、每日的变化称之为日周期。这种周期性的变动在不同的生态系统中具有不同的表现,这种变化称之为环境因子的时间节律。

生物的机能节律也称为律动。这种机能节律与环境因子的时间节律有着密切的关系。生物机能节律分为日周期、月周期、季周期或年周期。

日周期:很多生物的生命活动显示出 24 h 循环一次的现象,将这种现象称为日周期。植物的光合作用就有明显的日周期变化。也有人将日周期分为昼周期与夜周期。如森林中一些昆虫日间活动,食虫鸟也大多在日间活动,一些肉食动物如鹰、鹞也在白天活动与采食;一些鼠类、蚊虫、蛾类则在夜间活动,一些以这些动物为食的猫头鹰、蝙蝠也在夜间活动。一些植物除了光合作用以外,它们叶子的变化和开花时间的日周期也是十分明显的。

月周期：古希腊时代，人类发现月的盈亏与动物的生理活动有明显的相关关系。月的圆缺直接影响着潮汐活动，所以海洋生物的月周期表现得比较明显。

季周期（或年周期）：由于环境因子的季节变化，使得一年中不同季节的温度、积温及极限温度、光照强度与光的总量、降水量、风等，都发生着周期性变动。虽然年际之间各季节的环境因子绝对值会有一定程度的波动，但是，光周期对植物的花期有直接影响。如萝卜、苜蓿等长日照植物春末夏初开花，而菊（*Dendranthema grandiflora*）、莸、猩猩木等短日照植物则在秋季开花……光周期对动物、昆虫的形态、生殖、变态、皮毛色彩、休眠、生物钟等均有明显影响。

上述周期变动均称为机能节律，在林业生态工程建设中，种群的选择与匹配就应该将不同生物的机能节律与当地环境节律有机结合，使得不同生物种群的矛盾减少到最低水平。

5.2.5　人工模拟自然演替的原理

生态系统的形成和演替是一个较长的阶段。如从裸露岩石开始的演替称之为原生演替。其演替顺序一般是：

$$\text{地衣植物阶段} \longrightarrow \text{苔藓植物阶段} \xrightarrow[\text{土壤有机质积累}]{\text{土壤颗粒增加}} \text{草本植物阶段（矮草 - 中草 - 高草）} \xrightarrow[\text{土壤肥力提高}]{\text{土层增加}} \text{高草灌木阶段} \xrightarrow{\text{阳性植物进入}} \text{多层森林群落阶段}$$

这种演替过程是漫长的，一般在自然条件下，需要经过几十年乃至数百年才能发展到顶极群落。

林业生态工程是通过人工设计而建造成的一个新系统。目前，我国除了个别地区外都不存在完整的森林群落，这就需要投入大量的物质和能量，以补充自然环境资源之不足。一些地区建造的"速生丰产林"都属于这种类型。这种类型技术上不能说不可行，但是，这种做法受到社会经济发展水平和经济合理与否的严格限制。我国经济落后，国土面积大，广大地区生态环境需要改善。若大面积采取这种大量投入的方法是不可行的，也是不合理的。因此，大部分林业生态工程，只能采取适当人工投入，将人工生态系统建造成由低级向高级分阶段过渡的镶嵌式群落。这也就是所讲的模拟自然生态系统演替规律、人工压缩更替周期的模式。在我国广大干旱半干旱地区、严重水土流失地区、贫瘠荒山丘陵区、盐碱化严重地区、沙化地区、干旱草原区……进行林业生态工程建设时，不能像过去那样一律建造以高密度乔木为主的树种，而应根据环境资源现状，以抗性较强的先锋树种或抗旱灌木、牧草建成第一期工程。利用生物对环境的改良作用，提高当地的生态环境质量,然后再进行第二期工程。这种方法看起来虽然慢一些,却是建造稳定生态系统所必需的。东北西部、山西北部的三北防护林工程的部分林段,现在已出现一片片不死不活的"小老树"。砍又不敢砍,生产处于停滞状态。这种局面完全是没有充分考虑群落演替规律,急于求成的结果。若一开始就采用旱生的柠条(*Caragana korshinskii*)、胡枝子、沙棘、沙打旺等豆科植物进行第一期工程建设,不但具有抗风沙的作用,同时又改良了环境,增加了土壤肥力。在此基础上引入乔木树种,形成疏林结构、建成一个乔、灌、草结合,用养互补的高效工程是完全可能的。这种做法虽然慢一些,但从总体上讲,却是稳妥而有效的,是有利于生态效益与经济效益统一的。

5.3　林业生态工程的设计

5.3.1　农田与森林交错带的林业生态建设

1. 农田与森林生态交错带的特点

(1) 立地条件的多样性:农田与森林交错带处于山地森林向平地农田的过渡带上,也是山地与平地的过渡带。不论何种自然地带,都存在多种多样的立地,不仅有低山、丘陵、台地、谷地,而且低山、丘陵还有分水岭、坡面及沟谷等。许多小流域有上游、中游、下游等多样的立地,这就为多种利用方式提供了有利条件。

(2) 水分供应充足:农田与森林交错带往往是森林处于海拔较高的位置,而农田处于海拔较低的位置,交错带处于两者的中间位置。因其是森林的边缘,水分条件适宜,不会出现大旱和大涝,对乔、灌、草的生长、发育都较为有利。

(3) 生态流活跃:农田与森林生态交错带处于山地与平原交界的位置,生态流最为活跃。尤其是气流、水流和养分流从高处向低处流动的过程中都要经过这里。所以,它是许多生态流过境的环境,也是物种流较为活跃的地方。

2. 主要问题

(1) 荒山化现象突出:农田与森林交错带距居民点较近,樵采现象十分普遍,毁林开荒更为突出。但这里多是坡地,开荒后耕种几年,表土被冲走后,产量逐年降低,于是便弃耕为撂荒地。这里的荒山较为普遍,不仅斜坡荒山化,分水岭也大多岩石裸露,植被稀少。

(2) 水土流失严重:由于坡地缺乏植被覆盖,且位于森林边缘地带,年降水量多在 600 mm 以上。降雨集中,水土流失严重。这里的侵蚀模数一般都大于 200 t/(km² · a),严重的可达 1 000 t/(km² · a)。夏季暴雨径流急泻而下,携带大量泥沙填塞河床,致使洪水泛滥,酿成灾害。

(3) 自然生产力得不到充分发挥:生态交错带的土地利用不够合理,主要表现为植被覆盖度较低;杂木林、灌木林面积较大。因此对太阳光能、热能和降水的保存能力低,对土壤资源的利用率也不高。它的干物质产量既比森林地带要低,也比农田的干物质产量要少得多,对光、热、水、土资源浪费严重。不仅经济效益低,而且灾害频繁。

3. 农林交错带综合治理与开发体系的工程设计

(1) 小流域生态系统的划分:每一个小流域都是一个完整的生态系统小区,为了合理地利用小流域的自然资源、改善生态条件、增加经济效益,仅靠单项治理和开发是不能奏效的,必须以系统思想为基础,以生态原理为指导,把小流域作为系统整体,建立各具特点的综合治理的开发体系。一般以有常年流水的最小河流的分水岭为界,将不同的小流域划分开来。每一个小流域都是协调的统一整体。它的整体性不仅表现在生物与生物及生物与环境之间的相互依存的关系上,还表现在自然、经济与社会发展的相互制约的关系上。因此,一个小流域也是一个自然、社会、经济复合生态系统。

(2) 分水岭保护区的建设与设计:

① 造林目的　低丘陵的分水岭,其生境特点为风力大、土层薄、水土流失严重。分水岭是降水渗到地表后,形成地表径流的起点。若降落地表的降水,大部分渗入土层中,不仅可减少地表坡面径流,还可改善斜坡的湿润条件。因此,农林交错带分水岭造林是保持水土、恢复自然地带性植被的有效措施。在低山、丘陵的分水岭上,应该种植与当地的大气候条件相适应的地带性植被,把分水岭建成保护区。

② 林种及树种的选择　温带湿润地区的分水岭应建针阔混交林。这不仅有利于充分利用自然资源,抵御外界不良环境的影响,而且能够控制病虫害的蔓延,有利于建立稳定性强的优良林和生产多种林副产品的生产林。树种应营造以红松为主的针阔混交林,阔叶乔木以刺槐、柞、桦、榆、椴、槭树等为主;灌木以胡枝子、紫穗槐为主;针阔混交、乔灌结合。在暖温带湿润气候带的分水岭应营造落叶阔叶林。乔木树种以柞、榆树($Ulmus\ pumila$)为主,林下适当种植豆科的灌木。在中亚热带湿润气候带的分水岭,应营造常绿阔叶林,乔木树种的恢复以壳斗科为主的青冈栎等为好,灌木则以毛冬青($Ilex\ pubescens$)、油茶($Camellia\ oleifera$)、毛竹($Phyllostachys\ pubescens$)等为宜。

③ 整地　按等高线(图 5.4)进行块状整地。即按等高线根据间距挖坑植树。

④ 造林密度　5 000 株/hm^2,这是根据防护林的保水保土的需要而确定的。

按 1 m×2 m 即株距 1 m,行距 2 m 的要求种植。

混交方式可采用株间混交方式。

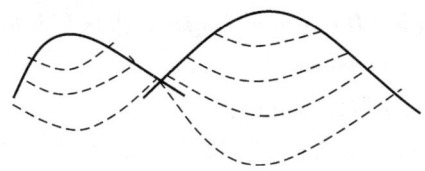

图 5.4　等高整地示意图

(3) 坡面生产区建设与设计：

① 斜坡上部水肥条件差,除分水岭外,坡面一般坡度较陡、较高、较长,侵蚀严重。但坡面除撂荒地生长杂草外,多有疏林及灌木生长,将坡面建成生产区,应尽量保留原有的有用树种,抚育其生长。在此基础上,补植适应性强、根系发达、萌蘖力强、枝叶发达、又有经济价值的树种。

- 造林目的：减缓径流,护坡固土,防止坡蚀。发展用材林、饲料林,以利于坡地生态环境及生物群落的可持续发展。
- 林种及树种组成：坡面的林种以增强水土保持的用材林及饲料林为主。树种除保留有经济价值的原有树种,将其抚育成林外,北方要选用落叶松等;南方要选用银合欢(*Leucaena glauca*)、桉树、樟树(*Cinnamomum camphora*)、榕树(*Ficus microcarpa*)、马尾松、湿地松、刺槐、紫椴、水曲柳等。林下灌木在北方可种紫穗槐、胡枝子;在南方可种猪屎豆等。
- 整地：按等高线方向挖坑整地,实行乔木带与灌木带间作。乔木带 4 行,灌木带 4 行(图 5.5)。

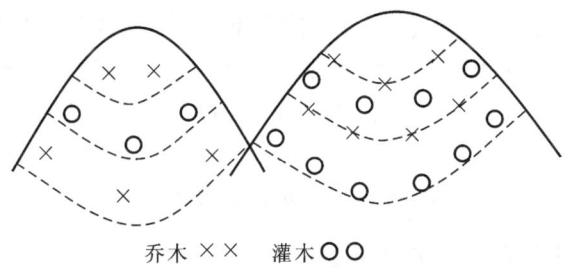

乔木 ××　灌木 ○○

图 5.5　等高间作示意图

- 造林密度：乔木带 5 000 株/hm^2,采用 1 m×2 m 针阔叶混交方式。灌木常以墩状种植,10 000 墩/hm^2,采用 1 m×1 m,上下两行交错布局。

② 斜坡下部水肥条件好的坡面,种植果树。具体措施为修小水坝,控制地表径流;选择适合当地生长的果树品种。

东北：苹果梨、梨树、杏、山楂(*Crataegus pinnatifida*)等。
华北：苹果、桃、梨、杏、葡萄等。
江南：茶、橡胶、龙眼(*Dimocarpus longan*)、荔枝(*Litchi chinensis*)、菠萝等。
热带：芒果(*Mangifera indica*)等。

(4) 沟谷防治工程的建设与设计：

① 特点　沟谷是水利侵蚀和重力侵蚀的集中点；沟谷是洪水、泥沙下泻的通道；沟谷经常有下切、侧蚀及崩塌等现象发生，往往是支离破碎、难以利用的地方。

② 从沟头到沟口，从毛沟到干沟，从沟坡到沟底，节节设防，组成互有联系的防治体系。

- 沟头挖截水沟埂：沟谷主要由沟头、沟坡和沟底三部分组成，沟头防护是避免沟头溯源侵蚀的重要措施。在沟头附近坡面比较完整的情况下筑埂，以拦截上游来水，防止沟头溯源侵蚀。工程具体设计为：

第一，沟坎深、长、宽尺寸，要根据集水面积内每日最大暴雨径流量而定，至少使工程蓄水量与设计径流量相等。

第二，埂的边坡比以 1:1 为宜。

第三，沟埂要留溢水口，以排出多余的径流，防止沟埂被冲垮。

第四，沟埂边坡，应种植灌木带，灌木以豆科灌木紫穗槐与胡枝子为宜。

- 沟头排水沟埂的设置：这是沟头破碎情况下的一种导流措施。它引导上面来的径流避开沟头，以防止冲刷。在沟头破碎处种植沙棘，借沙棘萌生力强的特点，迅速固定沟头。

- 沟坡防护　这是为了防止沟坡崩塌、滑塌而采取的沟坡稳定措施。主要以生物固坡为主，最好按等高线，带状种植沙棘。沙棘横走的根茎可以萌生新的植株，自我繁殖能力极强，2~3 年就可遍布全沟，这就使沟坡得到固定。

- 沟底防护　这是为了防止径流向下侵蚀。其具体方法是修谷坊坝，即在沟内修筑堵水的坝。谷坊坝可用石垒或土砌，但都要留有溢水口。种植灌木（如紫穗槐）或插柳，以加固土石工程，防止垮坝。

5.3.2　荒山林业生态工程的设计

1. 花岗岩、片麻岩荒山的生态工程设计

此类荒山一般土层比较厚，在 25~50 cm 之间，但也有基岩裸露的花岗岩荒山，常见于华北和东北、辽西及内蒙古自治区的部分地区。其海拔一般为 500~800 m。年降水量 500~600 mm。由于人类乱砍滥伐，此类山地树木极少，多为稀疏的草本植物或已垦为旱田，生产力极低，土地退化严重。

① 造林目的　逐步恢复森林植被,保持水土,利用荒山发展畜牧业。
② 林种　饲料林、防护林。
③ 树种　北方可种植刺槐、柠条、沙打旺;南方可种植银合欢、胡枝子、苜蓿、草木樨(*Melilotus officinalis*)等。
④ 整地　按等高线筑壕或按等高线挖鱼鳞坑(图5.6、图5.7)。

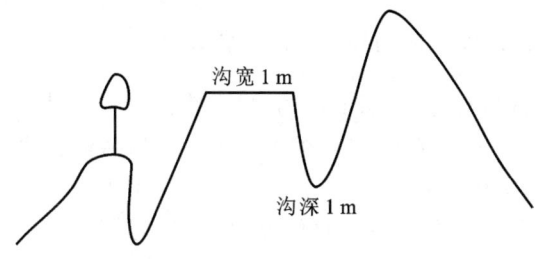

图5.6　等高鱼鳞坑示意图

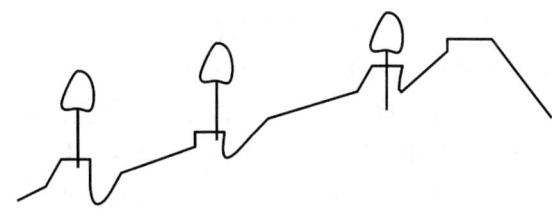

图5.7　花岗岩、片麻岩类荒山造林示意图

⑤ 种植　雨季栽植。刺槐以截杆造林为主,杆长5~6 cm,每坑1株。柠条雨季直播造林,每坑种25粒种子,覆土1~2 cm,轻拍压实。
⑥ 平茬　三年后进行。

总之,花岗岩荒山的建设步骤为:第一步,先把无林地变成有林地;第二步,将分水岭的植被恢复为地带性植被;将斜坡建设为生产区。

2. 石灰岩、石英岩荒山的林业生态工程设计

本设计适用于基岩裸露或石林地区。

(1) 造林的立地条件:风化层薄,有风化土的地段,见缝插针种植耐贫瘠的树种。

(2) 目的:恢复森林植被。

(3) 林种:饲料林。

(4) 树种:豆科灌木、柠条、小叶锦鸡儿(*Caragana microphylla*)、老虎刺(*Pterolobium punctatum*)、银合欢或当地树种。

(5) 整地:在有表土或有碎石的立地上挖坑播种。

（6）播种：每穴 16 粒种子。

（7）抚育：三年后平茬。

目前此类荒地因土层薄、肥力低，不适于果树生长，但可利用野生的酸枣（*Choerospondias axillaries*）、黑枣嫁接大枣和柿子，花椒也可栽植在石灰岩荒山上。

5.3.3 山地自然保护区的林业生态工程设计

现代的自然保护是根据生态平衡的原理，维护和调节人类与其赖以生存的整个自然界的关系。为了保护自然，维护生态系统的结构和功能，就要进行自然保护区保护的生态工程研究。

《世界自然资源保护大纲》把"自然保护"的含义确定为"对人类所利用的生物圈的管理，旨在使它们既可为当代人提供最大的持续利益，又可为世世代代人保持满足他们需要和渴望的潜力。"可见，自然保护的宗旨就在于管理和保护整个生物界和人类社会赖以生存和发展的大自然——环境和自然资源，使之可持续发展。森林资源是陆地生态系统的主体和核心，又是人类社会长期发展所必需的巨大"生物基因库"。保护森林资源，已成为实现自然保护宗旨的重要组成部分。建立自然保护区（在陆地生态系统中，以森林为基地的自然保护区占有重要地位）是世界各国保护森林资源的重要手段。据保护自然及自然资源国际联盟统计，截至 2003 年，全世界已建立了面积在 2 000 hm^2 以上的科学保护区（严格的自然保护区）526 个，国家公园 1 050 个，自然纪念物 70 个。自然保护区 1 488 个，陆地或海洋景观保护区 380 个，共计 3 514 个，总面积达 42 377 万 hm^2。截至 2003 年底，全球自然保护区的数量已达 102 102 个，总面积达 1 876 万 km^2。我国的自然保护区发展很快，1993 年，我国自然保护区已达 708 个，总面积 5 600 万 hm^2，占国土面积 5.6%。2003 年底，我国的自然保护区已达 1 999 个，总面积约 144 万 km^2；其中国家级自然保护区 226 处，先后有 26 处自然保护区加入了世界"人与生物圈保护区网"，它们是长白山、卧龙、鼎湖山、梵净山、武夷山、锡林郭勒草原、神农架、博格达峰、盐城海滨、西双版纳、天目山、茂兰、九寨沟、丰林、南麂列岛、山口、白水江、黄龙、高黎贡山、宝天曼、赛汗乌达、达赉湖（呼伦湖）、五大连池、亚丁、珠峰和佛坪自然保护区。

1. 自然保护区在保护林业资源中的意义

第一，自然保护区建设，增加了环境资源林的面积，提高了环境资源林在整个森林面积中的比重，改善了我国的林分结构，强化了林业经营的综合效益。

第二，有利于保护环境资源林。自然保护区的设立，都有一定的组织机构、管理队伍、管理规则和资金来源渠道，它有利于防止人为干扰破坏和任意改变林分的经营方向（如把环境资源林改划为用材林加以采伐等）。

第三，自然保护区的森林，往往是天然林或接近于天然状态的森林。我国人口众多，人均生存空间并不宽裕，人均林地和林木资源已显贫乏，在对森林的经济需求与生态需求都日益迫切的现实状况下，有计划、有选择地保留一定数量自然状态的森林是十分有意义的。自然保护区建设不仅能保护好天然林系统中动植物群落的多样性和整体性，保存天然林系统中生物遗传资源，而且对保存珍贵树种、稀有物种和濒危物种有特别意义。

第四，自然保护区的首要任务是保护，但这种保护措施绝不是消极地"锁起来"。应在有利保护管理的前提下，充分发挥保护区及其周围地区的多种效益，如开展养殖业、种植业、旅游业、狩猎业，用"一业"带"多业"，以"多业"促"一业"，充分利用绿色宝库。

2. 自然保护区的生态工程设计

以广东丹霞风景名胜区的生态工程设计为案例，分析自然保护区的生态工程设计。设计流程为景观的风景质量、阈值、敏感度以及特殊价值评价等；通过这些评价的叠置进行景观保护的分级与分区；再根据每一等级内景观类型的内容和特点，制定生态工程的设计方案。

（1）风景质量评价：作为保护规划依据之一的风景质量评价是以专家评价为基础的，适当参考公众的评价。

（2）景观阈值评价：根据地形、植被、土壤、水文条件、人为活动的强度等，对各种景观类型的景观阈值做出定性的评价。

高阈值区：对外界干扰的抵御能力和同化能力都较强，并有较强自我恢复能力的地区，主要包括两类景观类型：一类是生物群落结构复杂，水土条件都很好的山麓和谷地的亚热带常绿阔叶林区；另一类是人工化程度很高，人类活动起决定作用的农耕平原。这里，农耕景观对进一步的人为干扰具有很强的吸收能力和同化能力。

中等阈值区：主要是亚热带植被破坏后的丘陵山地景观。这些地区原来覆盖着高阈值的亚热带常绿阔叶林植被，但由于人类掠夺性的采伐（伐木、砍柴、烧炭、开垦等）大大超出其阈值，导致了自我恢复和自稳定机制的减弱。目前，马尾松次生林及草坡能忍受轻度的干扰，但若在此再开设道路，进行服务设施的建设，就易造成水土流失。一旦表层植被被破坏，砖红色的风化壳出露地表，将极大地干扰整体视觉环境。

低阈值区：一类是丹霞地貌的裸岩区，这里任何人为活动留下的痕迹都会长久保留，几乎没有任何的同化能力和掩饰能力；另一类是河流和溪涧，这一景观中的人为活动极易造成洪水泛滥，河岸坍塌。

（3）景观敏感度评价：根据易见程度和引人注意的程度，本区的景观可划分为三个等级的敏感区：

① 高度敏感区　最引人注意的区域。区内的人为活动最有可能改变整个风景区的形象，包括典型丹霞地貌的岩体部分和周围山坡显露部分、锦江及浈江沿岸景观。其中尤以主要游览道路作为水上游览线的锦江两侧近距离带内的丹霞岩体和造型地貌最为敏感。如沿韶赣公路和106国道行车时最引人注意的"五马归槽"、"朝石顶"、"僧帽峰"等；沿锦江游览时最引人注目的"群象过江"、"丹霞山"、"姐妹峰"、"拇指峰"、"上天龙"、"观音石"、"田峰"等丹霞岩体及造型地貌。

② 中等敏感区　在主要游览线上能看到的、在主要观景点上较容易看到的区域。

③ 低等敏感区　风景区内部人迹罕至的山谷地带和风景区外围地带视线所不及的区域。

（4）特殊价值的资源：上述评价还不能完全反映出某些资源的保护价值。如集中分布在丹霞山体上的宗教文化景观及摩崖石刻、散布在丹霞地貌分布区内的古岩寺、古山寨遗址及悬棺、具有重要科研和教学价值的准南亚热带季雨林植被和北亚热带常绿阔叶林植被、古树名木、奇花异草及珍禽异兽等。

（5）保护区的建设：综合各项评价指标，并在总体规划尺度上进行叠置，便得到下列等级的保护区。不同等级的自然保护区保护、建设方案不同。

① 一级自然风景保护区　这一区包括风景质量和敏感度都很高而阈值又很低的典型丹霞地貌景观分布区的锦江、浈江沿岸景观。亚热带常绿阔叶林植被具有很高的阈值，在一定程度上可以忍受人为干扰，并有较高的恢复能力和掩饰能力；又具有较高的美学质量和科研、教学价值。它目前只分布在本区中心地带的典型丹霞地貌区，并作为其背景树林而存在，所以在总体尺度上也应作为一级保护的景观类型，但在丹霞地貌区开设道路和建设小规模旅游服务设施时，可在茂密的常绿阔叶林分布区内进行选址。一级自然景观保护区实际上是把"丹崖、碧水、绿树"作为丹霞风景的典型特征，整体地加以保护。

② 二级自然景观保护区　这一级景观主要包括丹霞地形分布区的外围，相当于南雄地层的丘陵山地。本区自然次生植被大部分已经被破坏。这一带风景质量不高，但阈值较低。它们作为丹霞风景整体环境的一部分，又有一定的敏感度，特别是沿外围干道内侧分布的丘陵，是作为丹霞风景的前景出现的，所以对这一带进行景观恢复是很重要的。

③ 三级自然景观保护区　沿外围干道乘车观赏丹霞风景是丹霞风景观光的重要内容之一。所以，一级自然景观保护区外围的农耕区如在乘车观光者正

常视觉内,也构成丹霞风景整体视觉环境的一部分。统计数据表明,随着农耕景观工业化程度的提高,景观的风景质量会大大降低。关于这一点,学者和公众几乎有同样的态度。所以,这一带应从视觉上控制景观的工业化趋势。

④ 四级自然风景保护区(适度发展区)　这一区内的景观美学质量的敏感度很低,景观阈值又很高。它包括仁化县郊和仁化氮肥厂附近地区、凡口农场及高坝一带的大面积农耕平原、凡口及大岭冶炼厂附近地区、月岭及其附近地区。这些地区都属风景名胜保护范围,在这一范围内的农场不建高楼、不盖大工厂,以免挡住自公路到丹霞地貌的风景视线,但这一区域可作为与旅游经济有关的发展区。

5.4　林业生态工程建设案例

5.4.1　工程内容

太行山绿化工程是国家六大林业工程的重要组成部分,是继我国"三北"防护林、长江防护林等重要防护林工程之后,又一跨世纪的水土保持工程。从1994年正式启动实施的太行山绿化工程涵盖山西、河北、河南、北京4省市的110个县,总面积1 200万 hm^2。太行山绿化工程建设的总目标是:造林356万 hm^2,工程建设期限从1986—2050年。工程分三期:一期工程为1986—2000年,造林136万 hm^2;二期工程为2001—2010年,造林178万 hm^2;三期工程为:2011—2050年,造林42万 hm^2。工程完成后,森林覆盖率可由15%提高到35%。目前,一期工程已于2000年结束并且二期工程建设已启动。防护林比例由1986年的23.8%增加到41.1%,经济林比重由13.6%提高到27.2%,基本控制了本区的水土流失。到2010年,新增森林面积110.5万 hm^2,森林覆盖率达到32.4%。

十多年来,国家在太行山区投资11.3亿元用于林业建设。其中,太行山绿化工程投入3.3亿元,退耕还林工程折合投入7.8亿元,其他项目投入0.2亿元。据统计,太行山工程实施至今,累计完成造林340.5万 hm^2,森林覆盖率由工程实施前的15.3%提高到现在的23.3%,平均每年增加0.8个百分点;林木蓄积量由4 872万 m^3 增加到7 281万 m^3,增长了近50%;工程区内水土流失面积减少了10%,土壤侵蚀模数由1 200~2 030 t/km^2 降低到800~1 900 t/km^2,许多河流由浊变清,已消失多年的飞瀑流云景观又重现太行山。

以乔、灌、草合理搭配的防护林建设模式,不仅局部控制了水土流失,还促进了林分质量的提高,丰富了区域内动植物种类,促进了生物多样性的恢复。许多珍贵树种和中药材又开始在太行山繁衍生长,几乎绝迹的金钱豹重新出现在太行山,太行猕猴种群数量也不断增加。随着生态环境的改善,部分地区的气候也发生了变化,降雨增多,湿度增大,无霜期延长。如山西省长治市 2002—2003 年降雨量平均大于 800 mm,高于过去年均降雨量的 33.9%,且降雨分布较为均匀,各类自然灾害显著减少。

目前,山西省已完成工程造林 101.3 万 hm^2,据测算,太行山区累计治理水土流失面积 1.68 万 km^2,年均减少土壤侵蚀 3 000 万 t,森林涵养水源的功能逐步增强。在加强水土保持的同时,山西省还立足于太行山区的特点,大力发展林果经济,逐步建成了平顺花椒、黎城核桃、安泽连翘、广灵仁用杏等一大批特色经济林基地。目前,经济林年产值达 30 亿元,每年可为农民增加收入 450 元/人,山区群众在绿化太行山的同时实现了致富奔小康的目标。

5.4.2 工程效益

建设太行山绿化工程,不仅具有改善当地生态环境,促进经济发展,提高人民生活水平的本地效应,而且具有重要的"外部"效果,对于根治海河,减少京津地区及华北平原的自然灾害,有极其重要的意义。

第一,绿化工程的实施推动了工程区农业产业结构的调整和优化,促进了区域经济发展和农民增收,经济效益显著。第二,绿化工程的实施改善了本地的生态环境,具有显著的生态效益,初步形成了生态与经济良性循环的新局面,并且,改变了局地的小气候,丰富了生物种类,提高山区的水土保持能力,水土流失得到治理。第三,绿化工程的实施是以保障京津地区和华北地区生态安全、促进太行山区经济社会可持续发展为目的的,具有良好的社会效益。

思考题

1. 何为林业生态工程?它研究的主要内容是什么?
2. 林业生态工程和传统的造林绿化有何区别?
3. 你怎样看待林业生态工程的发展过程?林业生态工程的兴起说明了什么?
4. 林业生态工程设计的理论依据是什么?
5. 你怎样理解生态位与自然资源的多级利用?
6. 农林交错带有何特点?我国农林交错带存在哪些主要的生态问题?
7. 农林交错带的分水岭、斜坡和沟谷在进行林业生态工程建设时各应如何设计?

8. 对荒山进行林业生态工程设计时,应考虑哪些因子?
9. 自然保护区与林业生态工程是何种关系?
10. 怎样对具有保护森林资源功能的自然保护区进行林业生态工程方案的设计?
11. 根据自己的理解或实践,举一林业生态工程的实例,说明其设计的原理及效益。

第六章 养殖业生态工程

养殖业生态工程是研究动物、植物、微生物的生存、发展及其与环境间的矛盾的工程。它是由农业生物、生存环境、农业技术、资源输入、产品输出、人类生产活动和社会经济条件等多种因素组成的高效人工生态系统。它是以家养动物为主,应用生态学、生态经济学与系统科学的基本原理与方法,吸收现代科学成果与传统农业的精华,将人工养殖的动物、微生物等生物种群有机地匹配组合起来,形成良性、减耗型的食物链。这一工程既能合理、有效地开发、利用多种可饲资源,深入揭示生物种群的遗传因子与其环境因子之间的作用和关系;也可以合理利用自然条件,开发不同地域的自然资源,使低值的自然资源转化为高值的畜产品;还能防治和治理农村环境污染,建成人和自然共生的稳定复合养殖生态系统。

6.1 养殖业生态工程概述

6.1.1 养殖业生态工程的内容

1. 养殖业生态工程的类型与模式

根据饲养畜、禽种类及其生活环境的不同,养殖业生态工程的类型可分为陆地、水体、水陆复合型三大类,每一类型又可细分为若干模式(表6.1)。

表6.1 中国养殖业生态工程分类体系

陆地养殖	综合养畜生态工程	以养牛为主的模式;以养羊为主的模式; 以养兔为主的模式;以养猪为主的模式; 以养貂为主的模式
	综合养禽生态工程	以养鸡为主的模式;以养鹅为主的模式; 以养鸭为主的模式; 以养鸽或鹌鹑等特种禽类为主的模式

续表

水体养殖	常规鱼混养型	以草鱼为主的混养型； 以滤食性鱼为主的混养型； 以青鱼、草鱼为主的混养型； 以鲤鱼为主的混养型；以鲮鱼为主的混养型
	常规鱼类与名特水产养殖混合型	鱼、虾、鳖混养型
	常规鱼类与水生植物综合型	鱼、水草型；鱼、芡实、菱、藕模式
水陆复合养殖	渔农综合型	基塘渔业；鱼、稻结合
	渔牧综合型	鱼、禽结合；鱼、畜结合
	牧、渔、农综合型	菜猪鱼、猪草鱼、鸡鸭鱼结合； 鸡猪蛆鱼、鸡猪沼气鱼、草猪蚓鱼结合

典型的综合养殖生态工程模式可用图 6.1 表述。

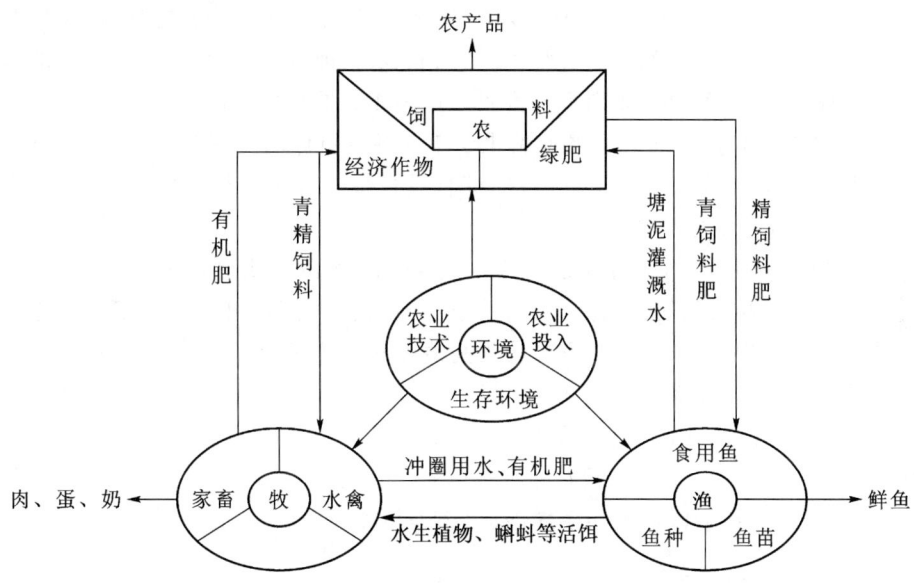

图 6.1 综合养殖生态工程结构模式

2. 养殖业生态工程的内容

养殖业生态工程存在若干不同的类型与模式，其研究内容都由以下五部分组成：

① 农业生物 以农养动物为中心，研究与之匹配的农作物、饲料作物和牧

草、鱼类及其他类经济作物。

② 生存环境　与畜、禽、鱼类等生存及发展密切相关的自然条件(水、光、热、土、气等)、社会经济条件及相生相克的关系等。

③ 养殖技术　主要是指畜、禽、鱼等动物的饲养、繁殖及疫病防治、种群结构优化和布局、管理、特色与名牌品种的培植等。

④ 养殖业输入　主要是指劳动力、资金输入及农用工业和能源、农业科技投入等。

⑤ 产品输出　多种农、畜产品的加工及加工产品的输出等。

6.1.2　养殖业生态工程与传统养殖业的区别

养殖业生态工程与传统养殖业是有区别的,其主要区别是:

① 基础理论上,养殖业生态工程不仅以畜、禽、鱼等的饲养、繁育等专业基础理论为依据,还以生态学、生态经济学、系统科学与生态工程等的基础原理为指导。

② 内容上,养殖业生态工程涉及的领域比较广泛,除畜牧业之外,还要研究种植业、林果业、草业、渔业、农副产品加工业、农村能源、农村环保等多领域的综合应用技术,而传统养殖业则突出畜牧业这一领域的技术应用。

③ 效益、目标上,传统养殖业偏重于单一经济目标的实现;而养殖业生态工程则考虑经济、生态、社会三大效益的综合及目标的并重实现,谋求技术的综合配套应用和生态、经济的相互统一。

④ 资源利用上,养殖业生态工程强调自然资源的多重利用和合理配置、能量的多层利用和有效转换;力求产出的成品与"废品"间通过合理利用与转化达到系统内无废物产出;把低值资源转为高值无残毒的成品,从而把增值提高到最高水平,把无效损失降低到最低水平。

⑤ 布局上,养殖业生态工程把种植、养殖、加工等环节合理地设计在一个系统的不同空间内,不仅增加了生物种群和个体的数目,充分利用土地、水分、热量等资源,而且更利于保护生物多样性、生态平衡和环境的清洁。

6.1.3　养殖业生态工程原理

1. 生态系统的结构原理

养殖业生态工程的营造与建设应遵循生态系统的结构原理。结构的相对稳定是指生态系统的各组成部分、各种生物种类、数量和空间配置等,在一定的时段内保持相对均衡的状态。这种状态是生态系统生存和发展的前提,按生态系统占有的空间、时间、配置及变化的不同,其结构可分为形态结构与营养结构两大类型。

(1) 形态结构：形态结构可分为空间结构、时间结构和物种结构三种。空间结构又可分为垂直结构和水平结构。垂直结构是农业生物与环境在垂直方向上形成的层次状态，它与气候、海拔高度相关，随着地理经纬度位置的差异与地势的变化呈现出明显的界限。由于垂直方向上环境的分异使对生存环境有不同需求的物种自然地结合在一起，从而形成了垂直方向上的有序性。水平结构是指由于土壤、水分、光照等生态因子在水平方向上分布的差异，产生生物种类、数量及生态位发生的相应变化，形成不同地域生物类群与组合的差异，这种差异构成了生态系统的水平结构。

时间结构也称时间序列。生物群落中物种生长发育的环境与本身周期性的变化即时间结构，也称生物环境节律和生物机能节律。

物种结构也称种群结构。合理的种群结构是食物链稳定的重要保证。在一个生产性的畜群中，繁殖畜和生产畜之间应有恰当的比例，比例不当，就会使整个畜群的生态效益受到影响。

(2) 营养结构：生态系统各组分间以营养关系为纽带，将生物与生物、生物与环境紧密联系起来，构成以生产者、消费者、分解者为中心的三大功能群体，即为生态系统的营养结构。营养结构的研究主要体现在物流（食物链）和能流（能量转换的金字塔规律）两方面：

① 物流（食物链） 一般的食物链只有3~4个营养级。根据食源不同，食物链可分为捕食性食物链、碎食性食物链、腐生性食物链、寄生性食物链四种。捕食性食物链是生物之间，以被捕食者与捕食者的关系联成的链条。它是以绿色植物为起点，经过草食动物、一级肉食动物、二级肉食动物等环节构成的食物链。如植物→野兔→狐狸等。碎食性食物链主要存在于水生生态系统中，它以在水中分解的植物枯枝落叶及碎屑物（死亡有机体）为起点，经过微生物→原生动物→小鱼→大鱼的被捕食与捕食的关系联成的链条。如大鱼吃小鱼、小鱼吃虾米、虾米吃河泥就是此种食物链的典型。腐生性食物链存在于陆地生态系统和浅水型生态系统中，它是以动植物死亡后的残体为起点，经过腐食性动物、昆虫、微生物（真菌、细菌）等逐级分解为无机物质的过程。例如，以稻草、玉米秸、锯末为培养基，生产食用菌的过程即是腐生性食物链的代表。寄生性食物链存在于生物体内，以生物体为营养基形成的食物链。如哺乳类→跳蚤→螨类→原生动物→细菌→过滤性病毒即属寄生性食物链。

生态系统的食物链不是固定不变的，有时可形成7个营养级的食物链。如：辽宁省旅顺市附近蛇岛上的食物链为花蜜→飞虫→蜻蜓→蜘蛛→小鸟→蝮蛇→老鹰等。食物链太长，对物质的利用反而不充分，一般以3~4个营养级为宜。

② 能量（能量转化的金字塔规律） 把能量从生态系统中的低级营养级到较高级营养级逐级递减的规律用金字塔形式来表示，称为金字塔规律。这种生态金字塔规律分为生产率金字塔、生物量金字塔和生物数目金字塔。

2. 生态系统的功能原理

生态系统的功能原理由能量流动、物质循环和信息传递构成。其核心是单向的能量流动和周而复始的物质循环有机地结合起来，二者的协调需通过信息传递来实现，形成一个通过信息反馈构成的一个自我维持、自我调节、自我组织和自我设计的生态系统。它的基本功能是维持系统的物质循环、能量转化、价值增值和信息控制四大功能的交换与融合。其中自我调节表现为系统的稳态机制，其目的在于完善生态系统整体的结构与功能，而不仅是其中某些成分量的增减。生态系统中种群不可能在一个有限的空间内长期地、持续地呈几何级数增长，随着种群的增长及密度增加，对有限空间及其资源和其他生存繁衍的必需条件在种内竞争也将增加，必然影响种群增长率，种群增长率随着密度上升逐渐地按比例下降。当它达到生态系统内环境条件允许的最大种群密度，即环境容量时，种群不再增长；而当超过环境容量时，种群增长将成为负值，密度将下降。在不同种动物与动物之间、植物与动物之间，植物、动物与微生物之间也普遍存在异种生物种群之间的数量调节。由食物链联结的类群或需要相似生态环境的类群，在其关系中存在着相生相克作用，如互利共生、他感作用、竞争排斥等，因而存在着合理的数量比例关系。养殖生态系统中混养不同类群的生物，即是一例证。生物需从所依存的生态环境中摄取需要的养分，生境则需要对其输出的物质进行补偿，二者之间物质输出和输入的供需实现适应性调节，但这种调节是有一定限度的，如果干扰超过其缓冲能力，则将破坏原有生态系统结构和功能的稳定与平衡，可能对人类社会及自然生态系统产生不良影响。

3. 生态经济学原理

养殖业生态工程是将养殖业生态系统和养殖业经济系统组成的有机统一体作为研究对象的。它重点研究两个系统之间能量、物质、价值的循环和转换的规律，进而建造一个低投入、高产出、无污染、可持续的养殖业生态系统。

养殖业生态工程中，人类与自然之间的物质、能量、价值的交换，就是养殖业经济系统和养殖业生态系统之间进行的能量、物质和价值的转换，即养殖业的经济再生产与自然再生产之间的能量、物质和价值再生产的转换。在生产、分配、交换和消费过程中，其转换的基本条件是质量上保持严格的对应关系，数量上保持适当扩大的比例关系，在满足养殖业生态系统综合平衡的前提下，用一定的经济能量和经济物质获取更多的经济产品和价值，以求得两个系统之间能量、物质和价值转换的最大效率，这是养殖业生态工程研究的重点。

生态经济系统的物质循环是生态经济系统的基本功能,是实现生态经济平衡的基础。生态经济系统中的物质循环分为自然物流和经济物流两类。自然物流是生态经济系统中按生产者到消费者、到分解者、再到生产者的序列进行的;经济物流是按生态系统到经济系统,再到生态系统的序列进行的。两种物流在系统内部相互转换,构成生态经济系统物流大循环体系的两个逆向循环过程。二者既相互依存,又相互继承,从而形成统一的生态经济系统物质循环运动的总过程。

生态经济系统的能量流动与物质流动是不可分割的。它们是共生、相伴的,又是相互依存、相互制约的。生态经济系统中的能流分为自然流和经济流两类。自然流包括太阳能流、生物能流、矿化能流和各种潜在的能流。经济能流是自然能流被开发投入到经济系统中正在做功的、或者尚未做功的能流。因此,生态经济系统中的能量流动就是生态系统中的自然能流和经济系统中的经济能流有机结合、相互转化、不断传递的过程。

生态经济系统的价值流是以物流、能流为基础的。人们通过有目的的劳动,在把自然物(能)流变换成经济物(能)流的过程中,不断形成价值的增值和转移,通过交换链不断实现其价值。生态经济系统中存在着无数条价值流,价值流相互交织形成价值流网络。价值流沿着生态经济系统的各个部门和各个环节转移,其价值逐级增值。这是因为,在生产消费过程中,物化劳动形成活化劳动,从而使价值量不断积累而增加。与此同时,物化劳动和活化劳动在形成过程中都要消耗能量,并随生产链而逐级减少,由此形成价值逐级增值和能量逐级衰减的内在矛盾。这就要求产品加工转化环节必须适度,尽可能使价值增值目标与能量衰减目标统一起来。

信息是物质存在和运动的一种形式,是物质的一种特殊属性。生态经济系统内广泛存在着信息和信息流。这种信息的流动过程,就是以物质和能量为载体,通过物流和能流的循环转换实现其信息的获取、加工、传递和转化的。信息传递是生态经济系统的精髓,没有必要的信息传递功能,系统就不能协同有序地运转。信息传递是生态经济系统运行的重要手段,它不断地输入和输出,有利于及时地调整生态经济再生产的经营决策。

生态经济再生产过程是物流、能流、价值流和信息流的汇合过程,人类控制这一过程是通过信息传递和信息管理来实现的。管理就是借助信息掌握"三流"运动方向,调整其流速和流量,以促进生态经济系统沿着持续扩大再生产的方向进化发展。

养殖业生态经济系统是以人为中心,利用动物的生命机能生产满足人类生活和生产需要的各种动物产品的复杂系统。它是由养殖业生态系统和养殖业经济系统组成的复合系统。生态经济系统的平衡与否,必然导致两种完全不同的生态经济后果。平衡失调的标志是系统的有序性削弱,自组织能力降低,结构、功能和机制受到破坏,从而使生态经济系统陷入恶性循环。生态经济平衡的标志主要有三个方面:第一,均衡态。这种均衡态不是绝对静止的远离衡态,而是动态的均衡态。它能保证生态经济系统的有效运行和生态经济系统的持续发展;第二,自控态。这种自控态是系统自身所固有的自组织能力。它通过系统自身的自控机制,保证生态经济系统的进化演替;第三,进化态。这种进化态是生态经济系统不断完善和发展中的均衡态与自控态。它能保证生态经济系统不断地从低级向高级进化。实现生态经济系统的平衡是一个十分复杂的过程,有其特有的平衡途径:第一,要树立生态经济平衡的战略指导思想,把生态发展目标与经济发展目标纳入协同发展的轨道,以促进生态经济目标的均衡发展;第二,要开展生态经济平衡的规划设计,在生态平衡与经济平衡的有机联系中,制定符合实际的最佳目标模式、决策,以促进生态经济规划设计的实施;第三,要合理开发利用资源,调整生态经济生产链,以促进生态经济再生产的平衡运转;第四,要强化生态经济管理,加强生态经济建设,以提高生态经济系统的平衡能力。

6.2 养殖业生态工程设计

养殖业生态工程是一个多层次、多组分、多因子、多变量的复杂生产系统,它的稳定与发展取决于社会、经济、自然等因素的影响。养殖业生态工程的设计是以系统论为基础,以生态学、生态经济学理论为指导的农、林、牧、副多种经营综合发展的生态经济系统设计。

6.2.1 养殖业生态工程设计类型

近几年,养殖业生态工程设计在国内外都有可喜的进步,各种模式的养殖业生态工程不断涌现,这些模式不仅合理地利用了自然资源,充分地利用了剩余的劳动力,还使农、林、畜产品的品质和产量不断地得到优化。养殖业生态工程设计,必须考虑环境工程、种群的选择和匹配、结构和功能的稳定与平衡等,以促进养殖业生态经济的可持续发展。

1. 环境工程设计

环境是生物生长发育中必不可少的外界因素。它是由光、热、风、气、水等多种因子组成的综合系统,是养殖业生态工程的重要组成部分。自然环境对生物既有有利的一面,也有不利的一面,只有遵循人地共生的思想,通过人为的改造与调控,才能充分发挥其对生物有利的一面,抑制不利的一面。一般来说,养殖业生态工程的环境工程设计包括场地选择、场地规划和建筑、养殖场设计、环境调控及废弃物处理与利用等(表6.2)。

表 6.2　中国养殖业生态工程分类体系

环境工程设计	场地选择	地势地形、水源水质、地理位置、交通与电力等
	场地规划	生产区、生活区、管理区和废物处理区
	建筑布局	朝向、间距
	养殖类型与特点	开放式、半开放式、密闭式、半密闭式、
	各部结构设计	屋顶、墙壁、门窗、地面、养殖场长度、跨度和高度
	环境调控	自然通风、机械通风
	废弃物处理与利用	有机肥、沼气等

2. 生物种群的选择和匹配工程设计

在养殖业生态工程中,生物种群的选择与匹配是关键的一环,它的组成是否合理直接影响到整个工程的生产和效益。

(1) 生物种群选择:生物种群选择要根据整体工程的目标及当地自然环境特征和社会环境状况来确定。养殖业生态工程的建设,首先要明确其主要目标。根据总体工程目标的要求,选择相应的生物种群,以保证整体工程目标的实现;任何一项工程都离不开自然环境的影响。自然环境中的地质、地貌、土壤结构、气候因子、水文特征与动植物的分布等因素都直接、间接地左右着生物种群的选择、布局与生存。在养殖业生态工程的设计中,应根据当地自然环境特征进行资源的适度开发与利用,即要使农、林、牧、草、渔、副业等多种经营配套组合,协调发展。任何一项工程都受社会环境的制约,在养殖业生态工程的设计中,生物种群的选择、数量和发展,都要根据国民经济发展状况、人民的生活水平、国内外市场的需求等综合社会环境因素进行随时调整,以保证工程的经济效益和社会效益。

(2) 生物种群匹配:生态学的研究成果表明,利用复合种群进行人工养殖业生态系统的组合匹配效果最好。国内外已取得了成功的经验。该项设计的核心是在确定主要种群之后,应用种群间互利共生、互补互惠的原理匹配副种群,形成能量和物质多层利用的结构。如葡萄-兔舍-草莓等多层次开发利用的种群匹配模式。

3. 结构设计与修正

养殖业生态工程结构设计的根本目标,就是最大限度地、多层次地利用环境资源、建造起既适应生物种群繁衍、又能进行人为调控的人工生态系统。在这一系统中,物质、能量可进行有效的转化并实现逐步增值,最后获得人类期望的综合效益。设计的基本原则是达到空间结构(平面、立体)、时间结构与营养结构的最佳组合。以空间结构的设计为例,其组成因子含有生产者、消费者和分解者之间的有机耦合(图6.2)。

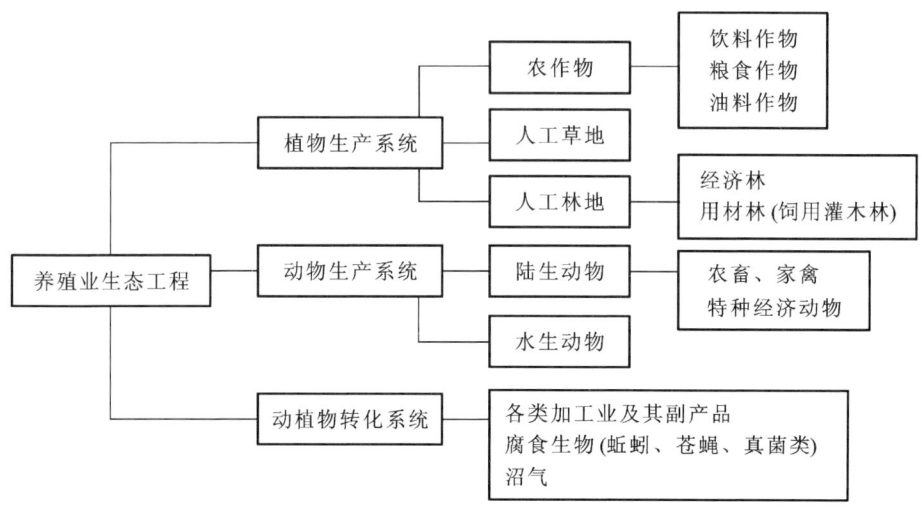

图6.2　养殖业生态工程空间结构设计图

在养殖业生态结构的设计实施后,应根据运行的实际情况作适当的修正和调整,以最大限度地利用资源和提高效益。

6.2.2　养殖业生态工程的效益评价

在养殖业生态工程中,提高生态经济效益对高速、持久地发展养殖业具有特别重要的意义。养殖业的发展受多种因素的制约,如何使其经济效益与社会生产效益可持续地提高,是养殖业生态工程发展中必须重视的问题,也是工程能否普及和推广的关键,因此评估养殖业生态工程的效益就成为必须研究的问题之一。要实现系统中经济效益、生态效益和社会效益的统一,首先必须了解系统中生态效益、经济效益和社会效益的现状,并建立一套评价指标,对系统的效益进行综合评估,确定优劣,以此作为系统结构与功能调整的依据。

养殖业生态工程评价的指标,一般可分为养殖业生产发展水平、产出水平、资源开发利用水平、生态环境质量水平及物质(能量)价值水平等五项综合指标。

1. 养殖业生产发展水平指标

一般来说,在一定的时期内养殖业生产持续增长,表明该养殖业生态经济效益比较好;若其生产波动大或持续下降,则表明该养殖业生态经济效益较差。反映养殖业生产发展水平的指标可归纳为;

(1) 养殖业发展速度：养殖业发展速度(%) = 一定时期内养殖业生产总产量(总产值)/基期养殖业生产总产量(总产值)

(2) 养殖业增长速度：养殖业增长速度 = 养殖业发展速度 - 1

2. 养殖业产出水平指标

建立养殖业生态经济系统的目的,主要是要获得更多更好的畜禽产品并尽可能多地作为商品交换。系统的产出水平越高,效益就越好。一般评价产出水平的主要指标包括产出总能量和净能量、总产量和净产量、总产值和净产值。

3. 养殖业资源开发利用水平指标

养殖业资源开发利用水平的评价指标主要包括以下几个方面：

(1) 能量转化率：

能量转化率 = 产出的总能量/投入总能量

(2) 能量净增率：

能量净增率 = 产出的净能量/投入的能量

(3) 饲料转换率：

饲料转换率 = 一定时期内系统生产的全部畜产品数量/同期系统内投入的全部饲料数量

(4) 劳动生产率：

劳动生产率 = 一定时期内系统生产的全部畜产品数量/同期系统内投入的全部劳动力数量

(5) 土地生产率：

土地生产率 = 一定时期内系统生产的全部畜产品数量(或牧草量)/同期内用于该农产品(或牧草)生产占用的土地面积

(6) 成本产值率：

成本产值率 = 一定时期内系统的总产值/同期内系统耗费的生产成本

(7) 成本利润率：

成本利润率 = 一定时期内系统的生产利润总额/同期内系统耗费的生产成本

(8) 产品商品率：

产品商品率 = 一定时期内系统出售的畜产品数量/同期内系统生产的畜产品数量

除此之外,还经常采用人均占有的畜产品数量、人均收入等指标评价资源开发利用的水平。

4. 养殖业生态环境质量指标

养殖业生态环境质量指标常采用如下几种：

（1）植被覆盖率

植被覆盖率＝生长植被的土地面积/土地总面积

（2）资源再生系数：

资源再生系数 ＝ 资源再生量/资源使用量

（3）土地肥力变动率：

土地肥力变动率 ＝ 一定时期内土壤中 N、P、K 及有机质含量/基期土壤中 N、P、K 及有机质含量

此外还有水土流失量和产品污染系数等指标。

5. 养殖业能量价值综合指标

生态系统产出量通常用焦耳(J)表示能量，如 1 kg 小麦折合 17 850 J 化学能，1 kg 麦秸折合 14 700 J 化学能。如果单纯地考虑能量，1 kg 小麦相当于 1.21 kg 麦秸。如果考虑产品的经济价值，差异就大了，即 1 kg 小麦相当于 8.7 kg 麦秸。畜产品中，千克胴体与千克内脏的能量之比极不相同。所以，将能量与价值结合起来考察，将从另一角度较好地反映畜牧业生态经济效益。该类指标单位为"J·元"。即单位畜产品其价值为 P 元，能量为 QJ，则该类畜产品的生态经济收益为 $Q·P$ "J·元"。"J·元"较好地体现了生态产出和经济效益的统一，具体指标如下：

（1）总产出量"J·元"。

（2）净产出量"J·元"。

（3）单位土地面积"J·元"。

（4）单位"J·元"的投入产出比。

总之，养殖业生态经济效益的评价较复杂，只靠单一的指标很难对养殖业生态经济工程的效益进行全面的评估。一般将上述五项指标密切配合，相互补充和协调，形成多项具体指标组成的指标体系，以达到科学而准确地评价养殖业生态工程效益的目的。

6.3 典型养殖业生态工程模式

养殖业生态工程是以饲料、能源的多重利用为纽带，以家畜、家禽为中心的种植、养殖、沼气、水产等多产业有机结合的不同循环类型的生态系统。这种养殖业生态系统的形成和发展，对促进规模养畜和农林牧副渔的全面发展，解决畜牧业发展与环境的矛盾，有着重要的作用。设计结构与功能俱佳的养殖业生态工程模式，对畜牧业的发展是十分重要的。

6.3.1 综合畜禽生态工程

1. 粮油加工—副产品养畜—畜粪肥田模式如图 6.3 所示。

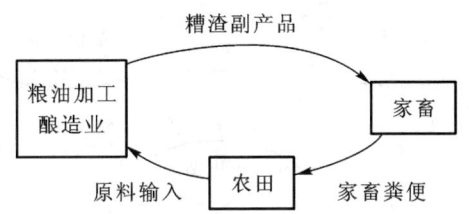

图 6.3 粮油加工—副产品养畜—畜粪肥田循环模式

该模式可分为四种类型：
（1）粮食酿酒—糟渣喂家畜—畜粪肥田模式。
（2）粮食酿酒—糟渣喂家畜—畜粪入稻田—稻田养鱼模式。
（3）　　大豆制豆制品┐
　　　　红薯制粉条────浆渣喂家畜—畜粪肥田模式。
　　　　玉米制淀粉┘
（4）禽—作物（林、果、菜、饲料作物）综合利用模式。

2. 粮食喂鸡—鸡粪喂猪—猪粪制沼气—培育水生植物或池塘养鱼模式如图 6.4 所示。此模式也包括四种类型：

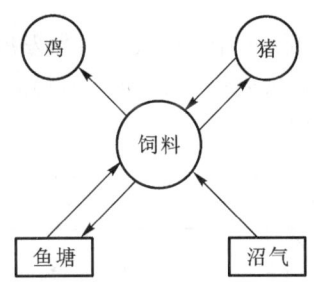

图 6.4 鸡、猪、沼气、鱼结合模式

（1）粮食喂鸡—鸡粪喂猪—猪粪入鱼塘—塘泥肥田模式。
（2）饲料喂鸡—鸡兔粪喂猪—畜粪制沼气—沼渣肥田模式。
（3）粮食喂鸡—鸡粪喂猪—猪粪制沼气—沼液养鱼—沼渣养蚯蚓—蚯蚓喂鸡模式。
（4）鸡粪喂猪—猪粪尿入池培育绿萍—绿萍喂畜及鱼模式。

3. 秸秆—饲草喂草食动物—粪用作食用菌培养基—制作沼气或养蚯蚓模式

如图 6.5 所示。该模式含三种类型：

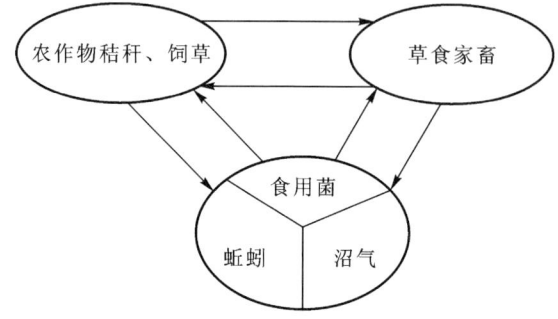

图 6.5　秸秆、饲草—草食家畜—沼气、食用菌等综合养殖模式

（1）秸秆、野草喂牛—牛粪做蘑菇培养基—下脚料养蚯蚓—蚯蚓喂鸡—鸡粪喂猪—猪粪还田模式。

（2）种草养牛、兔—牛、兔粪制沼气—沼渣做食用菌的培养基—沼液肥水养鱼模式。

（3）种草养牛—牛粪养蚯蚓—蚯蚓喂鱼—塘泥种草模式。

6.3.2　综合养殖业生态工程模式

1. 禽鱼综合养殖模式

禽鱼综合养殖，主要是利用鲜禽粪（或经自然发酵的禽粪）作为养鱼的肥料和饲料，直接投喂养鱼；而干禽粪则是鱼配合饲料的重要组成部分。如图 6.6 所示。

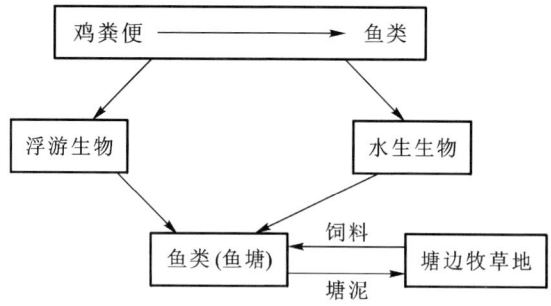

图 6.6　禽鱼综合养殖模式

① 鲜禽粪的应用　新鲜禽粪在入水养鱼之前最好先发酵腐熟,避免鲜粪直接投入,在分解过程中消耗大量氧气,恶化水质。发酵过程可以杀死一些病原微生物,减少其传播疾病和污染水质的机会。

② 干禽粪的应用　将新鲜鸡粪进行干燥处理。鸡粪干燥后,用粉碎机粉碎,以替代配合饲料中的麸皮、玉米、米糠等谷物饲料。鸡粪配合饲料的营养价值相当或高于配合饲料,成本则下降了 30% ~ 50%。鸡粪的用量占饲料总量的 20% ~ 30%。干燥鸡粪作为饲料蛋白源,可代替豆饼。美国用 25% 的干燥鸡粪喂鲶鱼,鲶鱼增重很快。南非和我国将 21% 干燥鸡粪 + 20% 豆饼 + 39% 菜籽饼 + 20% 混合粉配制成飘浮颗粒饲料养鱼,每公顷产量超过 7 500 kg。

2. 牛—鸡—猪—鱼循环养殖模式

牛、猪、鸡、鱼综合饲养就是利用牛粪喂鸡、鸡粪喂猪、猪粪喂鱼、鱼粪种草喂牛、鸡、猪的模式。通过物质的循环利用,提高物质利用率,促进生态系统的良性循环。

具体做法是:

① 牛粪喂鸡　将一头牛全天所排的粪便收集起来,加入 15 kg 糠麸、2.5 kg 小麦粉、3.5 kg 酒糟、适量水,拌匀后装入缸或塑料袋内,密封使其发酵,夏季 1 ~ 3 天,春秋季 5 ~ 7 天,冬季 10 ~ 15 天。发酵好的牛粪无臭,呈黄色,较松软,并带酒酸味。取发酵好的牛粪,加入鸡饲料 35 kg,搅拌均匀喂鸡。

② 鸡粪喂猪　用以上方法将鸡粪加入糠麸、小麦粉、酒糟各 2.5 kg,混合发酵后加入猪饲料 25 kg,青饲料 15 kg,拌匀后喂猪。

③ 猪粪喂鱼　猪粪可以直接堆积发酵 7 ~ 15 天,倒入鱼塘饲喂,可降低饵料量 30% ~ 50%。

3. 种草—养羊模式

根据山地资源特点,采取人工种草的方法,提高草地的产草量和草质,发展养羊。利用食物链转化模式,使低值的绿色植物,通过人工饲养转化为高值的肉食品,提高系统的经济、生态与社会效益。

具体做法:

① 人工种草　湖北、江西等地,利用山地草坡人工混播黑麦草、红三叶、纳罗克狗尾草、鸭茅等,将荒草坡改造为人工草地,既合理地开发了山地资源,又增加了产草量,提高了草的质量。

② 划区轮牧　在人工种植的草山草坡上,进行合理的划区轮牧、配套养殖,使草地草坡利用率达 50% ~ 65%,降低杂草 65.5%,每公顷产青干草 7 500 ~ 9 000 kg。平均 0.13 ~ 0.153 hm^2 人工草地饲养一只绵羊,每只母羊产净毛 2.6 ~ 3.1 kg,每只公羊产净毛 3.8 ~ 5.7 kg。

4. 基塘渔业模式

池塘养鱼,基面种植饲料或经济作物。把基面的利用同养鱼结合起来,形成水陆相连的综合利用系统,就是基塘渔业。"基"就是鱼池的埂面。广义地说,池埂也包括一般养鱼池埂和斜坡面积。根据基面种植作物种类的不同,可以构成各种不同类型的基塘渔业模式:种桑养蚕的称为"桑基鱼塘";种草养鱼的称为"草基鱼塘";还有蔗基鱼塘、果基鱼塘、花基鱼塘、竹基鱼塘和杂基鱼塘等类型。

(1) 桑基鱼塘:以结构完整、部门协调、生物与环境相适应、经济效益与生态效益高为特色。该系统以桑为基础,桑叶养蚕,蚕沙、蚕蛹喂鱼,塘泥肥基,形成一个良性循环(图6.7)的系统。桑基鱼塘的发展,不仅促进蚕桑和养鱼业的发展,也带动了缫丝、桑椹酿酒等加工业的发展,是一科学的人工生态经济系统。桑基鱼塘大多分布于珠江三角洲和太湖流域水网密布的地区。主要包括两个方面:

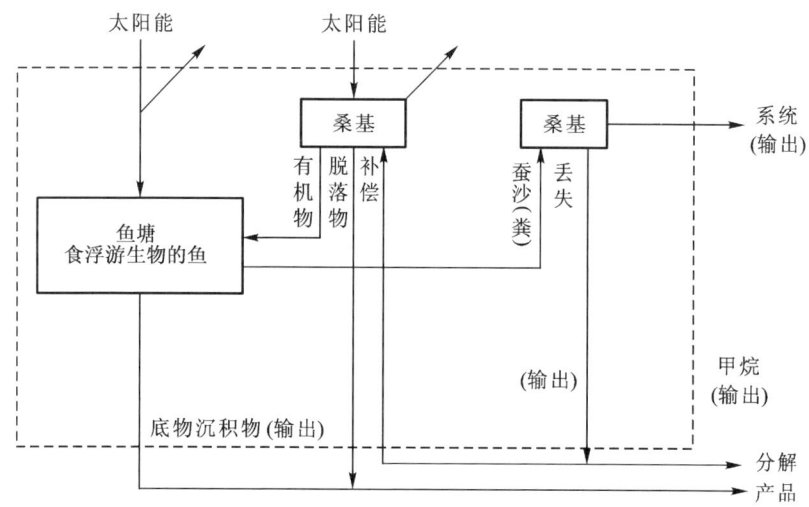

图 6.7 桑基鱼塘模式

① 塘泥的施用 塘泥是桑基作物的主要肥源,每公顷鱼池挖出的塘泥可供 $1 \sim 2 \ hm^2$ 桑基施用。施肥的方法是,冬天鱼池干塘后,取塘泥施于桑基行间,干后耙匀,然后在桑树行间套种冬季作物。

② 桑基为养鱼提供饲料 桑基上种植的饲草、蔬菜等可直接养鱼。每公顷基面可收获草、菜 4 500 kg 以上,可产草食性鱼类 1 500 kg 左右。

养蚕的蚕沙可作为鱼的饲料和肥料。蚕沙是蚕粪、蚕的蜕皮和残剩桑叶的混合物,是养蚕的废弃物,其营养成分的含量很高,其中有机物的含量达 87% 以上,N含量2.2%~3.5%,P含量2.0%~2.5%,K含量1.5%~2.0%,还含有大量的微量元素。据调查,每公顷桑叶养蚕可产蚕沙约9 375 kg,产鱼1 125 kg。其次为蚕蛹,它是缫丝业的主要副产品,是养鱼的优质饲料;每公顷桑基的桑叶可产蚕茧1 950 kg,产鱼1 350 kg,再次是蚕蛹水,为缫丝业的废液,蚕茧在缫丝过程中经过蒸煮和加工,大量可溶性蛋白质进入水中,每公顷桑基产的蚕茧,可产蚕蛹水37 500 kg,可产鱼225 kg左右。蚕沙和缫丝废水适宜养殖鲢鱼、鳙鱼;蚕蛹适宜养殖鲫鱼等;种植的青饲料可养殖草鱼。种桑养鱼的土地利用率和复种指数都较高,不仅收效快、产量高,而且收入来源多。

（2）草基鱼塘:草基鱼塘是近年发展起来的效益较好的基塘养鱼类型,其模式是在鱼池的堤埂、堤坡和池底种植饲料作物,全部用作养鱼饲料。这种方法有利于保持池塘的生态平衡和扩大饲料来源。特别是在缺少饲料又很难保证供应的地段,利用鱼池本身的肥力种草养鱼,通过养鱼和以草还地来保持鱼塘肥力,能形成池塘良性的物质循环。该基塘以养草食性鱼类、肥水性鱼类和杂食性鱼类为主。主要包括以下几个方面:

① 饲草品种　选择鱼类适口、营养丰富的高产饲草。要求其抗病力强、易管理、根系发达,具有一定的护坡作用。若做绿肥,还要易于分解。目前,我国草基鱼塘种植的青饲料品种主要有黑麦草、苏丹草、象草、紫云英、鹅菜、聚合草、青菜、苦荬菜等;种植的绿肥有红花草籽、田菁、蚕豆青苗等。

② 养鱼与种草的配合　饲草种植的生产周期必须与鱼类各时期的摄食特点密切配合。长江流域养殖鱼类的摄食量,最低值在冬季。旺食期为6—9月,约占全年摄食量的50%。加强鱼草配合的途径:一是将冬季饲草黑麦草与苏丹草间作;二是黑麦草、苏丹草和豆科牧草混播间作;三是上半年黑麦草有剩余时,制作青贮或混入颗粒饲料中,短期贮藏;四是采取分批播种移栽,轮流收割的方式。

③ 塘泥的施用　塘泥的施用,随作物品种和耕作制度的不同,一般有两种方法:一是直接用新泥。把塘泥作为黑麦草等冬季饲料作物的基肥,稍干后耙匀即可播种;作追肥时,可把塘泥培于作物根部。二是沤制草塘泥。挖5 m^2、深1 m左右的坑,将塘泥和草拌匀堆入,然后封顶即成。沤制后的塘泥肥效高,多用作基肥。

④ 鱼类放养　草基鱼塘应以养殖草食性鱼类为主。其放养量一般占50%;鲢、鳙放养可占40%,其中25%的饲料由草食性鱼类粪便供给,另外15%可适当增施绿肥或其他有机、无机肥料;鲤、鲫等杂食鱼占10%。

5. 种草养鱼

养鱼和种植饲草相结合,是目前渔农综合养殖中最普遍采用的一种方式。

种草养鱼是以鱼和青饲料为主线,培育和种植饲料作物用来饲养草食性鱼类,形成的牧鱼综合养殖系统。

(1) 养鱼的饲料作物:养鱼的饲料作物很多,常用的水生植物为绿萍、小浮萍、紫云英、苦菜、轮叶黑藻、水浮莲、水花生等;陆生植物有象草、苏丹草、稗草(*Echinochloa crusgalli*)、狗尾草、狼尾草、紫花苜蓿等。这些青饲料不仅可直接为草食性鱼类食用,而且也可作为青绿有机肥,以培育水体肥力,饲养肥水鱼类。

(2) 草浆饲养鱼苗:将培植或收集的水葫芦、水花生、水浮莲等水生植物经机械加工,制成草浆饲养鱼苗。方法是用打浆机将水草磨成细草浆,草浆中叶肉大小应与小型浮游动植物相似,以便鱼苗直接吞食。大宗养殖品种如青鱼、草鱼、鲢鱼、鳙鱼、鲤鱼等,在苗种开口到体长小于 30 cm 期间,都可用草浆作饲料,一般放养的适宜密度为 10 万~225 万尾/hm^2。投喂的草浆必须新鲜,每日上下午各泼洒一次,一般每日投放量为 50~75 kg,饲养 13~40 天,即可取得良好的效果。

6.4 案例分析

6.4.1 立体养殖

广西北流市的青山牧业有限公司的立体养殖模式取得了非常成功的经验。他们采用荔枝、龙眼树下种草,牧草养牛、养鱼,果树上养蜂,牛粪尿施入草地和果园,五位一体的模式,既节约用地和成本,又获得了丰厚的回报。水果、牛肉、牛奶、鱼肉、蜂蜜均属绿色食品,生态、经济效益双赢。该公司现有果园 24 hm^2,其中荔枝、龙眼 22.5 hm^2,鱼塘 0.6 hm^2。2002 年 3 月,先后投资 60 万元发展种草养牛业,利用果园间种牧草,牧草养牛,奶牛产奶,仅奶牛产奶一项每天净收入 600 多元,累计产奶收入 11 万元,加上果、鱼和存栏奶牛等的收益,年利润 30 万元。2002 年 3 月以来,该公司于果园中种高蛋白、适应性强、生长快,高产低耗的牧草——桂牧 1 号象草,每年可割 9 次,每公顷产 37.5 万 kg,用于发展牛、羊、鹅、兔等草食动物饲养的饲料。目前利用荔枝、龙眼树间种牧草——桂牧 1 号象草 6.7 hm^2,采取"公司+农户"的管理模式,反租倒包水田种牧草 3.3 hm^2,建牛舍 650 hm^2,存栏公牛 13 头,母牛 69 头,其中奶牛 16 头。2002 年 7 月份以来,共出栏肥牛 25 头,其中品改牛 19 头、本地牛 6 头,产奶 2.1 万 kg,养牛总收入 22 万元,纯收入 8 万元。该公司还在果园中养蜂 120 箱,一来可利用其传授果树的花粉提高坐果率;二来蜜蜂产的蜂蜜也可产生效益,仅蜂蜜一项获利 1.2 万元。另外,用牧草、牛粪做饵料养殖果园中 6 个鱼塘共 0.6 hm^2 的鲢、鳙、草、鲤鱼，每公顷水面产鱼 7 500 kg，每公顷产值 4.5 万元，年总产鱼量 0.5 万 kg，总产值 3 万元。

6.4.2 工程效益

从北流市的实践看，其推广的"果—草—牛—鱼"立体生态养殖模式是非常典型的南亚热带模式，实现了资源优化配置，基本无废物产出的良性物质循环。人工建造的营养链不仅生态上是合理的，而且种草养畜投资少、风险低、见效快，适合千家万户，有利于农民效益的提高。

该模式的优点一是充分利用土地资源，合理解决了农林牧之间的用地矛盾，建立果—草—牛—鱼之间的相协关系，既解决了饲料问题，又降低了养殖成本，在生态上是可持续的。二是利用果园种草，果园不需除草，不需施用化肥，甚至不需喷药，既涵养水源、保护地力、防止水土流失，又能生产大量牧草养牛，不但节省了化肥、农药和果园除草的投入，畜粪畜便用于牧草、果树施肥，牧草果树生产良好，病虫害发生频率少，而且果品无污染，达到草好、牛肥、果优、效益佳的生态经济效果。

思考题

1. 何为养殖业生态工程？根据哪些指标对养殖业生态工程进行分类？
2. 养殖业生态工程研究的主要内容是什么？
3. 养殖业生态工程和传统养殖业的主要区别是什么？
4. 根据自己的体会，谈谈在养殖业生态工程设计中应依据哪些基本原理。
5. 在养殖业生态工程设计时必须考虑哪些因素？
6. 如何进行养殖业生态工程的效益分析？
7. 目前我国养禽生态工程有几种基本模式？其设计的主要原理是什么？
8. 我国的"桑基鱼塘"包括几种模式？"桑基鱼塘"为什么能在我国南方地区推广？
9. 试绘图说明"桑基鱼塘"模式的物质循环过程。
10. 试绘制综合养殖业生态工程模式的结构图，并用箭头表示物质的输出和输入方向。

第七章 农林牧复合生态经济系统的生态工程

农林牧复合生态系统是指在同一土地管理单元,人为地把多年生木本植物(乔木、灌木)与其他栽培植物(农作物、药用植物、经济植物以及真菌等)和动物,在空间上或按一定的时序安排在一起而进行管理的土地利用和经营系统。在农林牧复合生态系统中,不同的组分间应具有生态学和经济学上的联系。

7.1 农林牧复合生态工程的研究概述

农林牧复合生态工程的研究开始于 20 世纪中期。1950 年,史密斯(Smith)著的《树木作物:永久的农业》一书,是第一部阐述这一系统的专著。1977 年下半年,在国际发展研究中心(IDRC)的促进下,国际农林业复合经营研究委员会(ICRAF)成立,使该方向的研究兴起热潮。1978 年 1 月该委员会设在肯尼亚境内,1982 年创办了国际性刊物《农林业系统》(《Agroforestry Systems》),并在距内罗毕 70 km 处设立了农林业实验站,进行农林业系统方面的实验研究。现在,农林业系统扩展为农林牧业复合体,通过以林护农、以农养牧、以牧促林,实现农林牧的互利共生。

国外农林牧复合系统的生态工程研究分为三大类 2 000 多种模式。热带和亚热带地区有一半的农村在 2/3 的土地上进行着这类生态工程的实践。

非洲的主要类型包括:改进的移耕地轮作系统;庭院式农林牧复合经营系统;塔翁雅系统;条带式混交系统;田间零星植树;农田防护林系统;林牧系统。

北美将农林牧复合经营系统分为 6 个大区:美国东南及中南部以饲草、林牧系统为主,其中松-牛模式最为普遍;美国中部和中南部以核桃树为主要经济对象的林粮和林草间作;美国东北部主要以果树和一年生作物间种为特色;美国西北部有传统的林牧结合,主要树种为硬杂木。

加拿大的模式是农作物和硬杂木间作;常见的另一种模式是在泥炭沼泽上种柳树,木材既用于畜牧业又用于造纸。

南美亚马孙河流域森林破坏严重。在国际有关基金会资助下,巴西成立了农林复合经营网络,提出了有关亚马孙河流域的11个研究计划。拉美也成立了类似网络,成员国18个。

澳大利亚这方面的研究起步较晚,主要进行防护林和林牧结合模式的示范。

欧洲现有的农林牧复合经营系统较简单,主要分布在地中海附近的地区。如法国的矮林和疏林地带,人们通常按"饲料日程"安排放牧,充分利用各类饲料源,其中木本的饲料可达全年饲料的75%以上。西班牙民间的"德希萨系统"就是一个把橡实、农地和放牧迁移妥善安排在一起的农牧混合系统。

南亚地区复合经营系统有悠久的历史,近年来发展十分迅速,包括有移耕轮作、塔翁雅系统、多层庭院种植、竹农混作、农林混交系统、防护林、热带经济树种+粮果经营、林-淡水鱼复合系统等50余种。

我国初级的农林牧复合系统经营早在4 000多年前的夏朝就已初见端倪,而种养结合的庭院经营在春秋时期已有较详细的记载。民国时期,战事纷纷,复合经营发展缓慢。解放后则有了迅速发展。特别是进入20世纪70年代,全国平原绿化掀起高潮。截至1990年,全国平原农区营造林网的耕地面积已达3 000多万公顷。目前我国的农林牧复合生态工程已将科学技术很好地转化为生产力,既保护了环境,又减轻了灾害造成的损失,使我国农业连续稳定地得到增产。特别是农林系统的模式,如,枣粮间作(河北沧州)效果更为突出。一般每公顷种金丝小枣4×8行,300棵,产枣7 500 kg;行间种小麦、谷子、花生等,可收粮食3 750 kg/hm^2;枣树可增加降雨,减轻干热风,这一模式对枣粮均有利。

1996年11月17日在罗马结束的世界粮食首脑会议上,我国用占全世界1/15的耕地养活了占世界1/5以上人口的成功经验赢得各国首脑的肯定和联合国粮农组织的赞扬。我国人口每年增长1%,粮食每年增长3%,除了政策措施得当以外,农林牧复合生态工程技术水平的不断提高也是重要的因素。

7.2 农林牧复合生态工程的原理

7.2.1 共生原理

农林牧复合生态系统各组分间必须是互利共生、相互促进的关系;必须是以林护农保牧、以牧兴林强农、以农促牧增林的关系。以实现农林牧互相促进,共同发展的目标。

7.2.2 系统整体性原理

农林牧各组分之间不是孤立的,而是整个复合生态系统中相互联系、相互作用的一部分。因此,在选择物种时,必须考虑该物种对其他物种及对整个复合生态系统的影响。

7.2.3 物质多重利用与物质循环原理

在农林牧复合生态系统中,各子系统之间的物质必须要多重利用,尽量做到无废物产出。如畜牧业的粪、尿,是农作物和林木的优质肥料;而农副产品及豆科灌木饲料林,也是畜牧业的饲料源。只有物质的多重利用,才能形成良性的物质循环系统。

7.3 农林牧复合生态工程的设计

7.3.1 农林牧交错带的复合生态工程

1. 农牧交错带的概况

农牧交错带一般处于亚干旱、亚湿润气候区,年降水量在 300~500 mm,多由沙地、盐碱地、洼地相间分布组成。沙地上的自然植被多为山杏-榆树群落;盐碱地、洼地上的自然植被则为羊草、碱茅、碱蓬等群落,过去曾有过"风吹草低现牛羊"的肥美草原景观。由于过牧、过樵、过采,目前草场退化较严重。天然草场已远不能满足畜牧业发展的要求,加之人口增长过快,农林牧争地的矛盾日益突出。

(1) 问题:

① 自然生产潜力得不到发挥 吉林省农牧交错带的太阳能、光、温条件,在中温带是较好的,年降水量虽然不多,但沙地土壤水分有效性高。所以生产潜力大,如吉林省西部平沙地上的农业生产潜力为:茎秆加籽粒 10~15 t/($hm^2 \cdot a$);一般沙丘上,如种豆科牧草沙打旺,平均干物质产量为 10 t/($hm^2 \cdot a$);人工林的干物质产量为 8~12 t/($hm^2 \cdot a$)。目前沙地上种植旱田,由于沿用广种薄收的经营方式,茎秆加籽粒的年产量仅为 1.5~3 t/($hm^2 \cdot a$)。沙地上的草地,多是撂荒后形成的,产量极低,质量又差。

② 存在着农林争地,农牧争地的矛盾 在土地利用方面,由于不能根据沙地类型、沙地特点及沙地的适宜性安排合理的利用方式,结果是除了一部分沙地成功地营造了人工林以外,大面积是广种薄收的旱田、轮耕地和撂荒地。耕地周

围没有森林保护,因而人为地造成流沙再起,引起新的风蚀和风积。

③ 沙化随人口增加有逐渐发展的趋势 以吉林省为例,据1958年土壤普查后编写的《吉林省土壤志》记载,当时全省的沙地面积为773 191 hm²;2000年TM卫片制图统计结果表明,沙地面积为100万hm²。近40年来沙地面积增加了23万hm²,每年以0.72%的速度在增加。同期吉林省人口增加了1 600万人,增幅达141.7%。

(2) 资源合理利用及开发前景:农牧交错带的许多沙地的自然生产潜力很高,但实际粮食单产很低,这是沙区人民贫困的原因之一,也是对沙地资源利用不合理的具体表现。如吉林省的中西部,农民在沙平地上种植玉米,施用有机肥做底肥,追施化肥,已有每公顷土地产量超过15 000 kg的事例。这就是说,在沙平地上,种植玉米,茎秆加籽粒的干物质产量,每公顷可以达到22.5 t,即22.5 t/(hm²·a)的产量。沙地优越的自然条件,极大的自然生产潜力和开发治理难度不大的情况,表明了沙地资源的开发利用前景是广阔的。主要措施为:

① 建立林草田复合生态系统,把农林牧互相矛盾的现状转变为农林牧互相促进的关系 根据沙地的具体情况及其适宜性,布置林带,在林带内种植豆科牧草沙打旺,在草带内的沙平地上可以种田。这样既可以达到以林护田、以牧养农,以农促牧的目的,林草田复合生态系统可以将稳定的森林生态系统与半稳定的草地生态系统结合起来,同时还可把长期效益(白城杨15年可以采伐)与短期效益(沙打旺第二年可收到经济效益)结合起来,以短养长,使农林牧各得其所,互相促进。只有这样,才能把生态效益与经济效益统一起来,使群众易于接受这种治理模式。

② 发展饲料工业,走迂回的道路提高粮食单产 过去吉林省西部有广阔肥美的草原,群众养畜的方法是散放,很少有圈养牲畜的习惯。这样,有机肥积累少,畜牧业与种植业脱节。现在由于人口增加,农村能源不足,对草原过牧、过樵现象极其严重,致使草场退化,载畜量下降。实践证明,过去那种养畜方式早已行不通了。解决问题的途径,是在沙地的林带内种植沙打旺,把沙打旺粉碎成沙打旺草粉,发展饲料工业;有了饲料做后盾,就可以改散放为圈养牲畜,这样,才能积累有机肥,将有机肥施入沙平地的农田上,才能提高单位面积产量,才能改变过去那种广种薄收的习惯,在沙区发展饲料工业是把种植业与养殖业联系起来的关键环节。

③ 把沙地开发与群众脱贫致富联系起来,建设人工控制的生态经济系统 在林草田复合生态系统的基础上,以沙打旺为主要链环,建立饲料工业,发展以牛、羊等草食动物为主的畜牧业,组成一个新的生态经济系统,使群众迅速脱贫。在群众解决了温饱之后,就可进入第二阶段。以畜牧业为基础,建立肉蛋加工工

业、毛纺工业,使生态经济系统的环节进一步延长,把原料变成半成品或成品,就能更进一步地增加社会财富。

2. 农林牧复合系统生态工程设计

(1) 农林牧复合系统生态工程设计的基本思路:在农牧交错带的沙地上,建立林网,一可防风固沙,使不稳定的沙地变成固定沙地;二是选用豆科饲料植物,以便以林促牧;三是短期效益与长期效益相结合,种植适宜在沙地上生长的用材林和经济林,发挥长远效益,解决可持续发展问题;选择适合作饲料的灌木,使其当年见效,尽快使群众致富,以林促牧。

在林网内种豆科牧草,建立饲料工业基地,发展草食畜牧业,圈养牲畜,积攒有机肥,养殖蚯蚓、蜜蜂,办有机无机复合颗粒肥料厂,以牧养农。

在草带内的沙平地适于种田的地方,可种植花生、玉米、地瓜等农作物、经济作物和油料作物。在沙地上施用有机肥,改良沙土,增加有机质对沙粒的胶结作用,改善土壤结构。一方面增加粮食生产,另一方面扩大秸秆产量,发展畜牧业,以农兴牧。这样组成农林牧复合生态经济系统,才符合可持续发展的要求。这样的复合生态系统,可以持续利用,一个周期比一个周期生产力更高,环境更好(图7.1)。

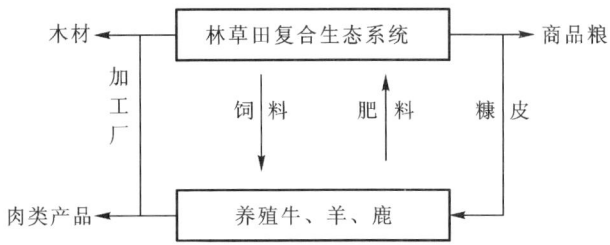

图 7.1 农林牧复合生态经济系统

(2) 具体设计:

① 林带　林网规格:500 m × 500 m。

结构:乔灌草结合,乔木 10 行,3 m × 3 m;灌木 1 m × 1 m。

树种:乔木为刺槐、山杏。

灌木为柠条、胡枝子、紫穗槐。

② 草带

结构:在林网内种植草带,草带宽 50 ~ 70 m。

草种:沙打旺或草木樨、苜蓿、甘草(*Glycyrrhiza uralensis*)、麻黄(*Ephedra sinica*)、贝母(*Fritillaria maximowiczii*)等。

③ 农田

农田规模:300 m×300 m。

作物品种:玉米、花生、薯类

农田中心地段打深井一眼,用于灌溉。

通过以林护田,以牧养田完成林草田复合生态工程的建设。

7.3.2 农区的牧业生态工程

1. 农区农业生产中存在的问题

目前我国的粮食生产基地多在平原区,这里的土地平坦、土壤肥沃、气候适宜。因此,平原区常常变成大面积的粮、棉、油、菜的耕地。随着我国工业化的发展,化肥投入量逐年增加,而有机肥投入量逐年减少,加之耕作措施不当、作物种植比例失调等因素,导致土壤肥力不断下降。因此,从可持续发展和经济效益及生态效益相统一的角度看,这样的土地利用方式并不是成功的。建立一个优质高效又能保持良好生态环境的农业系统,无疑是实现持续农业的关键。

2. 农区牧业生态工程的基本思路

一个理想的农业生态系统应该是一个多元化的生物群落、具有自我维持和发展的能力,并能取得高产高效的生态经济系统。这个系统的核心是农牧业的有机结合、互相依存和促进、同步发展,使生态系统的结构趋于合理,功能不断增强。基于此,农区牧业的发展应注重:

(1) 方田林网化

把零星分散的土地建成方田林网化,中间打一眼机井,将农田系统建成旱能灌、涝能排的旱涝保收、稳产、高产的系统,同时又能使农业生态系统的环境越来越好,永续利用。

(2) 利用非常规饲料(即非粮食饲料)发展农区畜牧业

1994 年美国生产肉类 3 119 万 t,同年我国肉类总产量 4 499 万 t,居世界之冠。但我国消耗粮食仅 1 亿 t,而美国消耗粮食 2 亿 t。这中间的巨大差距的奥妙在于我国发展畜牧业除部分以粮食做饲料外,大量应用的是粗饲料,即非粮食饲料,这是中国畜牧业的一大特色,也是一大优点。即利用秸秆、树叶为饲料,发展农区畜牧业,这是我国农区牧业可持续发展的重要途径。

开发叶粉饲料的方法:将豆科植物的嫩枝、叶采摘晾干,粉碎成叶粉,这种叶粉含粗蛋白 15% ~ 21%,颜色为浅绿色,水分含量 <15%,用 1% 的盐水拌匀,发酵24~36 h,待饲料稍烫手时,即可喂牛、羊、鹿等牲畜。至于秸秆,可用铡草机切成 3 cm 左右的秸秆段,将其放在贮窖中。四周用塑料布围起来,用秸秆发酵粉进行发酵,两个月出窖即可饲喂。这种饲料不仅提高消化率的一倍,还可提高

蛋白的含量。

方田林网可提供大量的非常规饲料,用来发展畜牧业。畜牧业的发展可积攒大量的有机肥,有了有机肥,一可养蚯蚓,制造动物蛋白;二可制沼气,解决燃料及农村能源不足的问题;三是有大量的有机肥还田,可提高地力,培肥土壤,提高粮食产量。

总之,农区发展牧业要以农促牧,以牧养农,以农兴林,达到农林牧结合,实现可持续发展的目标。

3. 农区牧业生态工程设计

(1) 工程模式之一:小麦+玉米+大豆—黄牛。其主要措施是:牛粪还田,集中施在玉米地上,平均施用量为 15 t/hm^2;小麦田 N:69.00 kg/hm^2,P$_2$O$_5$:46.05 kg/hm^2;玉米田 N:138.00 kg/hm^2,P$_2$O$_5$:69.00 kg/hm^2;大豆田 N:20.25 kg/hm^2,P$_2$O$_5$:51.75 kg/hm^2,K$_2$O:18.75 kg/hm^2。尽可能将根茬、凋落物还田,小麦玉米、大豆轮作。

(2) 工程模式之二:小麦+玉米间种草木樨+大豆—奶牛。主要措施是:玉米和草木樨 2:1 间种(玉米的每公顷保苗株数可比单种玉米时减少);牛粪还田,集中施在玉米地上,平均施用量为 30 t/hm^2;其他措施与模式一相同。该模式既增加了牧草种植,又不明显降低农作物产量。

7.3.3 林区的牧业生态工程

1. 林区的牧业现状

当前我国林区的牧业,主要是利用林间草地、撂荒地及林缘地实行散放牲畜,甚至冬季也是将牛羊赶到山上,任其自由啃食。其优点是节省饲料,或饲料不用投入。因此,它成为群众养牲畜的传统习惯,很难改掉。但其缺点有三:一是林牧矛盾,牛羊啃食幼树,使其难以成林;二是无法积累有机肥;三是出栏周期太长。所以,这种林区畜牧业就不可能获得可持续发展。

2. 基本思路——开发利用叶粉饲料

刺槐原产美国阿帕拉千山,20 世纪初引入我国,目前南至海南,北至吉林都有栽培。将其种植在荒山坡、林间空地、路旁、宅旁、堤坝坡顶都可以。栽植初期刺槐常呈灌木状而大片生长,其嫩枝叶可直接作为饲料;其叶的粗蛋白含量可达 15%~20%,落叶可达 10%;以刺槐叶粉喂牛、羊、鹿可不用精料。以之喂猪,可在配合饲料中占 30%。在鸡的配合饲料中可占 50%。鸡饲料中加入 5% 刺槐粉代替麦麸,产蛋枚数提高 9.76%;因叶粉含有类胡萝卜素,能显著改善蛋黄色泽,并对鸡成活率有增高作用,故可增进鸡的健康。河北省遵化县用刺槐叶粉代替麦麸养猪(加 30%),增肥效果非常明显,表 7.1 为试验数据。

表 7.1　刺槐叶粉与麦麸成分分析　　　　　　　　　　　　　单位：kg

	对照	试验
玉米	50.00	50.00
麸	30.00	—
叶粉	—	30.00
豆饼	10.00	10.00
米糠	7.26	7.26
蛋壳粉	1.50	1.50
赖氨酸	0.24	0.24

　　按1:1比例混合拌料,每日喂4次,喂后饮水,喂养123 d。试验结果表明,对比麦麸养猪,每头猪增重7.54 kg,日增重提高61.3 g。

　　结论,喂叶粉不仅完全可以代替麦麸,而且日增重可提高61.3 g。其他如杨树叶、柞树叶、椴树叶、榆树叶、茶叶等均可作为饲料来用。

　　3. 林区畜牧业生态工程设计

　　林业的畜牧业生态工程主要适用于交错带的荒芜地、疏林地和灌木林地。

　　(1) 原则：① 牧林共生；② 多重利用；③ 可持续发展。

　　(2) 模式：林区的畜牧业应以水土保持与增加土壤肥力为重点。发展畜牧业应由原来单纯的原料生产向原料深加工和综合利用转变。逐步将水土流失区建成果品、木材、畜牧产品的生产基地。主要模式为：

　　① 林果牧型　根据地形高、中、低和空间的上、中、下等不同的生态位,建立多层次的生产结构,实行等高种植,采取山顶陡坡松柏、刺槐防护林带；山腰缓坡杂果林带；山下沟边基本农田,地边堰旁花椒、桑树、花草以及乔灌草结合等措施,配上各种拦蓄工程,达到土不下山和涵养水源的目的。同时,叶粉养畜,林果副产品得到充分合理的利用,经济效益相应提高。

　　② 农牧型　林区耕地不足,提高单产尤为重要。该类型强调以农业兴牧,以牧促农、促林,农林牧全面发展。增加农业投入,扩大高产基本农田面积,促进退耕造林种草,在粮食、饲草、燃料等增加的基础上,大力发展以牛、羊、兔、猪、禽等为主的畜牧业,改善畜禽结构。畜牧业的发展为农业提供充足的有机肥料,以促进粮食增产,减少农田土地面积,从而有更多的土地用来建立人工草场,以加速畜牧业的发展。这种物质的良性循环可确保水土保持和经济效益的提高。

　　③ 林牧型　自然森林生态系统食物链网络最复杂,但其生物种群几乎都是自然选择的野生自然种群。而人工生态系统的主要种群则是人类定向选择形成

的人工种群。前者为了自身的繁衍,后者则更有利于为人类提供所需产品。林牧模式就是依据自然种群的组合原则,用人工食物链取代自然食物链,既最大限度地利用自然资源,同时又比自然生物群落少耗损,这样形成的复合群体效益就要比自然群落更高些。草食动物、人工培育禽类、食用菌和蚯蚓等种群常常被加在人工林牧复合结构中以置换相应的野生种类。该类型常见模式有:林—昆虫—鸡—貂;林—畜—蚯蚓;林—鸭—鱼等(图7.2)。

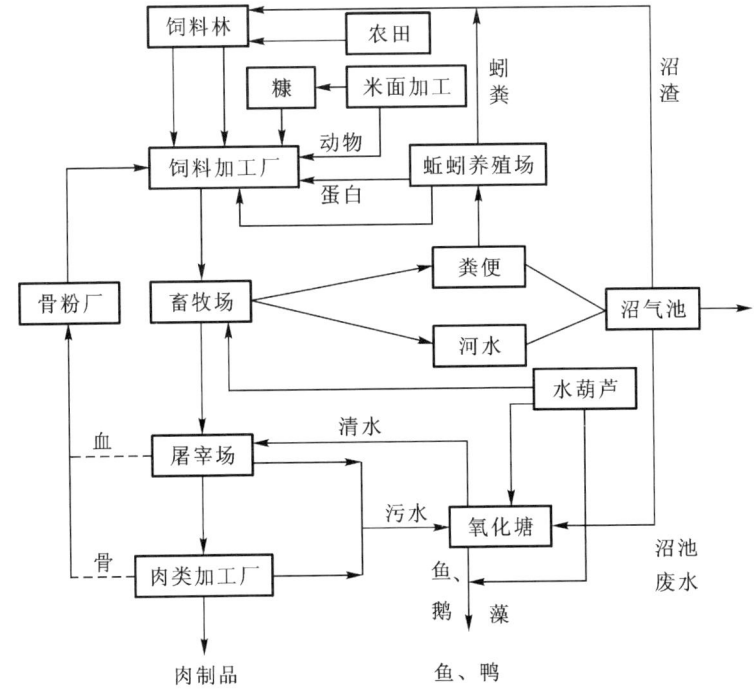

图 7.2 农林牧复合生态工程示意图

(3) 案例:山东省五莲县位于鲁中南山区,全县以山地为主,总面积 1 501.54 km²。其中山地面积占 34.2%,丘陵面积占 59.7%,全县总耕地面积 4.15 万 hm²,人均 0.08 hm²,1980 年以前,由于单纯追求粮食生产,毁林开荒严重,致使水土流失加剧,生态环境恶化,农业生产与经济发展缓慢。1978 年人均收入仅有 72.5 元。1980 年以来,根据当地条件对山、水、林、田、村进行综合治理,确定了以林果为主,林粮牧结合,牧工商一体化的多种经营全面发展的生态农业模式(图7.3)。经过 20 多年的努力,昔日的荒山秃岭、土地瘠薄的穷山区变成了山清水秀、林茂粮丰、牛羊成群的林果之乡、高效之乡。该县实施农林牧复合生态工程建设大见成效:① 实施生物措施与工程措施相配套的"三圈一线"

水利水保工程,在山顶栽植松、槐树绿化荒山,保持水土,在山腰栽植板栗等经济树种,在山脚栽植苹果、桃等果树,在沟谷内建谷坊、塘坝蓄水保土,形成了"山顶松槐戴帽,山间果树缠腰,山下林粮间作,沟内塘坝千条"的格局,全县小流域综合治理面积达 65% 以上;② 实施了林果业生态工程,每年新增林网面积 750 hm² 以上,全县林网总面积 12 万 hm²,林果面积由 1994 年的 6.3 万 hm² 发展到 1999 年的 6.93 万 hm²,森林覆盖率达 43%,植被覆盖率达 98%;③ 实施了以土壤培育为主的土地利用生态工程,先后对 6 600 hm² 河滩地进行聚土压土,增厚土层 20 cm 以上,秸秆还田率达 80%,土壤有机质含量提高 1.1;④ 实施了以种植业为依托的畜牧养殖生态工程,大力发展规模养殖业,全县规模养殖场已发展 800 余处,1998 年全县肉、蛋、奶产量分别达 3.183 万 t,12.011 万 t 和 1 130 t,畜牧业产值占农业总产值的 36.1%;⑤ 实施了以种养业为前提的农畜产品增殖工程,积极发展农副产品深加工,全县现已形成粮油、果品、蔬菜、畜产品、石材、木材等六大农副产品价格体系,年产值 30 多亿元。

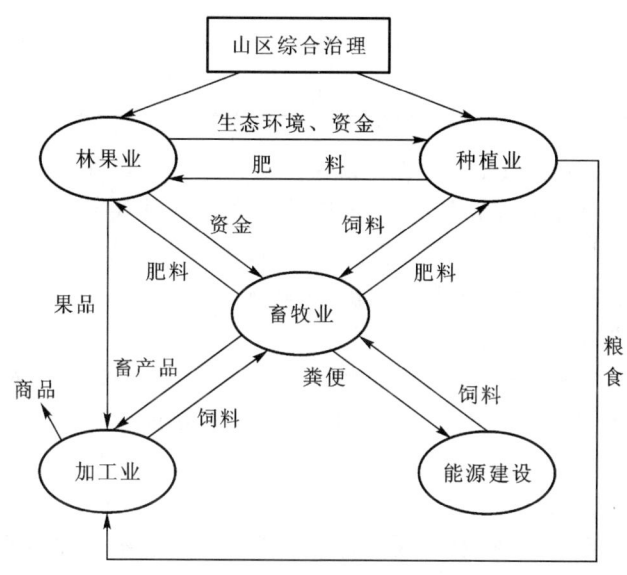

图 7.3 山区农林牧复合生态工程示意图

7.3.4 种养加复合生态经济系统

1. 产品加工环

产品加工环严格说并不属于农林牧复合生态系统范畴,但它与系统的输入与输出关系密切,直接决定着系统的功能。所以在设计农林牧复合生态系统时不能忽视产品加工环的设计。目前农林牧复合生态系统的产品,多以原粮、毛菜、生猪、木材的形式输出。从输出到消费者,量的减少是巨大的,也就是说,农林牧复合生态系统的输出很大一部分是"无效"的。由于这种"不合理"的输出,产生了一些不良的后果。

① 不合理的输出使农林牧复合生态系统物质、能量的损失加大。我们把全部输出中直接为人类消耗的部分称为"有效输出",则农林牧复合生态系统产品输出的组成大致如表 7.2。

表 7.2 农产品输出构成表

产品种类	有效输出/%	无效输出/%
粮食	80	20
蔬菜	60	40
肉猪	65	35
肉牛	45	55
肉鸡	50	50
木材	60	40

从表中可见,农林牧复合生态系统中产品输出大约有 20%～55% 为无效输出,若将这部分无效输出留在农村,可以使其产生两种效果:一是"加环"再转化,增大系统产出,提高系统的功能;二是直接返回土壤库,使系统物质损失减少,实质上就是减少了系统外物质、能量的输入,从而减少了系统能耗,降低产品成本,提高系统的经济效益。

② 不合理的输出加大了运输能耗,从表 7.2 数字可以看出,农林牧复合生态系统的无效输出带来的能源、运输、搬运、劳力等方面的浪费是巨大的。

③ 由于不合理的输出,造成城市有机质不正常"富集",加大了城市生态系统的污染和负荷。虽然有机质富集,对农田生态系统是有利的,但对城市生态系统却是有害的,也可以说,农林牧复合生态系统的产品不合理的输出,实际是"化利为害",这对城市生态系统的平衡是一种相当严重的干扰。

基于上述原因,农林牧复合生态系统在输出之前,就应引入"加工环",使产品变为"成品"、"精品"输出。这样既能减少无效输出,减少系统的物质、能量输入,减低系统成本,又能增加农民收入,防止城市污染,对经济与生态的可持续发展都相当有好处。

2. 种养加工业复合生态工程的设计

该生态工程是在农林牧结合的基础上增加"加工链"。通过发展无污染或少污染的农畜产品加工业,实现种植业、养殖业和加工业的一条龙生产,使农业有机废弃物得到综合利用。系统内物质和能量的流动更加合理,形成了以工商补农,以农带牧,以牧促农的良性物质循环,可促进商品经济的发展。

我国农村的农副产品加工类型十分丰富,根据农副产品的不同和规模大小,可分为多种模式:

(1) 以农牧为主,发展加工业的模式:该模式以种植业和养殖业为基础,在物质循环中增加了加工环节,使系统更加完善。若除去加工环节,系统的物质循环仍能进行,只是效率低一些。图7.4是江苏丰县一农户的农牧加工复合系统。该户过去主要从事种植业和养殖业,农业生产的粮食直接用于喂鸡喂猪,养猪成本较高,利润较低。1995年,该户办起了粉坊,并养殖桑蚕等,农作物、蚕豆首先进行粉丝加工,其下脚料为鸡、猪的优质饲料,加上用鸡粪喂猪,使猪的饲料成本节约了50%。此外,该户还购买了两头驴作为粉坊作业动力。猪粪、驴粪部分用于喂鱼,部分用于还田,减少了化肥投入,收到了良好的经济效益与生态效益。

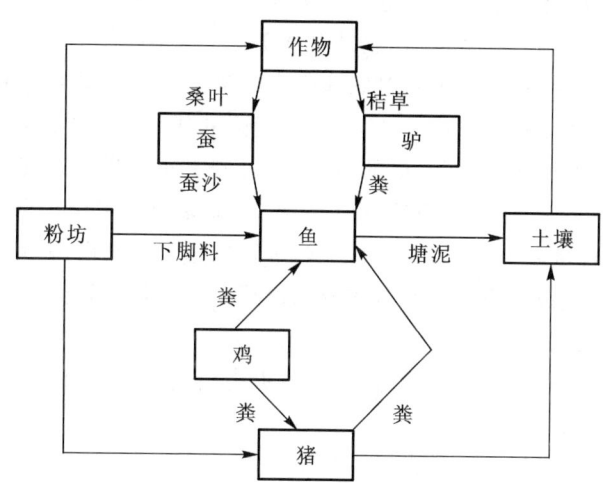

图 7.4 农牧业复合生态工程模式图

(2) 以加工业为主,发展农牧业的模式:随着我国对工业生产结构的改革与调整,中、小型食品加工厂发展很快,但生产过程中的许多下脚料却未能充分利用,甚至严重污染了当地的生态环境。在加工业生产的基础上,增加种植业和养殖业环节,使工厂农场化,变废为宝多级利用,不失为一种好办法。这不仅使在生产工业产品的同时获得了大量的农副产品,而且解决了工厂废弃物的污染问题,节省了处理废弃物的费用。

7.4 案例分析

7.4.1 留民营村的生态建设

留民营村位于北京市东南郊大兴县境内,土地面积 160 hm^2,耕地 110 hm^2。该村位于永定河冲积平原地区,为第四纪覆盖物地区,南临凤河,北依凤港河,地势较低,地下水源丰富,常年地下水埋深 1.5 m 左右,大旱之年 5 m,但恢复较快,地面取水比较方便。土壤有机质含量为 1.7% 左右,土壤为草甸土和盐化草甸土,保肥能力较强。气候属于暖温带亚湿润季风气候,其特点是春季风多雨少,夏季炎热多雨,秋季天高气爽,冬季寒冷干燥,四季分明。冬夏长,春秋短,光能充足,年平均日照时数为 2 771.32 h,年平均气温为 11.5℃,无霜期 210 d。

过去,作为生态平衡核心的林业十分薄弱,全村森林覆盖率只有 6.1%,低于大兴县的平均水平。特别是乔灌结合不好,因而未能做到对自然资源的充分利用,并存在生产结构单一的问题,1980 年工农业总产值中,种植业占 78%,畜牧业占 6%,工副业占 11.5%,林业只占 0.3%,没有渔业。

由于存在这些问题,留民营村农业生产的进一步发展受到严重阻碍。因此,要实现村经济的发展,必须在生态经济学理论的指导下,调整生产结构,走农、林、牧、副、渔多种经营、全面发展的道路,使行业之间相互促进,做到既保持生态平衡,又加速经济发展。从 1982 年底开始,在北京市环境保护科学研究院科研人员的指导和直接参与下,留民营村开始进行生态农业建设,其重点是改变村里原有的单一生产结构,努力提高畜牧业的比重,开展多种经营。

1. 绿化工程

近十年来,前后进行了三期绿化工程,大力植树造林、建设绿色田园,进行生态林业工程建设。以"两路两果一个网和两环两厂(场)一个园"为指导思想,实施乔、灌、草相结合,阔叶树与常绿树相结合的设计方案,完成农田林网和大块片林、大块苗圃建设,营造了环田林和环村林。共植树 4.2 万株,荆条 25 万墩、花卉 9 000 株,林木覆盖率达到 25%,基本上将留民营村的林业建成一个多树种、多层次、多功能、多效益的立体型生态林业结构。

2. 生产工程

留民营村利用本村的资源优势,大力发展水稻生产,粮食总产量由 1970 年的 20 万 kg 增加到 1982 年的 98.5 万 kg。近十多年来,上交国家的粮食超过 700 万 kg。人均分配由 1970 年的 86 元提高到 1982 年的 405 元,20 世纪 80 年代初水稻每公顷产量稳定在 6 000~6 750 kg。近年来,在北京地区严重缺水,不少村乡纷纷缩小水稻生产,转产其他旱地作物时,留民营村充分利用水源优势,继续保持水稻生产的稳产与高产。

在农业种植中,在保证粮食稳产高产的前提下,又新开发标准化蔬菜大棚 25 hm^2,果园和苗圃 20 hm^2。在畜牧业的发展中,蛋鸡饲养量达到 10 万只,年出栏商品猪达到 5 000 头,奶牛饲养量已发展到 100 头,养鱼水面达到 4 hm^2。为充分利用现有资源,生产结构向立体化方向发展,先后办起了烤鸭厂、酸奶厂、饲料厂、面粉厂和食品加工厂。生产的方向由原料生产向商品生产、粗放向集约方面提升,既服务了首都,又富裕了农民。

3. 生态工程

该村多年来一直坚持用可持续发展的理念进行开发建设,形成了以沼气为中心的农、林、牧、副、渔复合的生态系统,在生态农业、农村能源利用等方面取得了较显著的成果,据此,留民营村被联合国环境规划署授予"全球环保 500 佳"的称号,成为国内外知名的生态农业示范村。2003 年 3 月 17 日,北京市可持续发展试验区挂牌仪式在留民营举行,留民营生态村作为北京市第五家可持续发展试验区继续进行其生态工程项目的建设。同进,已经形成了以沼气为中心的农、林、牧、副、渔的生态系统。

7.4.2 留民营村生态建设的效益分析

经过十几年的生态农业建设,留民营建成了以沼气为中心的农、林、牧、副、渔复合生态系统。该系统充分合理地利用了有限资源,获得了显著的经济效益、环境效益和社会效益。

第一,从生态角度看,农林牧复合生态工程的实施,增加了系统结构的多样化,使所容纳的生物种类增多,彼此间创造相互有利的条件,因而系统具有更高的生产效能和更大的抗逆应变能力,系统的稳定性增强。

第二,复合生态工程的实施,有利于第一性生产植物资源的充分利用,提高了系统内废物的利用率,增加了系统的经济效益。

第三,留民营农业生态系统的综合利用,降低了能量消耗,改善了环境质量,改善了农产品质量,保护了自然资源,在以农业为本,开展多种经营,变废为宝,节约资源,保护环境方面,具有典型的现实教育意义。

思考题

1. 农林牧复合生态工程与种植业生态工程、林业生态工程有何不同?
2. 试论述农牧交错带存在的主要生态问题和解决该问题的基本思路。

3. 试论述农牧交错带农林牧复合生态工程设计的基本思路及设计方案。

4. 为什么要在农区发展牧业？农区牧业生态工程设计的指导思想是什么？目前比较成功的模式有几种？

5. 林区牧业存在的主要生态问题是什么？根据自己的体会，谈谈目前林区牧业生态工程设计的基本思路有何优缺点。

6. 绘制林区牧业生态工程设计模式图，举例说明林区牧业生态工程的基本模式。

7. 我国目前种养加复合生态工程的基本模式有几种？各有何特点？

8. 种养加复合生态工程和农林牧复合生态工程有何不同？

9. 留民营生态示范村的成功模式对我国农村生态经济社会的可持续发展有何启示？

第八章 荒芜土地恢复与重建的生态工程

荒芜土地是指覆被稀少的土地。由于人类对自然资源无节制地开发利用，土地质量已经受到严重的破坏，并且总体上仍在持续恶化。具体表现为水土流失、沙漠化、盐渍化日益加重，植被退化、土壤退化严重，湿地面积萎缩，生物多样性日趋下降，导致了荒芜土地面积不断扩大。荒芜土地上生态系统的恢复与重建已经成为生态工程的重要任务。

8.1 我国荒芜土地的现状

根据全国第二次遥感调查，2004 年我国水土流失面积高达 356 万 km^2，占国土面积的 37.1%。其中水力侵蚀面积 165 万 hm^2，风力侵蚀面积 191 万 hm^2。水土流失面积和侵蚀强度仍在继续增加；全国草地退化、沙化和盐渍化面积逐年增加，全国的可利用天然草原 90% 已发生不同程度的退化，而且每年以 200 万 hm^2 的速度递减。全国 2 350 个湖泊中，近期已干枯消失 543 个；全国生物多样性受到严重破坏，到目前为止已有 15%~20% 的动植物种类受到威胁。这一比例高于世界平均水平。我国已发生荒芜化的土地面积为 86.16 万 km^2，占国土面积的 8.98%，全国荒芜化趋势依然是"扩大"大于"逆转"，问题日益突出；因此有人认为，我国的生态环境正处在大范围、甚至是全面退化的前夕，生态环境治理已刻不容缓。

8.1.1 水土流失

新中国成立初期，全国水土流失面积为 150 万 km^2，目前已发展到 356 万 km^2，每年流失表土 50 亿 t。在自然力的作用下形成 1 cm 厚的土壤层，一般需要 300~400 年的时间，而有的地区每年冲走厚约 1 cm 的表土。新中国成立以来虽然在水土保持方面做出很多努力，但治理速度赶不上流失速度。由于水土流失，使土地资源遭受严重破坏，一些江河湖泊和大型水库泥沙淤积，水面缩小，调洪能力下降，江水威胁加剧。

8.1.2 土地沙化

沙漠化是指非沙漠地区出现的以风沙活动、沙丘起伏为主要标志的类似沙漠景观的环境退化过程。

由于过度利用,植被破坏,我国北方干旱、亚干旱地区沙化土地不断扩大。据第三次全国荒漠化和沙化监测(2003 年 11 月—2005 年 4 月),截至 2004 年底,我国荒漠化土地为 263.62 万 km^2,占国土面积的 27.46%,其中沙化土地面积为 173.97 万 km^2,占国土面积的 18.12%。且主要分布在华北、西北内陆、东北、华南及沿海地区。受沙化危害的农田高于 4 万 km^2、草场 4.67 万 km^2。目前沙化土地仍以每年 160 km^2 的速度在扩展。

8.1.3 土壤盐渍化

土壤盐渍化是农业生产的主要障碍因子之一。自 20 世纪 60 年代以来,随着人为干扰的加剧,土壤盐渍化程度日益加重。盐渍化斑块面积迅速扩大,其形成速度之快,分布面积之广是前所未有的。全国耕地中盐碱化面积由 20 世纪 60 年代初的 4.75 万 km^2 扩大到 21 世纪初的 9.3 万 km^2,增加了 50%。特别是近年来,由于局部地区忽视疏浚排水沟和排水设施的维护,致使次生盐碱化进一步增长。土壤盐渍化大面积地发生在东北松嫩草原、内蒙古西部、新疆、甘肃、青海等干旱荒漠区、绿洲边缘和大水漫灌改良草地。

8.1.4 草场退化

我国的天然草地、人工草地共 400 万 km^2,居世界第二位。由于毁草开荒、超载滥牧、重用轻养及鼠虫害等人为与自然因素的共同作用,我国的草地资源破坏严重,牧草产量不稳,草场出现沙化、碱化现象。低产草地占草地面积的 60% 以上,退化严重的草地已见不到优质草。家畜不喜食的杂类草、毒害草和一年生植物增多,单位面积的产草量大幅度下降,个别地区 1.1 hm^2 的草地才能养一头牲畜。以松嫩平原为例,退化草地面积占草地面积的 80% 以上。割草场植被盖度由 20 世纪 50 年代的 85% 下降到 20 世纪 90 年代末的 80%,而放牧草场植被盖度则下降到 50%,严重地段仅为 10%~20%。割草场草层高度由 20 世纪 50 年代的 80 cm 下降到 40~50 cm,放牧场草层高度在 20 cm 以下。

8.1.5 土地退化,耕地锐减

土地退化是当前最受关注的全球环境变化问题之一,全球土地退化面积已从 1984 年的 3.475×10^9 hm^2 增加到目前的 16.42×10^9 hm^2。土地退化关系到全球超过60亿人口的生产和生活,波及100多个国家和地区的3.6×10^9 hm^2土地,占陆地面积的1/2。退化土地每年造成的直接经济损失约420亿美元。目前,土地退化仍以每年5万~7万 hm^2 的速度扩张。土地退化较严重的地区主要分布在干旱、亚干旱地区、山区以及热带雨林地区,这些地区经济相对不发达,甚至相当贫困。

由于自然和人为因素,我国的耕地面积近年缩减明显,从20世纪70年代末净减少土地13万 hm^2 到20世纪80年代末净减少67万 hm^2。由于城市发展和非农业用地建设占用大量耕地,从1996年到2003年我国耕地面积总量减少了667万 hm^2,年均减少95.2万 hm^2。大量的工矿废弃地闲置与我国人口增加、耕地锐减的矛盾日益突出(国家建设用地、乡村集体建设用地及农民建房等)。我国土地质量的下降也十分明显,肥力较高的耕地只占耕地面积的1/4,全国有59.1%的耕地缺磷,23.9%的耕地缺钾,60%以上的耕地缺锌、锰等植物生长必需的元素。

为了人类社会的可持续发展,为了生态环境的可持续发展,也为了经济的可持续发展,荒芜土地的生态工程建设势在必行。

8.2 沙化土地恢复与重建的生态工程

8.2.1 沙化土地的演替

沙化土地大多是在自然和人为因素共同干扰下形成的。它具体表现为土地的退化和生物生产力的下降。对引起沙化的自然因素,目前人们还难以大规模地去改变,只能设法缩小它的影响范围。引起沙化的人为因素具有两重性,它既然能引起沙化,也必然能扼制沙化和恢复与重建沙化的土地。在沙化土地上进行生态工程建设,就是要求在已被人们破坏的自然环境上,重建适合人类生存的自然环境,并使其能生产出更多的物质财富。

沙地演化的自然顺序是由流动沙地逐渐生长植物变成半流动沙地,再由半流动沙地到半固定沙地到固定沙地。人类活动正是从破坏固定沙地开始,经历了与自然发展顺序完全相反的过程,如人类进行违背自然规律的活动使温带亚湿润草甸草原区固定沙地上稳定的榆树-山杏森林生态系统变成极不稳定的农田生态系统,就是一明显的例证,其破坏顺序是:

1. 稳定的榆树-山杏森林生态系统

目前榆树-山杏森林生态系统在吉林省通榆县向海乡及包拉温都乡都有分布。这样的森林生态系统,是温带亚湿润地区沙地自然环境与生物经过长期的演化形成的彼此相协调的稳定系统,也说明当前沙地自然环境是适合生长榆树－山杏群落的。

2. 天然次生林包围耕地阶段

这一阶段是人类在榆树－山杏森林生态系统中滥砍滥伐树木、开荒种地,使森林生态系统的结构和功能受到破坏后形成的一种景观。此种景观的特点是耕地呈小面积的斑块镶嵌在榆树－山杏森林生态系统之中,引起微弱的风蚀。有轻度沙化的沙地出现。如吉林省通榆县的乌兰花乡榆树－山杏森林生态系统即是这种景观。

3. 天然次生林与耕地大致相等阶段

此阶段的特点是耕地呈大的斑块镶嵌在榆树－山杏森林生态系统之中,变成榆树－山杏森林群落与耕地生态系统各占其半的景观格局。随着沙化耕地面积的增多,风侵程度由轻度风蚀,变为中度风蚀,风剥表土、毁种的几率加大、耕地单位面积产量降低。吉林省通榆县的边沼乡、新华乡大部分沙地都处于这一发展阶段。

4. 耕地包围林地阶段

若人类不控制自己的行为,继续毁林开垦耕地,此景观就演变为榆树－山杏森林生态系统呈大的斑块状镶嵌在耕地之中,耕地成为景观的基质。此时由于榆树－山杏森林生态系统的面积过小,林地的固沙作用减弱,故而风蚀程度加重。在风口处,出现风蚀坑、风蚀槽、风蚀穴等风蚀地形。沙地发生重度风蚀,此阶段单位面积耕地的产出进一步降低。吉林省通榆县瞻榆北坨子沙地就是典型的耕地包围林地的重度风蚀沙地,它是由于人类强度干扰产生的半固定沙地。

5. 耕地上散生孤树阶段

在耕地上升为沙地景观的基质后,若继续无节制地破坏沙地,则沙丘上耕地连片,而榆树－山杏群落消失,榆树、山杏在景观中仅呈孤立散生状分布在耕地边缘。此时散生的孤树已不能起固沙作用。风蚀现象更强,不仅有风蚀槽、风蚀坑等风蚀地貌,还有沙墩、蚀余沙柱及小面积的风积沙地出现,沙地已演替为半流动沙地及流动沙地,属强度风蚀的沙地。吉林省通榆县兴隆山乡马连根沙地就属此类沙地。

6. 流动沙地

对沙地进一步破坏,沙地上的孤树消失,植被覆盖度降低,生物生产力进一步下降,随之"坨子搬家",形成大面积的风积地形－流动沙地。如吉林省新华乡的桑树营子沙地和兴隆山乡的长胜沙地都属于经人类破坏诱发的流动沙地。其中新华乡桑树营子流动沙地长 110 m,宽 42 m,高超过 20 m,是一条新形成的沙垅。

8.2.2 沙化土地利用中存在的问题

目前对沙化土地利用存在的问题主要有二：

1. 自然生产潜力得不到发挥

以温带亚湿润区沙地为例,沙地上的光、温等条件在中温带是较好的,年降水量虽然不多,但沙地土壤水分有效性高,土壤的透水性好,生产潜力较高。沙平地的农业生产潜力(茎秆加籽粒)为 10~15 t/($hm^2 \cdot a$);沙地上若种豆科牧草沙打旺,平均干物质产量为 10 t/($hm^2 \cdot a$);若人工种植杨树,其干物质产量为 8~12 t/($hm^2 \cdot a$)。目前已发生沙化的耕地(多为旱田)上,由于采用的是广种薄收的经营方式,农作物(茎秆加籽粒)的产量仅为 1.5~3 t/($hm^2 \cdot a$)。沙化草地多是耕地弃耕后形成的,不仅产草量低(单位面积的产草量仅为 1~1.5 t/($hm^2 \cdot a$)),而且草质也差,光、热、水、土地资源浪费相当严重。

2. 沙地上长期存在的农林争地、农牧争地矛盾一直得不到解决

20 世纪 60 年代初以来在"以粮为纲"思想的指导下,农民在沙地上大面积地开垦农田,而畜牧部门又主张在沙地上种草,林业部门则主张在沙地造林。农林牧相互竞争的结果是除了一部分沙地成功地营造了人工林外,大部分沙地沦为广种薄收的旱田、轮耕地及撂荒地。由于这类用地周围缺失森林保护,因而人为地造成流沙再起,引起新的风蚀和风积。

8.2.3 沙化土地的生态工程设计

根据沙地本身的自然特点和对沙地资源的利用现状,设计以下几种较为理想的生态工程建设模式:

1. 网格状林草田复合生态系统的设计

在大沙垅顶部的沙平地及大的沙间平地上,目前一部分用为耕地,一部分为撂荒地,一部分为次生榆树灌丛和人工林。由于利用不当,其自然生产潜力得不到充分发挥。理想的生态工程建设方案是在沙平地上建成网格状林草田复合生态系统。林网的布设应考虑盛行风向。如夏季以西南风为主,冬季以西北风为主,全年以西南风居多的地区,应以西北—东南向的林带为主林带,与西南风垂直布置;副林带以东北—西南向为宜,与西北风垂直布设。林带的间距应视沙地地形不同而异,一般主林带间隔 200 m,植树 12 行,株距 1 m,行距 3 m。副林带间距 300 m,植树 12 行,株距 1 m,行距 3 m,林带两侧种植牧草,草带宽 50 m。这样,每个林网造林面积为 2 529 m^2,种植牧草面积 40 000 m^2,耕地面积 20 000 m^2,林草田面积的比例为 1:2:1。沙平地的这种利用模式可以保证达到以林护田、以牧养农,以农促牧,农林牧相互促进各得其所的目标。

2. 平行式林草田复合生态系统的设计

在沙垅边缘与甸子地交界处,常有长条形的沙缘沙平地。这种沙平地,目前有的被垦为农田,有的为撂荒后的草地。沙缘沙平地位于沙地与甸子地的生态交错带上,它比沙垅顶部沙平地水肥条件好,又没有甸子地上盐渍化的威胁,造林、种草、种田都适宜。在我国目前粮食生产尚不能放松的情况下,这里可开垦为有林带保护的农田。沙缘地的这种利用模式既可以获得较高的生物产量,又能防治沙化再起。

一般的沙垅结构,多由沙垅顶部沙平地,沙垅斜坡和沙垅边缘沙平地组成。根据这种沙地结构,可应用生物控制共生的原理因地制宜地进行生态工程设计。在沙垅顶部沙平地上,建成网格状林草田复合生态系统;沙垅斜坡适于种草,建成林草相间分布的林草复合生态系统;而在沙垅边缘的沙平地上建成有林带保护的旱田生态系统。在沙垅顶部沙平地与沙垅斜坡交错带布设宽度不小于 36 m 的林带,种植杨树、樟子松(*Pinus sylvestris* var. *mongolica*)、刺槐等,株距 1 m,行距 3 m。在沙垅斜坡与沙垅边缘沙平地交界处设置宽度不少于 36 m 的第二条林带,株行距同上。在种植旱田的沙垅边缘沙平地的下缘与甸子地交界处,也必须设置林带。但这里覆沙较薄,深根系的乔木难以成才,可布设沙棘灌木林带。

3. 镶嵌式林草田复合生态系统的设计

沙地中有一部分为多丘状沙地,孤立分散的小沙丘与丘间沙平地交错分布。目前的利用状况是:一部分沙丘上为稀疏的灌丛;一部分为撂荒后的低覆盖草地;沙丘间沙平地大部分被垦为农田,小部分为中覆盖和低覆盖草地。这种沙地生态工程建设的模式可采取在孤立的沙丘上植树,在树木未成林前先保留原来的灌丛,等成林后,再去掉。在沙丘间沙平地上建设基本农田,在基本农田与防护林之间种植一定宽度的草带,发展以牛、羊为主的畜牧业,畜肥还田,不仅可以提高沙地肥力,改善土壤结构,而且将低值的产品(草)转化为高值的产品(肉),经济效益明显。

在多丘状沙丘与沙丘间平地相间分布的地段,采取镶嵌模式建立林草田复合生态系统,是因地制宜地、充分利用自然资源的极好措施。林草田之间用地的比例,以沙丘面积与沙平地面积的多少为依据,尽可能将沙地的自然结构与沙地土地利用结构相匹配。

4. 孤立沙丘岛状森林模式的设计

沙地的边缘多分布着诸多孤立的沙丘,它们呈小的斑块镶嵌在广阔的由耕地组成的基质上。目前此类孤立的沙丘,有的生长着稀疏的灌丛,有的营造了防护林,有的为撂荒后的低覆盖草地。这种被汪洋大海式的农田包围的孤岛状沙丘,可仿自然原型促其恢复。这不仅可保存自然物种,保护生物多样性,还可通过森林岛的建设,为许多鸟类提供筑巢、觅食等生存条件,鸟类的繁殖增加了消灭农田害虫的天敌,这不仅对农作物的生长极为有利,还增加了景观的异质性,提高了系统的稳定性。在撂荒后形成的低覆盖草地沙丘上,可按等高种植方式,采取乔木与灌木间作的形式,使沙丘迅速恢复为森林岛。

5. 在沙垅与长洼地相间分布的地段建设林草田、麻稻苇复合生态系统模式

沙地大部分以沙垅与长洼地相间分布的形式出现,如吉林省的瞻榆沙地、太平川－乌兰图嘎沙地都呈沙垅与长洼地相间分布的格局。这里地处平缓的松辽分水岭,很多地段为闭流区,无排水出口。目前的长洼地上土地利用方式或是天然草场,或已开垦为旱田,最近几年又有一部分开垦为水田;沙垅上大部分为次生的榆树灌丛,小部分为人工杨树林、旱田及撂荒后形成的中、低覆盖草地。在长洼地上种植旱田,风调雨顺之年,可以获得丰收;但该地段春季降雨少,大风频发,常造成"十年九春旱"的旱灾;夏季 7—8 月的暴雨集中,多余的降水汇入无排水出口的长洼地,常受内涝的威胁。春旱、夏涝灾害频发,生态系统的产量极不稳定。多年来采取"头痛医头、脚痛医脚"的措施,其结果是旱、涝灾害仍频繁发生,自然生产潜力得不到发挥,群众生活较为贫困。

在这种自然条件下,既改善环境又提高自然生产潜力的途径必须采取整体化的观点,从人与自然互利共生的原理出发,通过局部的生物控制,达到协调全局的目的。生态工程建设的模式是根据沙垅与长洼地的不同生境,选择适宜的、有经济价值的、速生丰产的植物品种,提高第一性生产力,以增加社会财富。在沙垅上仿自然原型建立林草田复合生态系统。在长洼地上,首先必须建立沙坝控制上游来水,以扼制 7—8 月多余的降水形成内涝;其次根据采补平衡的原则合理开采一部分地下水,发展井灌农业和水田;最后在沙坝下方及水田上方种植红麻;在水田下方生境更为低湿的地段,种植芦苇。即在不同的生境——旱生、中生、湿生生境中采取不同的利用方式对土地有效而持久的利用。

红麻是既耐盐又抗旱还不怕湿涝的植物,其干物质产量可达 10 t/hm^2,经济效益可与种植玉米相当。更重要的是红麻可作造纸原料,制成麻浆替代木材造纸。芦苇比红麻更为耐湿,它需要更低湿的积水生境,在水田排水口的下方及沙坝储水池周围都可以种植芦苇。芦苇不仅是造纸原料,它的耐污、耐碱能力也很强,种植芦苇可以大量吸收土壤中的钠离子,降低土壤盐分含量,改善生境条件。在沙垅与长洼地采取生物控制共生的措施,因地制宜地对土地有效利用,不仅可以充分利用自然力,生产出更多的社会财富,而且通过生物的生长、繁殖,不断地积累有机质,改善生态环境,这是当前生态工程建设的重要方向。

8.3 退化草地恢复与重建的生态工程

8.3.1 退化草地的现状

20世纪60年代以来,我国草地面积大幅度减少,草原退化明显。造成草地面积减少、质量退化的原因既有自然因素也有人为因素,但人类违背自然规律的活动是草原退化的主要原因。

我国温带亚湿润地区的草地退化相当明显。仅以吉林省西部为例,20世纪80年代初,草地面积为115万 hm^2,而至20世纪90年代末,草地面积仅为96万 hm^2;退化草地的面积也由原来占草地面积的1/3扩展为占草地面积的2/3以上。草地退化的速率不容忽视。吉林省西部的草地为以羊草为主的草甸草原,在人类活动的干扰下,形成了羊草群落→羊草-糙隐子草群落→羊草-寸草苔群落→寸草群落→虎尾草群落→星星草群落→碱蓬群落的逆向演替系列。

1. 羊草-糙隐子草群落

糙隐子草的生态适应性较强,比较耐牧,在羊草草地退化的早期阶段,往往可成为优势种,与羊草共同组成羊草-糙隐子草群落。该群落种类成分中除羊草、糙隐子草占主导地位外,长梗葱也占较大的比重。种的丰富度10~14种/m^2,出现一些盐生植物和杂草。植物生长茂密,季相单调,总盖度多为90%,只少数地段为60%,由于糙隐子草数量多,形成了第二层,使群落具有两层结构;第一层高40~50 cm,羊草的生殖枝高60~70 cm,盖度40%~50%;第二层高10~15 cm,盖度多在50%以上,个别为30%。这种群落是处于轻度退化的草地,若及时采取保护措施,可以促进羊草的生长与繁殖,恢复为羊草群落。

2. 羊草-寸草苔群落

寸草苔是苔草属中耐旱性较强的一种植物,有一定的耐盐性,耐牧性也较强。在过度放牧,牲畜对草地践踏较重的地段,往往出现斑块大小不一的寸草苔群落,有时呈集中连片分布。它是羊草草地轻度碱化演替的次生群落类型。这种群落种的丰富度小,组成简单,每平方米仅有4~8种植物,除羊草和寸草苔占主导地位外,多是一些盐生植物和田间道旁杂草,群落总盖度60%~80%。在垂直方向上可分为两层:第一层以羊草为主,高40~50 cm,一般羊草的生殖枝高50~65 cm,盖度为50%~60%;群落的第二层为寸草苔,高10~15 cm,盖度一般为30%~40%,最高可达50%。这种群落是羊草草地逆行演替的第一阶段。随着放牧强度的加大,羊草逐渐减少,寸草苔成为群落的建群种。在利用中,这种群落必须加以保护,防止生产力的进一步下降和土壤的进一步碱化。

3. 寸草苔群落

这一阶段,群落的特点为寸草苔成为群落的建群种,羊草退居偶见种。这说明羊草群落已进一步退化。该群落的物种种类组成简单($4 \sim 8$ 种$/m^2$)。除以寸草苔为建群种外,还有一些盐生植物和田间杂草。建群种寸草苔植株矮小,群落外貌和生境都已发生明显的变化。随着人类活动的加剧,逆向演替将进入虎尾草群落阶段。

4. 虎尾草群落

虎尾草是中生的一年生草本植物,具耐轻度盐碱干扰的生理特征。当羊草群落随着过度放牧,羊草逐渐减少,虎尾草增多,虎尾草取代了寸草苔,组成了单一的优势群落。该群落种类成分单调,每平方米仅 $4 \sim 7$ 种植物,且几乎都是盐生植物和田间杂草,充分表现出群落的次生性和生境特点。群落的总盖度为 $70\% \sim 80\%$。逆行进一步发展,就出现了对盐碱耐性更强的植物群落。

5. 星星草群落

星星草(*Eragrostis pilosa*)群落既是天然盐生植物群落,又是次生群落,分布较广泛。在吉林省西部,它主要出现在碱湖周围的盐碱土和草地退化的碱斑上。该群落的生境较低湿,有短期积水。群落的种类成分较丰富,每平方米 $4 \sim 9$ 种植物,但分布不均匀。星星草和朝鲜碱茅占主导地位,其次为野大麦和碱蒿、羊草、虎尾草、芦苇也常见。此外还零星分布着一年生的盐生植物。该群落植物一般较稀疏,但不同地段也有差别。总盖度通常为 $30\% \sim 40\%$,个别地段达 70%。群落的垂直结构分两层:上层高 $60 \sim 70$ cm,盖度多为 $25\% \sim 35\%$,少数达 50%;下层高 $5 \sim 10$ cm,盖度 $15\% \sim 20\%$。群落的生产力低,在草地利用上没有突出的经济价值。逆行演替进一步发展,就出现了对盐碱耐性更强的植物群落。

6. 碱蓬群落

碱蓬是典型的盐生植物,以它为建群种的群落出现在吉林省西部碱湖周围或退化草地的特殊生境上。它既是自然分布的原生类型,又是退化演替的次生群落,一般多与羊草群落或其他盐生植物群落构成复合体。但在草地严重退化,特别是在靠近村庄、放牧点、饮水点、极度放牧的地段,群落所占的面积较大,甚至连成大片。组成群落的种类丰富度很小,每平方米仅 $2 \sim 5$ 种植物,多为盐生植物,只在夏季雨水充足的情况下才能很好的生长发育,否则,植株稀疏。碱蓬和碱蒿在群落中占主要地位,虎尾草在某些地段数量较多,其他的种类都零散分布。雨量正常年份,7—8 月植株处于生长旺季。群落的总盖度可达 $70\% \sim 80\%$,高 $40 \sim 60$ cm,只有单层结构。这个群落类型是草地严重退化的标志。必须采取适当的生物措施,如引种野大麦等具有耐盐碱性能的植物,改善群落的种群结构,防止土壤继续退化。

草原天然植被退化原因是复杂的,既有自然因素,又有人为因素。它是过度放牧和人类不合理的耕垦,加上区域气候、地质、地形等生态因素的特定组合。

8.3.2 退化草地的形成因素

退化草原的形成是区域内自然条件与人为因素共同作用的结果,诸自然要素的综合作用是退化草地形成与发育的内在因素,而人为因素则在其形成发展过程中起到了推波助澜的作用。下面,以松嫩平原为例,对草地退化的因素进行分析。

1. 影响退化草地形成的自然因子

(1) 成土母质因素:松嫩平原东、北、西三面分别为长白山、小兴安岭和大兴安岭,呈马蹄形环绕。山地土壤母质多为玄武岩和花岗岩的风化物,高含量的 $NaAlO_2$、$NaSiO_2$ 及 $NaHSiO_3$ 等化合物,与水中 H_2CO_3 作用形成苏打,使本区平原土壤中苏打的含量偏高。同时,在长期流水的作用下平原形成深厚的第三系、第四系地层。成土母质多为第四纪更新统洪积物、冲积物(黄土状亚粘土、全新世壤质、粉壤质、砂质的淤积、风积的松散沉积物)与近代河流的沉积物,质地黏重,渗透性不良,盐分不能得到合理有效地淋溶,致使盐分积累,产生土壤盐渍化。

(2) 地形地貌因素:松嫩平原是中生代的坳陷区,第四纪沉积层、上更新统的河流冲积物和湖泊沉积层广泛分布,组成广大的河谷冲积平原和封闭、半封闭的碟形洼地。由于河流的多次改道,遗留了众多的古河道,从而使本区地势平坦,起伏较小(海拔高度为 140~200 m,相对高差为 5~10 m,坡度和缓,坡降为 1/8 000~1/5 000)。低缓的地形使自然降水和高处来水在本区流动缓慢,排水不畅,水分在低洼处聚积,待水分蒸发后,可溶性盐分浓缩,久而久之,土体中盐分逐渐升高,聚积地表,产生草地盐渍化。

(3) 气候因素:本区属温带亚湿润、亚干旱的气候区,气候的显著特点为:① 降水不足,湿润系数变率大。年降水量仅为 350~500 mm,而年蒸发力则为 1 000~1 300 mm,年蒸发力大约是年降水量的 2~3 倍。特别是 5 月份,降水量仅相当全年的 5%~8%,而月蒸发力高达月降水量的 5~8 倍。② 春季大风日数多达 10 天左右,空气湿度小,水分蒸发高,冻层融化的熔解水在土体上下层张力差的作用下,迅速向上移动并蒸发掉,留下被水携带来的盐分聚集地表,造成强烈的积盐现象。③ 夏季(6—8 月)降水集中(占全年降水量的 70%),且常以暴雨的形式降落,汇集地表造成涝灾,造成"大涝之后有大碱"的现象时有发生,导致草地退化。

(4) 水文因素:本区降水不足,蒸发强烈,河流稀少,且分布不均。河流多分布于边缘地区,大部分属松花江水系。中部为闭流区,有诸多的无尾河。这些河流无正式河槽,只有在大洪水年份才有水流。平水年,河水不能排出本区,只能在流域下游漫流、潴积或最终通过渗漏和蒸发而消失,产生积盐过程。地下水位浅(潜水埋深一般小于 3 m)、地下水矿化度高、地下水的水平流动极其缓慢或近于"停滞",导致地下水中盐分浓度增加。当地下水位在临界深度以下时,毛管水流动可将大量可溶盐分从地下水输送到土壤表层,地下水埋深在 0.2~0.5 m 时,水的矿化度最高,可达到 1.5~2.0 g/L。高矿化度和埋深浅的地下水、地表无排泄出口的地表水与小于蒸发力的大气降水是土壤发生盐渍化、草地退化的水文因子。

2. 人为因素

影响草地退化的人为因素主要是人类生产和生活活动直接或间接地造成的。

① 盲目毁草开荒扩大耕地、载畜量过大、采草、挖草皮积肥、取土、雨天放牧、挖野菜等生产活动,减少植被覆盖度,使大面积地表裸露,加大地表水分的蒸发,其结果降低了土壤的持水性,加强地表积盐作用,促使土地干旱。夏季,地表温度显著升高,加速毛管水、潜水的蒸发,干热的空气扶摇直上,降低了平原上空大气的湿度,使降水量明显减少,恶化了区域小气候;春季,大风对沙地产生强大的风蚀作用,形成风蚀洼地、流动沙丘,大风的吹扬使土壤的风蚀量最高可达 2 000 t/km^2,导致 N、P、K 和腐殖质等养分流失,土壤养分贫瘠化、沙化和盐碱化增加。

② 修建水库、灌排渠道时,由于工程质量差,库区、渠道渗漏严重,抬高了水库周围与渠道附近的地下水位,诱发盐碱化发生;在没有完善灌排配套工程的地区,盲目实施农田灌溉,水分不能及时排除,起不到洗盐、脱盐的作用,反而抬高了地下水位,也造成土壤盐碱化和次生盐渍化的发生。

③ 在居民点附近及公路、铁路沿线,人类挖土修房、修路、践踏草皮、乱泼污水等生活行为,使土壤逐渐发生次生盐碱化。

④ 草地超载、牲畜过度践踏,致使草地退化。

8.3.3 退化草地治理的生态工程设计

退化草地的恢复与重建是一个复杂的系统工程。生态恢复首先要找出退化的原因,然后根据不同的自然条件和退化程度,因地制宜,采取不同的措施。通过试验选择出投资少、效果好、见效快、简单易行、推广快的模式,把经济效益和生态效益结合起来,使退化草地的植被得到恢复与重建,草地能持续发展。

1. 自然封育

自然封育就是对严重退化的草地采用围栏(草库伦)的措施进行封闭,使其植被能够自然恢复。严重退化的草地一般沙化与盐碱化较重,其形成的主要原因都是人为不合理地利用草地引起植被破坏所致。草地植被维持着土壤养分与水分的动态平衡,植被覆盖度降低,地表蒸发量增大,土体中上升水流的数量和速度增大,从而加强了土体下层盐分向表层积聚;随着土壤中有机质含量的下降,土壤结构破坏,孔隙度减少、土体中下流水数量与速度下降,从而也导致土壤表层的脱盐速率下降,相对提高了积盐速率。在封育期内不准刈割或放牧,给被抑制的优良牧草群落有一个充分生长繁殖的机会,使草场自然恢复,达到提高草场生产力和草场质量的目的。此项措施简单,经济易行、效果明显、是防治草场退化的主要措施。

吉林省西部的退化草地面积小的恢复得快,面积大的自然恢复比小斑块要慢一些。自然封育后,由于停止了放牧,生态环境得以恢复和改善。原有的植物群落产量有明显的提高,豆科牧草增多,毒害草减少,繁殖枝增多,种类组成增加,群落结构复杂。在吉林省西部草地自然封育2~3年后,一般产草量可提高50%~80%(表8.1)。

表8.1 退化草地自然封育2年后植物群落的变化

类别		处理		净增加或净减少
		自然封育	未封育	
产量(鲜重)/(kg·hm^{-2})		6 502	2 437	+4 065
植物株数/(株·m^{-2})		583	296	+287
草层高度/cm		55	33	+22
主要牧草生殖枝	羊草	35	15	+20
数量/(枝·m^{-2})	拂子茅	10	2	+8
	星星草	27	7	+20
	野大麦	37	11	+26
豆科牧草(鲜重)/(kg·hm^{-2})		24	4	+20
毒草(鲜重)/(kg·hm^{-2})		8	24	-16
不喜食草(鲜重)/(kg·hm^{-2})		20	27	-7

2. 松土

对大面积连片的退化草地,也可以采用松土的措施进行改良。这些地段土壤板结,松土后可以明显改善退化草地的理化性质,促进土壤中种子的萌发和残存在土壤中营养繁殖体的生长。松土后,改善了土壤的通透性,加强了土壤内微生物活动和生化过程,促进了土壤微生物的分解,有利于牧草的无性繁殖和生长,达到更新复壮草场,提高草场产量的目的。退化较重的碱斑经过松土,可以存留更多的种子,增加土壤中的繁殖体,在雨季时可迅速发芽生长。据调查表明,松土可提高土壤的含水率和孔隙度。松土一年后的草地含水率提高0.7%~3.6%,土壤孔隙度增加3.02%~4.05%,而土壤容重降低0.08~0.11 g/cm^3。其次,松土可提高土壤的速效营养含量,加速土壤有机质的分解,土壤中速效氮含量增加46.97 μg/kg,速效磷增加1.29 μg/kg,速效钾增加51.12 μg/kg。松土后的群落演替规律:1~2年为一年生植物阶段,主要种类有虎尾草、狗尾草、黄蒿等;由于一年生植物的生长、根系的活动和死亡,地上枯枝落叶的积累,环境进一步得到改善;多年生植物开始侵入,主要是营养繁殖快的根茎植物,如羊草、拂子茅等,数量由少到多地形成根茎植物群落。在根茎植物侵入扩展的同时,一些耐盐碱的多年生植物也开始入侵,逐渐形成以羊草为优势的羊草群落。这一自然恢复过程,一般8~10年。可见,松土是改良退化草场的有效措施之一。

松土改良草地可以提高牧草产量,但同时也应注意这样一个问题。由于松土改善了土壤的物理和化学性质,加速了土壤中枯枝落叶等有机质的分解。这些营养物质被植物吸收后,提高了牧草产量。这些牧草每年又都被家畜吃掉或被刈割作为冬贮草运走,土壤内的营养物质得不到归还。虽然刚开始几年牧草得到增产,但长期继续下去会造成土壤贫瘠化,草地退化。因此,在松土改良草地时应及时进行施肥或不要连年长期割草、重牧,以补充土壤营养物质,保持草地的持续利用。

3. 翻耕松土补播

由于草场过度放牧和长期刈割,牧草没有开花结实的机会,特别是靠种子繁殖的牧草,土壤中的种子得不到补充。因此,向草地中补充必要的种子是十分必要的。在松土的同时进行补播比单项松土效果更好。深翻耕改良极度退化的草地,在第一年往往没有经济效益。因为原有的植被被翻入土中。这里可以在翻耕地上补播快速生长的一年生植物,做到当年改良当年受益。在翻耕地段补播狗尾草和谷子,都可取得良好的收益,当年可产干草600 kg/hm^2,还可抑制家畜不喜食的一年生杂草的生长。由于大量一年生植物的生长,改善了土壤的理化性质,促进第二年根茎牧草的繁殖生长,加速群落进展演替的过程。补播一般在7月雨季为宜。据调查,采用SB-28-1型草原松土补播机补播紫花苜蓿2~4年后,紫花苜蓿株高比对照增加7.2 cm,羊草增加13.1~19.1 cm,比对照植株增加59~125株/m^2;1—4年干草产量分别为1 440.38 kg/hm^2、1 799.78 kg/

hm^2、2 502.98 kg/hm^2 和 2 158.73 kg/hm^2,分别比对照增产 12.37%、120.29%、87.74% 和 49.79%。

4. 以沙治碱

以沙治碱是利用盐碱地区风大沙多的特点,以设置沙障,以障积沙,以沙压碱降低 pH,以利植物生长。盐碱土掺入沙后,改变了土壤的结构,促进了团粒结构的形成;掺沙后增加土壤的通透性,改变了水、盐运动方向。在雨水作用下,盐分从表土层淋溶到深层土中,团粒结构增强,保水、储水能力增大,破坏了毛管作用,减少地表的蒸发,抑制了深层盐分向上运动,使表土层的盐碱化程度降低。

铺沙对盐碱土改良的效果随沙层厚度增加而明显增强,土壤 pH 随铺沙厚度的增加而降低。当沙层厚度达 15 cm 时,pH 比对照区下降 3 个单位。例如,通榆县严重碱化的羊草草甸地段,偶尔可见到少量羊草生长。羊草生长茁壮的地表积沙厚 23 cm,表层土壤 pH 为 8,比盐碱斑表层土壤的 pH 低。

5. 人工种草

在大面积连片的盐碱斑地段,仅靠自然封育或松土等措施,恢复到原有植被需要较长的时间。因此,在盐碱地上种植耐碱牧草,建立人工草地,可加速盐碱斑块的治理,可提高经济效益和改善生态环境。

在盐碱斑上建立人工草地比一般人工草地的建立要更加困难,建立人工草地的目标是:使盐碱化草地恢复到原来优质高产的以羊草为建群种的草地,要实现这一目标,人工种植的牧草种类选择是关键。

盐碱斑上植被重建与恢复的速度,与盐碱斑土壤有机质的积累、土壤结构的改善速度有直接关系。在种植耐盐碱植物,建设人工草地时,有两套设计方案:一是根据植物与生境相互关系的生态学原理和群落演替的理论,在盐碱斑上先种植一年生耐盐碱强的速生植物。经过 2~3 年的有机质积累和改良土壤的过程,羊草便可以通过根茎侵入、种子萌发生长、逐渐自然演替为羊草群落。或再播种多年生优质牧草加快其恢复速度;二是采用铺施枯草、施石膏、沙压等改良措施,在盐碱斑上直接种植耐盐碱、多年生优质牧草,经 1~3 个生长季就可恢复为羊草群落。

根据对某些植物抗盐碱性研究,一年生先锋草种的选择,应注意以下几个方面:耐盐碱性强、能在大环境条件较严酷的盐碱斑上正常发育生长,地上部分的生产力较高,地下具有发达的根系,加速有机质积累;草质柔软,加速有机质的腐烂过程;体内含盐量低,减少残根及枯枝落叶中盐分的某种抵消作用;生育期短,可在 7—9 月雨热同季的短时期内完成生活周期,减轻盐碱地旱害。多年生植物的选择,主要考虑耐碱性能强、植物生长快、可迅速占据地面;还要考虑植物是否是优质高产牧草,要有较高的经济效益。

(1) 羊草的种植技术：羊草是耐盐植物，但它不属于典型的盐生植物。在吉林省西部，它的成年个体仅能忍耐 pH 为 9.5 以下的土壤，幼苗仅能忍耐 pH 为 9.0 以下的土壤。大多数碱斑的 pH 都在 9.5 以上，因此，在盐碱地上直接播种羊草不能成活，必须采取一定的措施对土壤进行改良才能保证羊草的成活率。采取的主要措施为：

① 施枯草　在播种前一年的晚秋或播种当年的早春，将枯草按 1.5~2.0 kg/m² 平铺于盐碱斑地面，然后依次用五铧犁、重圆盘耙、拖土板等农具，将草土混拌均匀，土壤细碎、平整、疏松后再播种。

② 播种前　要对种子的空秕率和发芽率进行测定。盐碱地种植羊草不必清选种子，可把空秕种子作为一种有机质源，但必须正确换算出适当的播种量。穴播在行距 60 cm、穴距 30 cm 时，播种量按 30~40 kg/hm² 清选种子计算；条播在行距 60 cm 时，播种量按 60~80 kg/hm² 清选种子计算；撒播时按播种量 100~120 kg/hm² 清选种子计算；穴播和条播覆土深为 2 cm，撒播可用拖土板盖土，也可以按 1 kg/m² 枯草量整地，播后再在地表均匀撒上 1 kg/m² 枯草，防止土壤水分的蒸发，提高种子的发芽率和成活率。此种方法要比枯草全部混拌在土壤中效果更好。

③ 幼苗期管理　羊草的幼苗幼弱，生长缓慢，出苗后 10~15 天才产生吸收、固定性较强的长根，30 天左右长成第三片叶，开始分蘖产生根茎，在这一个月的时间内，羊草的生活力及抗逆性较弱，容易受盐碱害、旱害及其他杂草的危害，此时是羊草定居的危险期。因此，播种后进入雨季可以减轻前两种危害。对于杂草，可借助除草剂或人工除草等措施加以防除。由于羊草根茎繁殖能力强，只有定居产生根茎，才能抵御其他杂草的侵害。

④ 3 年内的管理　播种后羊草形成繁茂的单调群落。而羊草主要靠根茎进行营养繁殖，因此，播种后 2~3 年内禁止使用，以使羊草群体有一个充分繁殖生息的时间与机会，同时也增加羊草与其他杂草竞争的能力。

羊草主要靠根茎进行无性繁殖，根茎主要分布在土层深 5~10 cm 处，根茎纵横交错，互相交织在一起，其上又生长较多的细根，根系发达，地表又被植被覆盖，使土壤深层盐碱不但不能上返，反而表层的盐碱还会被植物的活动所中和或下移，使明盐碱斑变为暗碱，形成一个新的表土层。当新的表土层形成时，羊草植物群落才能稳定，此时进行合理放牧和割草才不至于再发生盐碱化。

(2) 野大麦的种植技术：野大麦主要分布在我国东北、华北、西北、四川、新疆和西藏等省（区）低湿的盐碱地上。吉林省西部的草地上野大麦有广泛的分布，且常呈纯群落生长在盐碱斑下或光碱斑周围，有时和碱茅属植物混生在一起。野大麦对土壤要求不严格，抗逆性强，在 pH 为 8.5~9.5 的碱性土壤中生长良好。它的耐盐碱能力超过羊草,稍低于星星草,适宜于微碱性或中度盐碱性土壤。

野大麦草质柔软,营养价值高,适口性很好,大小牲畜均喜食,适于刈割调制干草,为碱性草原耐盐碱性较强的优良牧草。近年来,吉林、内蒙古、河北、甘肃、新疆和青海等省区都开始栽植野大麦,它是改良盐碱化草地和盐碱化土壤上建立人工草地最有前途的优良牧草。

种植野大麦应选择低平轻(中)度盐碱土壤,最好在秋季将土地深翻耙平,有条件可施用基肥。播种前再进行整地、镇压。以保持土壤墒情。

野大麦播前应进行种子的日晒处理,可显著提高出苗率。一般在4—5月播种,吉林省西部草地以6月下旬至7月上旬播种为宜。春播出苗虽好,但进入初夏后,正值旱期,植株干枯,容易发生锈病,生长不旺,甚至死亡,造成缺苗而影响产量。夏播不但发芽快、生长佳,而且杂草少,锈病也不易发生。

野大麦千粒质量为 2.04 g,播种量为 45~60 kg/hm^2。采草用草地可条播也可撒播,条距 30 cm;采种用草地应用条播,条距 60 cm,播种量为 40 kg/hm^2;放牧用草地可与其他牧草混播,播种深度 2~3 cm,播种后镇压。

野大麦两侧的小穗不孕,不能形成种子,故其种子产量低。种子成熟时,从上向下断穗落粒,成熟期不一致,故采种应在种子有 60%~80% 成熟时进行。一般野大麦可产种子 375~600 kg/hm^2。

野大麦 4 月返青,5 月下旬至 6 月上旬抽穗开花,6 月下旬果熟,野大麦分蘖量大,生长快。产干草 6 000~9 000 kg/hm^2,比当地的羊草高出一倍多。野大麦是吉林省西部草地禾草中的高产牧草之一,其分蘖能力强,再生草的生长速度快,再生草营养枝较多。8 月上旬刈割后,再生草长到 9 月下旬、高度可达 62~80 cm。若不刈割,草丛高度一般为 80 cm 左右。第二年播种后,每年可刈割两次,第一次在 6 月下旬、第二次在 8 月下旬为宜。有条件刈割后可施肥灌溉,能大幅度提高产量。

8.4 荒山恢复与重建的生态工程

8.4.1 荒山的基本特点和类型

荒山是荒芜山地的简称。作为土地系统的荒山指不被人类经济活动所利用的、植被覆盖度低、基本无林地保护的山地。这类荒山的基本特点是:结构缺损、功能低下。目前生态系统中的生产者部分或全部缺失,进而影响了消费者和分解者的数量,并导致生产者与消费者之间的不平衡。例如,目前多数荒山缺乏乔木层、灌木层,甚至缺乏草本层和苔藓层,每年荒山上的有机质数量不断减少,结构性矛盾突出。荒山的功能低下,首先表现在生产力低下,荒山产出率往往仅及林地产出率的 1/5~1/3;其次荒地的保护功能也很低下,若荒山呈基质形式存在于景观之中,则景观中林地斑块或农田斑块的稳定便没有保障,极易受到干扰和破坏;再次荒山生态系统的保存功能低下,有机质分解迅速,不仅自我施肥能力差且进入生态系统的水分也较易排出,水土流失严重;最后荒山生态系统的抗逆功能和恢复功能也弱,无论是自然界的干扰,还是人类施加的干扰,荒山生态系统往往是最易发生变化的生态系统,且一经变化,便很难恢复。例如,在温带湿润地区,荒山生态系统抗干旱的能力要远低于林地生态系统的抗干旱能力。

根据荒山生产者缺失程度划分,荒山应包括:

1. 迹地

森林采伐和火烧遗留地。该类荒山植物种类繁多,盖度较大,幼龄乔木随处可见。土层厚,土壤与植被物质能量交换量大。现多分布于海拔较高、积温较低的位置,呈小斑块状。

2. 疏林地

在多次采伐木材和采薪之后,由森林生态系统退化而成,林木郁闭度在 10%~30%。植物种类仍很多,土层较厚、土壤与植被物质能量交换量较大。

3. 灌木林地

一般是由于对疏林进行不间断采薪形成的。在自然条件特别恶劣的区域,森林被采伐后也可直接形成。植被种类少于前两类荒山,部分区域种类单一,乔木层的郁闭度小于 10%,由灌木及小乔木组成的灌木层发育良好,盖度较大,应在 40% 以上。土层较厚,土壤与植被物质能量交换量尚大。

4. 荒草地

乔木层的郁闭度在 10% 以下、且灌木层的郁闭度小于 40%,植物种类单一,生物量低,土层较薄,表层多缺失枯枝落叶层。从成因上分,又存在两类:

① 对灌木林和疏林持续采薪形成的荒山。
② 由耕地、园地荒弃后形成的。该类荒山植物种类更为单一,黑土层更薄。

5. 轮耕荒山

即不适于耕种但尚处轮耕状态的土地。该类土地目前水土流失严重,表土层很薄,完全缺失枯枝落叶层。

荒山生态系统是景观变化过程的中间产物,同时也是景观中变化最为显著的部分。虽然荒山生态系统的经济利用价值较低,但由于其不稳定性使其经常成为景观不稳定的先导因素,所以荒山生态工程建设的生态价值非常大;另外,尽管荒山的植被与林地植被差异明显,但荒山上土壤的物理性质与林地土壤的物理性质差异却小得多。也就是说荒山的土壤破坏程度滞后于植被的破坏程度。这一方面表明荒山上进行生态工程建设的条件明显优于其他区域,同时也说明土壤潜在的侵蚀危险性大,亟需对荒山的适应性进行研究并指导生态工程建设。

8.4.2 荒山形成的因素分析

以温带湿润地区荒山的形成作简要的成因分析(图8.1)。

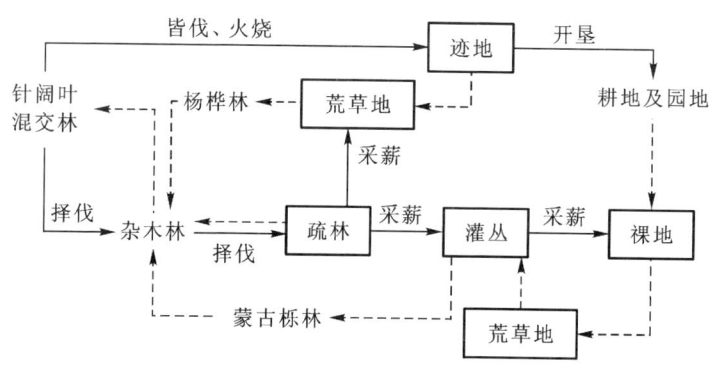

图 8.1　温带湿润地区荒山形成过程示意图
□ 荒地标志　——→ 人为破坏方向　----→ 植被演替方向

本区原始植被以针阔叶混交林为主,群落结构复杂,层次明显。主要树种有红松、臭松(*Abies nephrolepis*)、枫桦、紫椴、色木槭等,林下植被均耐阴。开发初期,除为开垦之目的在平地上放火烧荒形成火烧迹地进而开垦为耕地外,多数地区采用择伐方式,伐去针叶树,形成以蒙古栎(*Quercus mongolica*)、色木槭、春榆(*Ulmus propinqua*)、紫椴、水曲柳为主的杂木林。随着土地开发强度的加大,对针阔叶混交林逐步以皆伐为主,这就产生了大面积的采伐迹地。由于迹地(包括火烧迹地和采伐迹地)土壤破坏较轻,故一般均迅速演替为以大叶樟、柳兰(*Chamaenerion angustifolium*)、大藜芦(*Veratrum nigrum*)为主的高草地。此类草地不仅植物种类丰富,而且生长繁茂,并能在较短的时间内演替为同龄的杨桦林,并随之演替为杂木林和针阔叶混交林。据观测,从迹地向针阔叶混交林演替,如无人为干扰,一般只需50~60年即可(需要保留一定量的母树)。在对针阔叶混交林皆伐的同时,对杂木林进一步的择伐,将经济意义较大的树株皆伐去,形成了以山杨、蒙古栎、糠椴等为主要树种,榛(*Corylus heterophylla*)、胡枝子、铃兰(*Convallaria keiskei*)、玉竹(*Polygonatum odoratum*)等混杂的疏林地。人口增加后,采薪数量猛增,成为产生荒山的主要机制。通过对杂木林,疏林不间断的采薪,形成了缺乏乔木层、以榛、胡枝子以及蒙古栎(呈灌木丛状)和糠椴幼树等为主的灌木林,最终形成植被盖度很小的裸地。此时若停止人为干扰,裸地经以蒿属植物为主的荒草地和蒙古栎林两个阶段,可演替为杂木林和针阔叶混交林,不过所需的时间很长。事实上,试图停止对此演替过程的人为干扰也几乎是不可能的。因此寻求合理的途径,变人为干扰由不利于演替为促进演替,成为温带湿润地区荒山开发中亟待解决的问题。

8.4.3 荒山恢复与重建的生态工程设计

1. 华北片麻岩山区"围山转"工程的设计

"围山转"工程是华北荒山综合治理的生态工程。它是在鱼鳞坑、水平沟水土保持工程的基础上,综合水平梯田和挖大堰栽植果树的优点而逐步发展完善起来的。"围山转"即深 1 m、宽 1 m 回填以后形成床面 1.5～2.0 m 宽的高标准里低外高的环山水平沟造林整地工程。因水平沟层层叠叠,自山底到山顶,依山而起,宛如一条条彩带围绕在山坡上,当地群众形象地称其为"围山转"。

(1)"围山转"工程建设的基本条件:

① 基岩条件 片麻岩山地最佳,砂岩及角砾岩山地次之,石灰岩山地因条件所限,可搞石坝"围山转"工程。

② 坡度条件 坡度不宜过陡,一般不超过 25°。

③ 地类条件 凡坡度在 25°以下的宜林荒山均可搞"围山转"工程。

(2) 工程设计:工程设计是"围山转"工程的基础工作,对不同立地条件的部位,采取不同的工程措施。

① 穴状整地 一般在山的顶部或 25°以上的坡地实施。株行距 2 m×3 m,"品"字形配置,规格为 1.2 m×0.5 m ×0.3 m。

② "围山转"整地 整地是主要工程措施,一般行距 4 m,沟深 1 m,表土回填后床宽 1.5～2.0 m。

③ 谷坊坝 主要设置在各沟谷部位,就地取材,砌成梯形的截水坝。一般坝高 1.0～2.0 m,底宽 2.0～3.0 m,上宽 0.5～1.0 m,谷坊坝的间距要根据沟的坡降比而定,一般要求下一座坝顶的高度稍高于上一座坝底的高度。

④ 生物措施设计 造林是"围山转"工程设计的主体,要在林学、林业经济学和系统工程科学理论指导下,突出植被建设的主导地位,农林牧科学配置、做到山上山下,地上地下多级利用,相互促进,各得其所,稳定发展。

首先,山顶应当松槐戴帽。根据适地适树的原则,选择适生树种,一般以油松、刺槐、侧柏为主。每穴两株,每公顷 3 330 万株,发挥其防风和固土保水的作用。其次是山腹山脚果树缠腰。按照长中短效益相结合的原则,干鲜果树搭配,果油药烟等间作,寿命长效益相对慢的主栽树种(板栗)栽植在床高中下位,株距 2~3 m。在其中间栽植见效快、寿命短的搭配树种(桃或红果),树下间作矮秆作物,以提高经济效益。再次是灌木护坡。在床面外塄下 50 cm 处,每隔 1 m 栽植紫穗槐(2~3 株),增加植被覆盖度,以保持水土,增加经济效益。

(3)"围山转"工程的作用:第一,实施该工程后,首先可改善林地环境条件。经整地后,雨雪可直接降落至地面,利于土壤吸收,避免了在降落途中被截留蒸发重返大气层。降水直接、迅速渗入到较深土层中保蓄起来,避免了长时间滞留在地表而被蒸发掉。其次,增加了地表的粗糙度,防止水流汇集形成地表径流,增加下渗量。一道道"围山转"工程即是一座座"小水库",可以拦阻地表水流,并将水分储蓄起来。再次,这种微小的地形能够改变整地部位的太阳辐射量和空气流通等状况,使土壤水分、蒸发量发生相应的变化。

第二,可提高造林成活率,促进林木生长。实施"围山转"工程,改变了造林地的立地条件,因而播下的种子能够吸水膨胀、生长、发芽和出土;造林苗木的根愈合快,萌生的新根多,水分供需均衡。

第三,经济效益明显提高,"围山转"工程整地使立地条件得到改善,通过采取立体间作种植模式,充分利用光热等自然资源,提高了经济效益(表 8.2)。

第四,保持水土,减少土壤侵蚀。该工程整地,是一种坡面上的简易水土保持工程,它可以形成一定的蓄水容积,把一时渗透不及的降水保蓄起来,均匀地分布在坡面上的整地部分,可以有效地蓄积水分,把截阻的地表径流分散保蓄(表 8.3)。

表 8.2 板栗造林单位面积的综合经济效益 单位:元

处理	摘要	收益年度					
		1989	1990	1991	1993	1998	2003
"围山转"整地	毛收入	757.2	929.4	1 037.0	1 723.2	2 971.5	9 128.8
	纯收入	568.4	714.6	853.6	1 433.1	2 594.7	8 691.3
对照	毛收入	81.0	84.0	123.8	354.3	730.0	3 023.1
	纯收入	-30.9	-39.8	-30.6	148.2	443.6	2 080.6

表 8.3 不同整地方式水土保持效果

处理	地表径流量/($m^3 \cdot km^{-2}$)		土壤侵蚀量/($t \cdot km^{-2}$)	
	数量	比率/%	数量	比率/%
"围山转"整地	26 504.3	38.3	430.5	49.5
对照	68 348.8	100	870.0	100

2. 吉林省东部林缘荒山的生态工程设计

吉林省东部林缘带的舒兰县水曲柳镇胜利村原来是一个以针阔叶混交林为基质的山区。由于人类的干扰,土地自然结构与土地利用结构不匹配,使类型多样的生态系统趋于单一化。基质由原来的林地变为旱田,仅在河谷平地上有水田嵌块体,在丘陵上有疏林灌丛嵌块体。这种单一化的结构一是引起水土流失,丘陵生态系统逐步退化;二是光、热、水、土地资源利用不充分;三是以生物为食的鸟类减少,农作物病虫害加剧。当地群众为减少灾害的干扰,提高粮食产量,又大量施用农药,从而使土壤、地表水、地下水及粮食受到污染,影响群众的生活质量。

为重造一个良性物质循环的山地生态系统,1992年开始对胜利村实施生态工程建设的设计。首先在丘陵斜坡上,建造以保护功能为主的缓冲型生态系统。营造乔灌结合、等高间作的落叶松与紫椴及豆科灌木胡枝子、紫穗槐混交林200 hm^2。栽植长白落叶松80万株;播豆科灌木胡枝子、紫穗槐种子200 hm^2。落叶松的成活率在85%以上,豆科灌木长势良好。在小片撂荒地上试种适合当地气候与土壤条件,产量高、经济效益好的"三用作物"(可做粮食、饲料和食品原料)——美国籽粒苋10 hm^2,当年即收到相当可观的效益。籽粒苋每公顷产干茎叶10 t、种子2 t。1993年扩大其种植面积,将小片的撂荒地200 hm^{2}改种籽粒苋。这些小片荒地大多分布在已栽植落叶松、紫椴及豆科灌木的丘陵斜坡的平坦部分,呈小斑块状镶嵌在以人工林为基质的生态系统中,这样建成以生产功能为主的生产型生态系统。由于种植籽粒苋的小斑块周围有林地保护,不会发生水土流失,形成生产与生态、经济效益相统一的生态系统。在丘陵顶部建立以保护功能为主的保护型生态系统,即在丘陵顶部及分水岭顶部营造红松针阔叶混交林,加强对分水岭顶部物质、能量的固定和保存。

胜利村荒山生态建设的设计,是从投资少、见效快的项目开始的,利用200 hm^{2}小片荒地种植籽粒苋,建立生产型的生态系统。籽粒苋的茎叶可制成草粉,利用茎叶可建成年产2 000 t的配合饲料加工厂一座;利用籽粒苋的种子生产高蛋白食品,可建年产400 t高蛋白食品的食品加工厂。这样,不仅荒地得到充分利用,而且改变胜利村的产业结构,提高人均经济收入。同时营造生产型与保护型之间的过渡类型——缓冲型的生态系统,落叶松与紫椴、豆科灌木混交的生态系统200 hm^2。在收到良好的经济效益与生态效益后开始营造保护型生态系统——红松针阔叶混交林200 hm^2。这样,胜利村的生态工程建设基本完成,生态条件好转,经济效益增加,成为吉林省东部林缘带荒山恢复与重建的一个示范村。这种模式将近期效益和远期效益结合,易被群众接受和推广,在我国东北温带、暖温带湿润地区可普遍推广。

8.5 工矿废弃地恢复与重建的生态工程设计

8.5.1 工矿开发对生态系统的影响

大规模的工矿开发必然造成大量土地被占用和破坏,对整个生态系统也会产生诸多不利的影响,特别是平原区煤炭的开采,使地表产生严重的不均匀的土地塌陷,大片耕地失去利用价值。据全国重点煤矿调查资料统计,至1999年底全国累计破坏土地约500万 hm^2,并且每年仍以2.0万~2.7万 hm^2 的速度继续增加。煤矿开采排放的煤矸石、粉煤灰等固体废弃物占压耕地约1.3万~2.0万 hm^2。可见,煤炭开发对土地的占用和破坏是相当惊人的。

8.5.2 工矿废弃地复垦的生态工程设计

随着煤炭工业开采规模的不断扩大,废矸石山占地面积逐年增多,仅东北地区19个矿务局占地面积就达5 000多 hm^2。煤炭工业废矸石的露天堆放,一定程度上破坏了自然环境的生态平衡,污染了矿区环境。为保护、改善和恢复矿区环境,国内外都在矿区废弃地的利用方面做了大量的研究。我国抚顺矿区矸石山造林试验即是一例。

1. 试验区的地理位置及自然条件

试验区位于抚顺市东部,地理位置为41°51′N,124°15′E。属长白山支脉西南延续部分的低山地区,气候属温带湿润气候区。全年平均气温为4~7℃。年均无霜期125~150天,降水量为700~850 mm,干燥度为0.75左右。该区植被覆盖度为23.7%,分布不均匀,局部地块有裸岩。主要植被为草本植物:小黄蒿、猪毛菜(*Salsola collina*)、鬼针草等33种。自然土壤已被破坏,地表覆盖矸石,矸石厚度超过5 cm。矸石有两种:一种是选煤矿石筛选的煤矸石;另一种是井下开采排出的岩石。

2. 生态工程建设技术

选择优良树种是提高矸石山造林质量的关键。矸石立地条件差、高温、高地热、干旱瘠薄、环境污染严重。矸石山造林应选择耐干旱瘠薄、抗污染、抗性强的乡土树种和历经多年驯化的栽培树种;树种应具备改善环境、加速绿化、美化市容的作用;群落结构应符合针阔叶混交、乔灌结合的人工植物群落的特点。同时还应考虑苗木的发芽、成活、生长量、单株个体发育、抗逆性强、病虫害少、能抵抗、吸收多种有毒气体的综合功能。据此,引进的乔木为:刺槐、樟子松、白榆(*Ulmus pumila*)、沙棘、皂荚(*Gleditsia sinensis*)、小叶杨(*Populus simonii*)、日本落叶松;灌木为:胡枝子、小叶锦鸡儿、紫穗槐、细叶小檗(*Berberis poiretii*);藤本有:南蛇藤;草本有:沙打旺、月见草(*Oenothera biennis*)、山竹条等16种。

矸石山风化表层为碎矸石,具有透水性强、蒸发量大、蓄水性能差、不易保墒的特点,其复垦造林技术、措施应与常规造林不同。采取的主要措施为:

(1)春整春造:春季造林时整地与植苗同时进行。由于矸石山的植被稀疏、解浆早、地温回升快,造林时间宜早不宜迟,一般在3月下旬栽植。造林方法宜采用苗根蘸泥浆小坑穴植,以利蓄水保墒,提高造林成活率。坑穴规格:穴径35 cm,穴深取决于苗根大小,做到深浅适度。植苗时首先清除尚未风化的矸石块,然后回填没有完全风化的碎矸石作为植生土,培土踩实,做到栽植穴外尽量保留原有植被,造林密度应比一般山地造林密度稍大些,以每公顷4 400~6 600株为宜,促进林木提早郁闭,一次成林。

(2)秋整春造:造林前一年秋季提前整地,翌春造林。整地规格:穴径79 cm,穴深60 cm,整地时清除尚未风化的矸石块,造林要点同春整春造。

(3)直播造林:对灌木锦鸡儿、草本沙打旺、山竹、月见草进行间种和空旷地直播造林。整地方式采用穴状刨坑和拉沟点播,每穴10~20粒,覆土3~5 cm。

(4)幼林抚育措施:由于矸石山立地条件的特殊性,幼林抚育措施应与一般山地造林有所不同,充分发挥植被作用,利用植被遮盖裸露地面,有效地控制水分蒸发,减少地表增温,保护墒情是保证幼林成活、生长的技术关键。为此,造林后进行一次培土踩实,以利保墒;幼林郁闭前,每年7月上旬对影响幼树成活、生长的高棵植被进行一次割草抚育,对不影响幼树成活、生长的植被,原则上不用割除,做到尽量保护原有植被,连续抚育3年。

3. 效益分析

矸石山造林,使矸石山立地条件和生态因子发生一系列的变化。郁闭后的刺槐、樟子松、白榆、胡枝子等林分对于改善小气候、促进生态平衡、提高土地生产力发挥了重要的调节作用。

(1)林分对改善矸石山小气候条件的影响:矸石山由于植被稀少、地面裸露、日光直射地表,从而形成干旱、高温、高地热、温差剧烈的生态条件。对矸石而言,除土壤瘠薄之外,恶劣的气候条件也是植物生长不利的一个重要因素。矸石山造林郁闭成林之后,由于本身遮荫、蒸腾等生理活动,对改善小气候,促进生态平衡起着调节作用。森林覆被对气温的调节,一般在早晨由于光照弱,气温低,林内外温度差别不明显。白天随着光照增强,气温升高,林内外温差逐渐明显,一直到下午两点,出现差异的最高峰,在炎热的夏季林内气温偏低,一般比空旷地气温降低2~6℃。相对湿度的变化与温度相似,夏季清晨林内的相对湿度为 58%,比空旷地约低 4%,但午后则比空旷地高 3% ~ 8%。林内与空旷地的地表温度差异尤为明显。一般在炎热的夏季午后两点左右,空旷地地表温度比林内地表温度高 15 ~ 18℃。

(2) 枯枝落叶层对土壤形成与有机质含量的影响:矸石山土壤明显地受枯枝落叶层的影响,而枯枝落叶层又受成林的影响。刺槐、白榆、锦新杨等阔叶树的枯枝落叶、灰分含量比较丰富,养分含量较高并易分解,因此,对干旱瘠薄地区的土壤有改善地力、提高腐殖质含量的良好作用(表 8.4)。

表 8.4 矸石山不同树种林内与空旷地有机质含量比较

树种	林内/%	空旷地/%
锦新杨	17.14	4.19
	18.38	3.81
刺槐	13.81	4.19
	14.76	4.28
	8.09	4.57
	6.67	2.76
白榆	11.24	3.33
	10.76	4.01

(3) 造林对植被演替的影响:随着生态条件的变化,植物种类不断增加,覆盖度逐渐加大。造林 4 年后,植物种类由原来的 33 种增加到 38 种,覆盖度由原来的 23% 增加到 74%。造林前植物种类多为中生草本植物,种类多,变化大,不易稳定。其中包括干生草本植物:毛连菜、黄蒿及人工植被,田间杂草、马齿苋(*Portulaca oleracea*)、苦菜、藜(*Chenopodium album*)、苋(*Amaranthus tricolor*)等。林分郁闭后,植被发生变化,出现湿生植物:水稗、大红枣等。立地条件也随着植被的演变而升级,造林前星罗棋布的燃烧点,浸油地斑块逐渐减少,生草地段逐渐增多。

(4) 经济、社会效益:按刺槐林现在实际生产水平,25 年后主伐,蓄积量每公顷可达 135 m^3,以 60% 出材率计算,每公顷可生产合格材 81 m^3。同时,刺槐采伐后可以天然更新,不需人工重新造林,降低了生产成本;刺槐枝丫多,可作为薪炭材解决部分烧柴问题。更重要的是造林绿化、美化了环境、降低污染、提高森林覆盖率,形成独特的具有多重结构的森林生态系统,明显改善矿区的生态环境。

8.6 案例分析

8.6.1 荒漠土地恢复

1. 工程简介

内蒙古自治区是全国土地荒漠化最严重的省区之一,截至2004年底,全区荒漠化土地面积达62万km^2,占土地总面积的52.6%;沙化土地总面积41.5万km^2,占全区总土地面积的35.16%。区内大部分地区植被稀疏,自然条件恶劣,生态环境脆弱,以干旱为主的各类自然灾害频繁发生。选择内蒙古自治区西部的磴口县为示范区进行荒漠化土地恢复与重建的工程建设。

磴口县境内有荒漠3.5万hm^2。荒漠治理工程从1996年开始,至2010年结束,历时15年。为控制荒漠化的发展,工程首先进行隔断风沙流流通渠道的廊道设计。廊道分两种类型:道路防护林带和农田防护林带。区内计划建设南北向主干道40 km,路面宽8.5 m;东西向辅干道36条,全长600 km。在道路两侧建护路林240 hm^2。平整土地2 000 hm^2,种植农作物1 000多hm^2,在田块周边设置农田防护林500 hm^2。路田初步形成了林网化,有效地防止了风沙流的扩散。其次设计斑块的种植结构。在有林网保护的前提下,大胆试种美国油葵、哈密瓜、华莱士、玉米、小麦、各类蔬菜以及过去认为不能在黄河、长城以北生长的花生、红薯,均获得了成功。为控制旱灾的发生,在农田斑块内建设机电井1 000眼,并配套相应的节水灌溉工程,以形成沙漠绿洲的小气候环境。

据不完全统计,截至1999年底,向磴口县投资2 300万元,完成区内道路建设工程66 km,其中8.5 m宽的沙石公路20多km;架设输电线路84 km,打机电井48眼;为今后的发展奠定了坚实的基础。项目区内已建成各种生产、生活设施面积3 000多平方米,已有20多户农牧民迁入项目区,安居乐业。营造防风固沙林3万hm^2,沙生灌木10万hm^2,速生丰产林6万hm^2,封沙种草10万hm^2,建经济园区3 000 hm^2,其中优质葡萄经济林2 000 hm^2。利用项目区内草木资源,建立存栏1万头,育肥期3个月,年出栏4万头的良种牛繁育养殖基地1处;利用自身优质葡萄经济林资源和周边地区葡萄原料,建立万吨葡萄酒加工企业1处,建筑面积2 000 m^2;利用项目区内1.3×10^4 hm^2速生丰产林资源,筹建木材纸浆加工企业1处,建筑面积3 500 m^2。初步形成以林护田、以草养田、农林牧互促的用地结构和以本地农畜产品为原料的加工业雏形。

2000年以来,共完成重点工程建设53.2万hm^2,占计划任务的106.4%,其中退耕还林35万hm^2,占计划任务的106.9%,人工造林7.6万hm^2,占计划任务的 103.1%,飞播造林 4.9 万 hm^2,占计划任务的 107.3%,封山育林 5.9 万 hm^2,占计划任务的 106.5%。

示范区内地表的植被基本恢复,气候条件有所改善,土地肥力有所提高,部分农民虽未离乡但已离土,从事农畜产品的加工业,区内人民生活水平有显著提高。

2. 效益

产生沙漠化的动力是风,控制住风蚀,也就控制了沙漠化。抓住本区生态环境退化的结点是风蚀引起的沙漠化,首先进行防护林带的设计和建设,通过人工造林、封沙种草,保护和扩大植被,建立草、灌、乔结合,防护林、速丰产林、经济林为主体的优质高效的生态屏障体系,有效地制止土壤沙漠化和风沙危害,防制了荒漠化的进一步发展。

农业结构的调整,引进速生、高产、经济效益好的农作物产品,改良当地的种植结构,建立农林牧之间、农业和加工业之间的互联网,形成基本无废弃物产出的良性物质循环体系,从根本上改善项目区及其周边地区的生态环境和经济环境。

3. 关键技术

本区的土地恢复主要采用了林地的改造技术。林地的改造技术包括劣质林地林相改造技术、生态公益林营造技术、防护林建造技术、速生丰产林引种技术和农田防护林带的配置技术等。

8.6.2 盐碱地恢复

1. 工程简介

黄淮海平原五省二市,耕地盐碱地面积达 1.8×10^7 hm^2,约占耕地面积的 33% 以上。以河北邯郸地区的曲周县最为严重。曲周县位于邯郸市区的东北,土地面积为 677 km^2,人口 38.4 万人,1993 年划归邯郸市管辖,本县地处黑龙港流域上游,土壤为潮土和盐化潮土。潮土分布在南部和东南部,盐化潮土分布在北部及东北部。碱地分布在东北部,其中盐碱化耕地占耕地面积的 40%。水的盐碱化严重损害了当地居民的身体健康,很多妇女失去生育能力,有的村 50% 以上的农户孩子是从外地抱养的。旷野中,白花花的盐斑是四季的主要景观,"种啥都不长"是曲周人民对盐碱滩最深刻的记忆。

从 1966 年开始,在曲周县进行盐碱化土地的综合治理工程。1966—1977 年间,为解决干旱问题,黑龙港区进行了大规模的机井建设,重新设计井、渠、灌、排系统并付诸实施,至 1970 年水浇地面积扩大到 120 万 hm^2,由于抽取地下水用于灌溉,地下水位迅速下降,导致地表脱盐过程加速,盐碱地面积缩小到 45 万

hm², 低洼易涝面积也显著减少。1973年,北京农业大学在曲周县重碱区成立"北京农业大学盐碱地改良基点组"。1979年,农业部拨款500万元用于盐碱地治理。1980年6月,国际农业发展基金会总裁助理阿基斯等专家来曲周县考察,1982年11月24日农业部和河北省代表与世界农业发展基金会总部正式签订协议,世界银行给曲周县贷款2 349.9万元,年息4%,期限20年,用于盐碱地的治理。此项工程得到了联合国国际农业发展基金会的肯定,被认为是世界治碱史上的典范。国际土壤学会副秘书长、著名土壤学家萨博尔奇来曲周县考察后郑重宣布:"中国盐渍土的改良是世界一流的"!

近20年来,曲周县用外资治理盐碱地获得成功,治理盐碱地面积达1.8万hm²,盐碱滩已变成米粮仓,并辐射到整个黄淮海平原。如今,曲周县重碱区完全是另外一种景象:耕地成方,沟渠成网,树木成林,大片的麦苗吐着新绿;渠水在阳光下闪着绿波;一排排耐寒耐碱的柳树依然葱茏,当地人民生活水平有了极大的改善。

2. 优点

河北曲周县治碱工程有三个优点:

第一,通过控制水来控制盐分的聚集过程。水是易溶盐分运移的介质,通过布设井、渠、灌、排等水流动的必经途径,加大对地下水的抽取,降低地下水位,减少水的蒸发和表聚,控制盐碱化过程。

第二,治碱工程的实施,提高了土壤的透气性和渗透率,活化土壤的营养成分,使土壤保肥力、保墒力和缓冲力得以提高,有利于土壤团粒结构的形成。

第三,利用具有耐盐碱、抗旱、耐涝等特性的植物,适地种植,既合理地利用了自然资源,也改善了生境,提高了土地的单位面积产量和当地群众的生活水平。

3. 关键技术

该项目采用的主要技术是土地盐碱化防治的综合技术,包括地下水的开采、农田排灌系统的设计、作物栽培、治水和改土、农副产品再利用、资源高效利用以及环境保护等技术。这些技术的综合运用对曲周县经济和生态环境的良性发展起了重要作用。

思考题

1. 谈谈你对荒芜化土地的认识。
2. 我国土地荒芜化有哪些具体的表现?试分析其产生的原因。
3. 试论述我国温带湿润草甸草原区固定沙地负向演替的序列及其诱因。

4. 试论述沙化土地恢复与重建的生态工程模式及模式提出的立论依据。根据自己的体会,谈谈这些模式的提出都考虑了哪些因素?

5. 试论述温带亚湿润草甸草原区草地退化的原因及其退化序列,为什么用植物群落来鉴定草地的退化程度?

6. 简述退化草地恢复与重建的生态工程设计方案及其适用范围。

7. 温带湿润区山地的荒芜化程度有何差别?试绘图说明其形成过程及原因。

8. 采取何种模式对华北片麻岩荒山进行恢复与重建?依据是什么?效益如何?

9. 试论述吉林省林缘带荒山恢复与重建的成功模式并举例说明之。

10. 工矿废弃地恢复与重建的生态工程应考虑哪些因素?

第九章　庭院生态工程

农村庭院生态系统是一种最古老并一直延续发展至今的、受人类高度控制的社会-经济-自然复合生态系统。它伴随着人类的产生、发展、社会进步而逐渐产生、完善和发展,是人类根据社会发展水平,适应和利用自然环境并不断进行人工选择的产物。

生物与环境是生态系统的两个重要组分,不同的生态系统决定于其特殊的生物种群与环境因子。农村庭院之所以能成为一个独立的生态系统,主要是由于它具有与其他生态系统完全不同的生物群落和特殊的环境因子。

农村庭院生态系统的生物群落除了构成这个系统的主宰者——人类本身以外,同时还包括人类饲养的生物和人类伴生的生物。农村庭院一般都分布于河流两岸的平坦地域。这里水资源较为丰富、土壤肥沃,同时,运输条件便利。

9.1　庭院生态系统的形成与发展

9.1.1　原始社会农村庭院的雏形

1. 氏族社会是庭院雏形的形成期

根据古书记载,"上古之世"的人类"构木为巢,以避群害"(韩非子:《五蠹》)。这说明在氏族社会时期人类就学会了利用天然林木建造简单的房屋(巢)。而在林木稀少、气候干燥的地区,则因地制宜地利用地貌,"因丘陵掘穴而处"或者利用天然洞穴存身,这应当是原始人类的居住格局。

2. 新石器时代

随着人类社会的进步,人类的居住地开始有所改进。根据考古发掘遗迹可以看出,这个时期的住所大致有三种类型,即洞穴式(两广、云贵石灰岩区)、半地穴式和桩上建筑。这些居住形式的形成本身就是人类与环境的统一过程,体现了人对环境"适应与利用"的和谐。

(1) 洞穴式:在我国广东、广西、云南、贵州的石灰岩山地上,溶洞是大自然的产物。人类利用自然石洞建立了他们生活的"家园"。最近在大兴安岭发现的"噶仙洞"也是古代少数民族的居住地。

(2) 半地穴式：在黄土高原和地势高亢、气候寒冷的地区，人们选择半地穴式建筑。这种居住格局的形状有方有圆，地下部分则有深有浅，并且开始使用梁、柱和一些简单的建筑材料（如草泥、石灰等）。陕西省西安半坡遗址发掘出了面积达 5 万 m^2 的原始"庭院"。其中，有一座面积达 160 m^2 的半地穴式大房屋（一个大间、三个小间），周围有四十多座半地穴（有方有圆）和地面建筑房屋，每座面积有 20 m^2 左右。这也许是我国现存最早的农村庭院生态系统的完整遗迹。

(3) 桩上建筑（巢居）：我国江南地区湿热多雨，草林繁茂，毒蛇猛兽很多。在这些地区，严寒已不成为威胁人类生存的限制因子。人类开始由地下巢穴，改为高出地面的木（竹）桩底架上用竹木等材料建造的住房，即为"干栏"式建筑。"结栅以居，上设茅屋，下豢豕牛"（岭外代答）。浙江省余姚县河母渡遗址是典型的"干栏"式建筑群，距今已有 7 000 多年。我们的先人用石斧、石凿把原木加工成方木、木板，并做出了榫卯、企口，这是最早的江南庭院生态系统的典型。当然，目前在我国台湾和西南一些少数民族地区仍保留着这种"遗风"，如傣族的"竹楼"。

3. 原始社会末期

原始社会末期随着父系社会形成，居住格局也随之产生了变化。房间面积变小，以单室和双室为主，建筑结构复杂了一些，有的地方已经开始用土坯。1972 年在我国辽宁省北票的"村落"遗址发现了 20 多座房屋，这些房屋多是用土坯建成的。

总之，原始社会是农村庭院生态系统的形成期，它不但从一开始就体现了"人－自然"的适应与和谐关系，而且也体现了这一系统与社会发展的一致性。这一时期农村庭院的重要特点是"院"的概念并不明显。这是由"原始共产主义"社会的社会性质决定的。

9.1.2 奴隶社会的农村庭院

随着私有制与阶级的产生，农村庭院生态系统有了一个新的发展。这也是农村庭院生态系统形成的关键时期。根据考古发掘出来的商代遗址可以看出，阶级的烙印已明显地刻入农村庭院生态系统之中。大多数奴隶的房屋还是以半地穴式为主，既不打地基，也不夯实土墙，构造简单，有方有圆，很不规则。而奴隶主的房舍，都是由土坯、加夯土墙、木架做梁架构筑的地面建筑，有一定组合，室内地面平坦光滑。在房屋的四周，修建了木栅栏和土夯墙，庭院一体化。我国河北省藁城县台西村商代遗址就属于这种形式。

随着私有制的产生和发展，社会的不断前进，社会因素（经济、文化、权势）开始对农村庭院生态系统产生强大的影响。这种影响可以说一直持续到今天，成为农村庭院生态系统的一个重要特色。

9.1.3 封建社会的农村庭院

封建社会替代奴隶社会以后，随着生产力的发展，科学文化的进步，农村庭院生态系统开始飞速地形成、发展并逐渐完善。西周时期，人工烧制的屋瓦已开始应用。三合土用于垒墙、木结构的加工已相当细致，"四合院"式的庭院基本格局已经形成。到了汉代，人工砖开始应用于庭院建筑，贵族的家庭庭院格局已经相当完善。从四川发现的汉代住宅画可以清楚地看出，庭院中左半部为居住的正院，共分两层，后院正厅高大宽敞；右半部的前边为跨院，内设厨房、水井、炉灶，后边修建有望楼一座。西汉末年的"坞堡式"庄园住宅，四周高墙围绕，正中有门房、门楼，院内是四合院，分正房、厨房、粮库、厕所和猪圈，基本格局已很完善，人工烧制的砖已经大量用于住宅建筑。唐代是封建社会的全盛时期，朝廷明文规定了庭院建筑的等级制度，如"庶人所造堂舍，不得过三间四架，门屋子一间两架，仍不得辄施装饰"。庭院贵族化和城市化的现象明显突出。宋代庭院建筑就更完善了，出现了以《营造法式》（北宋，李诫）为代表的专门著述。由于豪族势力衰弱，中下层社会财富增加，导致农村庭院大发展。此时，庭院的生产功能被强化，手工业生产基本上在庭院内进行。明清以后建筑开始有了一些新的变化，木结构由繁及简，形成了格局稳定的庭院（当然繁简质量因经济条件而异）。随着人口规模扩大，庭院化普及，农村庭院广为扩张。总而言之，经过几千年的人工选择，农村庭院不但格局稳定，同时，更能适应人类需要，构成了比较和谐的庭院模式。根据自然环境、经济条件、风俗习惯等形成了多种独特布局和艺术造型的农村庭院。当然，随着社会经济的发展和社会文明的进步，农村庭院还将不断改善。

9.2 庭院生态类型

由于自然环境、社会经济状况、风俗习惯的不同，农村庭院千差万别。根据结构与功能，可以将其划分成不同的类型。

9.2.1 结构类型

1. 北方庭院类型

这一类型区主要分布在黄河以北，如山东、山西、河北、内蒙古、辽宁、吉林等省（自治区）。每个家庭都具有一个明显的轮廓线，其边界可以是墙（如河北、山西和辽宁南部），也可以是篱（如内蒙古自治区、吉林、辽宁北部）。一家一户界线明显，结构规整，格局严谨。这种结构的形成除了受土地资源较为丰富这一因子影响以外，历史上的长期动乱也是其中原因。这些地区村镇的人口一般都比较多，当然也有一些例外（如草原区和山区）。

2. 南方庭院类型

这一类型主要分布在长江以南，院落的轮廓不十分明显，但是，每个农户也有大致的范围。有的住房就在自己的耕地中（四川的"林盘"），居住比较分散，格局结构也不太严谨，以沿河、傍山为主。环境比较优美，具有诗情画意的田间情趣。

3. 过渡类型

我国的黄河、长江之间属于过渡类型区。它具有两个类型区影响的痕迹，有的有庭院，有的无庭院。村落人口较集中，但其结构并不太严谨。从庭院的大小来看，基本上决定于人均占有耕地面积，每个庭院占地面积在 $0.013 \sim 0.13\ hm^2$ 之间，与耕地面积之比的变化在 1% ~ 10% 之间。

9.2.2 功能类型

1. 城市型的农村庭院

该类型的农村庭院的主要功能为居住，主要分布在沿海经济发达地区。这里人口众多，耕地很少，人均收入很高。庭院面积小，农业生产的经济意义也较小，庭院以居住为主，比较接近"城市生态系统"。

2. 居住型的农村庭院

该类型的农村庭院的主要功能为居住，主要分布在西南、华中、华南的山地丘陵地区，人口傍山而居，高度分散，前塘后山，有庭无院。

3. 高产出的农村庭院

该类型的农村庭院具有生产和居住双重功能，主要分布在华北、华中、华南的一些农业高产地区。农民以农业生产为主，农村庭院生态系统兼有人类生活和粮食、水果、蔬菜及畜产品生产的双重性。

4. 中产出的农村庭院

该类型的农村庭院具有生产和居住双重功能，主要分布在东北和西北的人口少而土地资源相对较多的地区；庭院面积较大，但土地利用率不高。农村庭院虽从事水果、蔬菜及畜产品的生产，但商品率很低。

5. 低产出的农村庭院

该类型的农村庭院具有生产和居住的双重功能，主要分布在包括土地严重盐渍化和沙化的地区。庭院面积大,但土地利用率极低。庭院很少从事种植业活动。

6. 城郊型的农村庭院

该类型的农村庭院具有生产和居住的双重功能,主要分布在沿海经济发达地区的城市外围。庭院面积较大,但一般不从事农业生产,而以小型工业及手工业为主,生产功能突出。

9.3 庭院生态系统的组成

9.3.1 人类种群

人类是农村庭院生态系统的主体,他们既是这个生态系统的建造者,又是这个生态系统的主要生物种群之一。换句话说,是他们根据自己生存的需要,建造了农村庭院这个高度受人类控制的生态系统。反过来,这个生态系统的生物环境又直接影响着人类本身的生命活动。因此,可以说人类、农村庭院生态系统的环境与其他生物种群,形成了不可分割的相关关系。人类的生命活动和社会行为,可以给农村庭院生态系统带来决定性的影响。

9.3.2 饲养生物种群

农村庭院生态系统的另一重要的生物群体,是人类为了生活需要而引入、驯化和养殖、栽培的生物群体。它们基本上分为植物、动物和微生物三大类群。根据这些群体对人类的作用不同,又可以分为生产性种群、观赏性种群、保护性种群三部分。

1. 生产性种群

人们饲养培植这些种群的目的是为了生产出自己生活所需要的产品。生产性种群是人类在长期历史进程中,驯化、培育出来的生物种群,可分为动物种群、植物种群和低等生物种群。

(1) 动物种群:动物种群包括牛、羊、驴、猪、鸡、鸭、鹅、兔等家畜、家禽。人们养殖它们是为了取得生活所需要的肉、蛋、奶、皮及动力(役畜),它们是庭院生态系统的重要组分。也就是说,在我国现在或今后一段时期内,只要有庭院生态系统就必然有这些种群。人类用自己生产的农产品养育了它们,它们给人类提供了生活需要的产品。这些种群和人类基本上是"功能性共生"关系,但是,他们对人类也有不利的一面。比如,引发疾病(如炭疽病、寄生虫病等)可以感染人类,其排泄物处理不当也会给人类带来灾难。人类采取何种措施,使它们的贡献最大而不利影响最小,是庭院生态系统要调控的重要部分。

(2) 植物种群:人类在把自己培育的植物向农田扩散之时,在庭院保留了一些适宜种群,如蔬菜、果树、花卉、药材、林木等。主要目的是为了使用方便,或者便于集约经营。

(3) 低等生物种群:像食用菌、甲烷菌(沼气)、酵母菌、乳酸菌(食品)等,这些人类需求的低等生物种群,随着人类科学文化水平的提高,目前已有了长足的发展。

2. 观赏性种群

人类生活中除了衣、食、住、行以外,还需要精神和环境上的享受。这是与人类有直接关系的生态系统的重要特色。尤其是人类进入文明社会以后,这种需求越来越强烈。观赏性种群能够给人类以美的享受、清新的空气、充足的氧气、宁静的环境、有益于健康的芳香,这些观赏性种群也分为动物、植物两大类。

(1) 动物:包括观赏鸟、鱼、兽类、两栖类、昆虫等。

(2) 植物:包括花卉、草坪、林木等。

这些生物种群是农村庭院生态系统特有的,同时,它们随着人类社会的进步和生活水平的提高,将会越来越多地在农村庭院生态系统中出现。悦耳的鸟鸣、灿烂的鲜花、美丽的鱼虫使人们又回到了自然的农村小院,丰富着人类的生活。

3. 保护性种群

农村庭院中有一些备受欢迎的种群,它们既不同于生产性种群也不同于观赏性种群,而是由于对人类具有保护作用而成为特殊的保护性种群。比如,养犬是为了保护人类和家畜的安全,养猫是为了消灭对人类有害的鼠类。由于这些种群的特殊作用,人们给予它们以特殊的关爱。

9.3.3 伴生的生物种群

在农村庭院生态系统中,还存在着另一类特殊的生物种群,它们的存在本来不是人类所需的,甚至很多是对人类有害的。但是,无论是在南方还是在北方,也不论是山乡、平川还是水上人家,只要建造了庭院生态系统,这些生物种群就会自然而然地"不邀而至",并且很快地"安家立业","繁衍生息"。这些种群我们称其为伴生生物。这类生物包括:动物(家鼠、麻雀、家蝇、家蚊、臭虫、跳蚤、蟑螂、蛀衣虫、谷娥、木虱、一些甲虫和螨类)、植物(杂草)和低等生物(真菌、苔藓、细菌、病毒)等。

1. 伴生生物产生的原因

伴生生物种群的形成和迅速繁衍,并不是偶然的,主要是因为农村庭院生态系统给它们提供了充足的食物和适宜的生态环境。

（1）多种生态位：在农村庭院生态系统中，由于人工建筑、人类与养殖动植物的存在，以及农业生态系统物质、能量的积累，形成了极其繁杂的生态位。这些复杂的生态位给数量繁多的伴生生物种群提供了生长繁衍的适宜条件，像阴湿的地下室、温暖的会客室、通风干燥的阁楼、建筑物隐蔽的缝隙孔洞、温度恒定的动物躯体、湿润的厩舍、堆积的有机质等。由于农村庭院生态系统复杂多样的生态位，使得其伴生的生物种群得到适宜的栖身之所。

（2）复杂的食物链网：由于农村庭院生态系统的农副产品高度集聚，生物种类繁多，排泄物积累，就使得系统具备了形成多种生物种群的物质能量基础。使这些与人类伴生的生物种群具有了极其丰富的能量和物质源泉。它们"巧妙地"在食与被食的食物链网络中得到了生存的条件，这种食物链网比我们想像的要复杂得多。

2. 伴生生物的种群调控

农村庭院生态系统的生物种群有各种各样的关系，如人类和养殖动植物。这些关系既有共生（互利共生、偏利共生），也有抗生、寄生等关系。对于大多数抗生性生物种群进行控制对人类是有重要意义的。调控方法大致有以下几种：

（1）生境控制：对于一些对人类、家畜、栽培植物有害的伴生生物种群采取人工减少和改变其适宜生态位的方式加以控制。比如，减少积水控制家蚊滋生、堵塞洞穴以防老鼠，消除粪便垃圾减少家蝇繁殖等。

（2）食物控制：管理好伴生生物赖以生存的食物，使之由于食物缺少而导致数量减少。

（3）生物控制：保护和引入有害伴生生物的天敌，使有害于人类的伴生生物种群受到抑制。比如，保护无毒蛇灭鼠，用壁虎消灭蚊蝇等；也可以采取种植对有害生物种群有毒杀和驱避作用的植物种群的方法。

（4）机械控制：用一些人工制作的器械消灭有害伴生生物或控制其危害，像捕鼠机、蚊蝇网等。

（5）药物控制：采取药物毒杀的方法效果既快又好。但是，这些药物往往对人类和天敌有害，并进入食物链和生态系统的物质循环，产生二次污染及不可预测的生态后果，应当慎重选择药物，防止伤害人畜和对生态环境产生危害。

总之，保护有益生物种群，抑制有害生物种群是农村庭院生态工程建设的重要任务。

9.3.4 庭院生态系统的环境

1. 庭院生态系统的自然环境

农村庭院生态系统属农业生态系统的一个亚系统，它以"斑块"状分散于广阔的农田之间。因此,其地理因子基本上与当地农田相似,但是,由于人工建筑的存在、人类和饲养动物密集、特殊的植被构成以及农产品集聚等因素影响,使农村庭院生态系统的小气候等因子具有比当地农田更复杂的特征。了解、掌握农村庭院生态系统气候因子的变化规律,对改善人类居住地的生态环境和对其合理利用具有重要的意义。

(1) 气温：白天建筑物对太阳光照吸收量大、保温性能好,加上人类做饭取暖的余热,人和动物散热以及有机质积累分解散热,使农村庭院生态系统的全年气温显著高于当地农田。一般年平均温度要比农田高0.74 ℃。其中,春季(1—3月)平均高0.54 ℃。夏季(4—6月)平均高0.77 ℃,秋季(7—9月)平均高0.57 ℃,冬季(10—12月)平均高1.13 ℃。根据观测资料统计数据,不同季节农村庭院的增温具有明显的差异。一般情况下,全年有三个增温高峰,分别在4月份、7月份和10月份。从分布趋势来看,温度较低的9月中旬至4月,庭院温度平均较高,而在7月中旬到9月中旬则增温较少。这种趋势对人类生活是有益的。由于庭院温度平均高于当地大田,所以对北方来讲,庭院相当于纬度南移。这一点的生态意义是相当大的,它可能造成农村庭院生态系统生物种群与农田的差异。比如,在石家庄以北地区,泡桐在农田生长显著不良,而在庭院则生长旺盛。

(2) ≥0 ℃积温：这是对植物生长、发育十分重要的气象因子之一。根据观测数据计算,农村庭院中每年≥0 ℃积温比大田多72 ℃,这对延长栽培植物的生长期和引入一些农田不能生长的植物种群是相当有利的。

(3) 相对湿度：农村庭院的相对湿度显著高于农田。根据观测资料统计数据计算,庭院年平均相对湿度为75.6%,而农田为70.2%,庭院比农田高5.4%。就我国北方而言,除了3、4、8三个月以外,全年其他月份庭院的相对湿度都有明显提高,这种变化对广大北方干旱地区是极为有益的,而江南广大地区则应考虑微生物活动与病虫危害的问题。

(4) 地温：庭院地温一般平均比大田低1.0~3.0 ℃。土壤温度偏低的原因：一是由于树木房屋遮荫而光照弱;二是由于土壤水分含量较高所致。根据观测数据,不同季节土壤温度与对照大田差值如下:6—8月比对照低3.18 ℃;9—11月比对照低1.40 ℃;12—1月比对照低2.60 ℃;3—5月比对照低2.40 ℃。根据以上的数据分析,6—11月较低的地温有益或无害,而12—5月较低的地温对生物是不利的。通过以上数据可以看出,农村庭院生态系统的小气候与大田差异比较明显。如何进行农村庭院生态系统微气候因子的研究,还需要做大量的基础工作。

2. 庭院生态系统的社会环境(软环境)

由于农村庭院生态系统本身主要的生物种群是人类,它必然具有人类生态系统的特征。因此,它的环境部分又应当包括社会环境或称"软环境"。虽然社会环境不具有能量物质的授受机制,但是它对农村庭院生态系统的功能却起着十分重要的作用。

"软环境"本身是无形无量的。虽然如此,它却时刻在影响着农村庭院生态系统。两个自然环境完全相同或近似的农村庭院生态系统,由于软环境的差异可以使其功能相差很大。比如,有些庭院生态系统,人人亲密团结、有事大家帮、办事齐心协力、邻里事业兴旺;而另一些系统中人们互相倾轧、巧取豪夺、坏人横行、懒惰、不讲公德,这样的系统其功能必然不会高。我国提出的精神文明建设实际是软环境的建设。没有一个良好的软环境,再好的自然条件也很难取得较高的效益。软环境不但影响系统当前的功能,同时,其影响将会传至几代人。因此,对于农村庭院生态系统来讲,自然环境与社会环境都是十分重要的。

软环境属于精神世界范畴,客观存在与物质环境具有相辅相成的关系。软环境的内容比自然环境的内容要复杂得多。软环境主要包括人类种群的心理状态、社会道德水平、品质、伦理、信仰、宗教、科学文化、风俗、习惯、人类相互关系等诸多方面,其中,心理状态与科学文化起着基础作用。历史上常讲:"礼仪之邦",就是指人类文化素质高,充满自尊、自爱与自强,善恶分明的地区。软环境是长期的历史产物,其中一些因素往往是根深蒂固的,一个优良的软环境建设往往需要几代人的努力。

综上所述,由于农村庭院生态系统是农业生态系统与人类生态系统的综合,社会环境(软环境或精神环境)与自然环境(物质环境)有着同样重要的作用。所以,软环境也是这个生态系统的重要特征之一。在自然环境调控的同时,加强软环境的建设与优化不仅是十分重要的,而且是十分必要的。

9.4 庭院生态系统的环境工程

农村庭院生态系统是人工生态系统。它的环境因子包括两部分,这就是自然环境和人工建造环境。要想使农村庭院生态系统的效益得到提高,一般要从两个方面入手:第一,如何选择农村庭院生态系统的自然环境;第二,如何建设好人工环境。当然,这两方面是密切联系的,一个良好的自然环境往往是基础。但很多贫困地区虽然自然景色优美,环境质量并不低,却由于人工环境质量不高,其农村庭院生态系统环境很不好。而在一些发达国家和地区虽然自然环境并不优越,但由于投入大量资金建造的人工环境弥补了自然环境的不足,构成了优良的农村庭院生态环境。像以色列、利比亚等国家的沙漠地带就建造了很多景色优美的居住地。当然,也有一些地区农村庭院生态系统的人工环境并不坏,但自然环境严重恶化使农村庭院生态系统的环境受到影响(像我国西北高原已荒废的人类定居点就是自然环境严重恶化后消失的),甚至崩溃。

9.4.1 农村庭院生态系统自然环境的选址

农村庭院生态系统的自然环境具体是指该系统所处的地理位置、地形地貌、地质水文、小气候因子等相关环境。这往往是建造农村庭院生态系统开始之时选定的,这方面从人类定居开始已经得到了重视。古代,我国和希腊、罗马、巴比伦等地的居民在选择定居地时,一般都是十分慎重的。他们先在预选的地方放牧羊群,过一年以后杀掉羊只,看看里面的心脏是否发黑,假如发黑的话他们就要重新选择地方。后来东方出现了"风水先生",他们专门选地点,看风水、地脉、建屋位置朝向等。当然,他们的说法有很多迷信色彩,但是,去掉这一迷信色彩后可以看出,其中有一些是符合生态学规律的。因此,在农村庭院建设时要尽量利用对人类有利的自然环境条件,避免不利的因素,利用地形、地貌、水文、地质、小气候等条件,选好庭院生态系统的自然环境。

9.4.2 农村庭院生态系统的绿化

1. 绿化在农村庭院生态系统中的作用

居住地绿化并不是简单地栽几棵树,生产一点木材。实际上它本身就是生态系统的"脊梁"。它具有改善人类生活区小气候、净化空气、增加氧气含量、防止噪声、美化生活等多种与人类有益的功能。归纳起来,绿化对农村庭院生态系统的作用大约有以下几方面:

(1)调解小气候:庭院绿化可以显著地降低夏季的太阳辐射。据有关资料报道,绿化好的庭院一般能阻挡太阳辐射总量的80%左右,平均辐射温度比裸露地低14.1℃。在农村庭院中,夏季的建筑物、墙壁、路面和空地散逸的辐射热量,相当于日光照射能量的30%～40%,造成夏季庭院温度显著升高;而绿化植物通过反射、蒸腾作用能使温度显著降低。而到了夜间由于绿化层作用可以使热量散失减少,形成庭院生态系统昼凉夜暖(夜间温度相对高0.5～1.0℃)的有益于人类生存的生态环境。

从环境中空气水分含量看(空气湿度),绿化的农村庭院由于风速低(1～2级)和植物水分蒸腾作用强,增加了空气的相对湿度,使庭院空气湿润,这对于干旱区的农村庭院生态系统是十分有益的。由于绿化植物的存在,农村庭院形成了冬暖夏凉、夜暖昼凉、空气湿润、新鲜空气及时补充的适于人类生存的小气候环境。

(2) 净化空气,降低噪声:绿色植物通过光合作用,不断吸收庭院中人和饲养动物呼出的 CO_2,释放出有益于人类健康的新鲜氧气。有些植物可以释放出具有杀菌能力的挥发性物质和负离子、有时还可以吸附一些有害气体,如 CO、CH_4、氟化物等,不断更新空气的组成成分。同时,由于植物枝叶对粉尘的吸附作用使空气中的粉尘减少,从而使庭院的空气清新,起到有益于人类健康的作用。

噪声是影响人类身心健康的一种环境污染。由于人口、车辆、机器增加,噪声已成为世界公害之一。庭院绿化对噪声吸收和通过反射作用减少噪声强度的功能十分明显。一般认为,中等密度的绿化带(高 7~8 m),平均能够降低噪声 10~13 dB。这对于城郊、工矿区、交通干线附近的农村庭院具有十分重要的意义,因为一个宁静的居住环境对于人类生活是很可贵的。

绿化良好的庭院不但环境幽美,空气新鲜,宁静安详,对人类来说更是一种享受。当然,庭院绿化还具有防火、防风、防洪、防止土壤流失等作用。一旦发生战争,绿化植物还具有掩蔽功能和减少流弹杀伤率的防护功能。

(3) 增加收益,陶冶情操:绿化植物本身就是生态系统的第一性生产者。树木生产的木材是我国农村用材的重要来源之一。庭院中生产的蔬菜、水果、花卉都是人类生活的必需品。绿化植物改变了人工建筑生硬的线条和枯燥的色彩,使景观柔美,给人以美的享受,从而陶冶人们的情操,使人精神振奋、热爱生活。

从以上几方面可以看出,绿化对农村庭院生态系统的有益作用是十分明显的,但是目前我国农村庭院绿化工作还没有真正受到足够的重视,基本上还是停留在农民自发的阶段,从绿化布局到树种选择都是低水平的,还谈不上科学规划,因此,经济效益和生态效益都十分低下。有些地区的农村庭院还没有绿化。让亿万农家小院美化、绿化、香化、高效化,使广大农民能够在优雅的环境中"安居乐业",是今后庭院绿化应重视的研究课题。

2. 绿化的原则

要想提高农村庭院绿化的效益,根本的一条是选择好适宜的植物种群。由于我国是一个跨越多条气候带的大国,各地自然环境条件差别很大,不能一概而论。

绿化的基本布局原则是较低矮的花、果树应当在房前栽植,一方面有利于通风透光;另一方面,又可以给屋顶遮荫。为了有效地利用庭院空间,可把攀缘植物如葡萄、猕猴桃等藤本果树与篱笆墙结合搭起大棚架构成天然荫篷,将一些耐阴的植物植于树下可以形成高低有致的和谐景观。庭院绿化要符合农村庭院的特殊要求,要和我国传统园林艺术有所区别,从而保证较高的经济效益、生态效益和社会效益。

3. 平原地区庭院绿化案例分析

河北省栾县是一个绿化较好的县,全县的农田防护林带基本完整,全县用材林总株数为325.9万株,平均每公顷林木约为105株。用材树中村镇庭院林木为197.8万株,占全县林木总株数的57.63%。庭院林木平均每公顷549株。虽然近年来林网破坏严重,但是,庭院绿化却在稳定发展。因此,可以认为"庭院绿化是平原农业区绿化的主体和最稳定的部分"。研究结果表明:平均每公顷植树高达651.15株,每公顷立林蓄积量为41.85 m^3,若按200元/m^3计算,每公顷土地绿化林木总值为8 370元。根据每公顷土地每年木材生长量为3.6 m^3 计算,每年增加产值48元。按以上的平均值计算,全县庭院占地2 013.2 hm^2,林木总株数可达131.01万株,占目前林木总株数187.8万株的69.8%;立木总蓄积量为8.4万 m^3,占全县林木总蓄积量12.17万 m^3 的69.2%。总价值为1 685.7万元,平均每年木材增值124.3万元,约等于农业总产值的2%左右(表9.1)。

按常规年采伐量等于年生长量的原则,该县庭院每年可生产木材7 000 m^3。按目前农村建房每间用0.77 m^3 计算,这些木材可盖新房9 000间。假如,按每户五间新房计算则等于1 800户。这个值高于该县每年递增户数,也就是说每个庭院生产的木材完全可以满足农户建房的用材。

表9.1 河北省栾城县庭院绿化效益分析

序号	项目	单位	120个样户计算值/hm^2	全县预测值总计
一	林木株数			
1	按庭院占地总面积	株	651.15	1 310 895
2	按庭院可利用面积	株	1 002.30	1 386 386
二	立林蓄积量			
1	按总庭院面积计算	m^3	4 183.5	84 222
2	按可利用面积计算	m^3	64 845	89 823
三	林木总价值			
1	按总庭院面积计算	元	8 373.3	16 857 123
2	按可利用面积计算	元	12 936.3	11 919 363
四	平均年产值			
1	按总庭院面积计算	元/a	706.95	1 423 232
2	按可利用面积计算	元/a	1 095.45	1 517 417

9.4.3 庭院工程设计的技术

1. 沼气庭院的生态工程设计

沼气庭院是一种以农户为对象,以庭院为依托,以沼气综合利用为纽带,以农户种、养、加为产业,结合不同农户的生产技术、生活要求、资金、劳力及市场状况而进行的一种生态经济工程。通过工程建设,庭院内人与建筑物、动物、植物、微生物之间相互依存,相互促进;用地与生活(居住、休息、娱乐)、生产与生活、农产品与市场、投入能力与生产项目有机结合,最终形成一个结构合理、资源充分利用、效益显著、环境优美、物质良性循环的生态经济系统。

沼气庭院生态工程的模式有:

(1)"鸡-猪-沼-菜"模式:该模式广泛适用于城郊型农户,以向城市提供商品肉食、蛋品和蔬菜为主。通过在猪栏上建鸡舍养鸡,鸡粪落下喂猪,猪栏下建沼气池制沼气,沼气作生活燃料,沼肥返地种菜。它的最大特点是能够充分利用时间和劳动力,实现"以沼促菜,以菜促猪,以猪促沼"的良性循环。

(2)"粮-猪-沼-果-保鲜"模式:本模式适用于以果业生产为主的农户。以农副产品加工的副产品发展养殖业,将畜禽粪便、果木残叶入沼气池发酵产沼气。以沼渣液料培育果园,提高果树的产量和质量;一部分沼气用来储存柑橘,以降低储存容器内的氧气含量,抑制储存物的呼吸强度,减少养分消耗,从而灭虫保鲜,达到产品增值的目的。

(3)"粮-糟(菌)-猪-沼-渔"模式:此模式适用于以养鱼为主的专业户。其方法是先将作物秸秆的一部分用来生产食用菌;一部分粮食酿酒,再将培育食用菌之后的培养基和废酒糟用作饲料喂猪,猪粪入池发酵,以沼肥为饵料养鱼,用沼气点灯诱蛾,增加鱼饵。利用沼肥养鱼,鱼类生长快,可提高成鱼产量,降低成本。

(4)"果-鸡-猪-沼-孵鸡"模式:本模式适用于以家庭副业生产为主的农户,是一种较好的庭院经济发展形式。用鸡粪喂猪,提高蛋白质利用率;猪粪下池发酵生成沼气,沼气为孵坊和鸡舍供暖,增温增光,降低了孵、养鸡成本,提高鸡的生长速率和产蛋率。沼渣养蚯蚓,蚯蚓喂鸡;沼肥还果园,沼水可用于种青饲料,青饲料用来喂鸡养猪。

沼气庭院的生态经济结构合理,有较高的经济效益;能量投入合理、转化效率高;有较高的商品率和持久稳定的系统输出,是一种可大力开发、发展的小型高效的农业系统。

其效益表现为:

农户的生产结构已跳出了传统农业生产和单一农产品的圈子,形成了以一业为主、多种经营的专业化、集约化和商品化的农业生产形式。

农户庭院生态系统中，种、养、沼三业紧密结合，相互依赖，相互促进，缺一不可，促进了整体综合效益的统一。

沼气作为纽带，在庭院生态经济系统中发挥了多功能综合的作用，使生产、生活诸要素构成网络，使整个系统形成一种和谐、稳定的有机整体。

沼气在消除环境污染，解决农户能源的同时，其腐解的优质有机肥料投入生态系统（特别是种植业子系统），明显地改善了土壤条件，增强了系统自我维持和自我稳定的能力，为农业生态系统找到了一条最有效利用资源的途径。

充分重视了畜牧业发展，既保障了沼气的动力来源，又使综合农业生态系统的最基本的"食物链"更为完整健全。

建立了合理的农、牧业比例结构，从而使消费者与生产者按比例构成营养关系，保证了庭院生态系统内各环节的均衡发展和"食物网"的稳定。

2. 庭院立体农业工程设计

庭院立体农业是指利用住宅的房前屋后，在地下、地上和空中以多种经济为内容的生产经营活动。庭院立体农业规模小、投资少、能充分利用空间、劳力进行集约生产，经济效益和商品率都很高。庭院生态系统可以利用的物种非常多，其中有食用菌、水果、蔬菜、花卉、畜禽、鱼类等。庭院立体农业已成为繁荣城乡市场、振兴农村经济、加速农民致富、丰富城乡居民业余生活的一条重要途径。

庭院立体农业模式因当地的环境条件和风俗习惯的不同而有多种类型，如以花卉为主的庭院立体种植模式、以蔬菜为主的庭院立体种植模式、以果树为主的庭院立体种植模式、以食用菌为主的庭院立体种植模式、以畜禽养殖为主的立体养殖模式、庭院水体混养模式、庭院立体设施模式等。

（1）以葡萄为主的立体种植模式：葡萄具有生长快、结果早、产量高、占地少、管理方便等优点，很适合于庭院栽种，葡萄棚下种植蔬菜，棚外饲养家畜家禽，不仅形成果－菜－畜禽互补的生态系统，而且经济效益也相当可观。

（2）庭院鸡、猪、沼气、鱼、农作物立体循环模式：该模式采用鸡粪喂猪、猪粪进沼气池，沼液喂鱼和塘泥、沼渣作为农作物的肥料的链接形式，既降低了成本，又减少了污染，增产增效十分明显。

（3）庭院花木立体种植模式：随着城市居民物质生活水平的不断提高，人们对精神文化生活提出了新的要求，其中观赏和培育花木已成为一种时尚，花木买卖也日渐兴旺。利用庭院合理布局种植不同品种、高矮和温光要求的花木，不但可以美化环境，提高土地利用率，而且具有甚为可观的经济收益。

（4）生态住宅：生态住宅是以沼气为纽带，将建筑物与种植业、养殖业、能源、环保、生态相结合并进行统筹规划的一大创新。生态住宅的基本结构主要由地下、底层、楼层、屋顶四大部分组成。地下设有沼气池、过滤池、净水井；底层设猪舍、水泵、沼液泵、仓库；楼内为住房、厨房、餐厅等；屋顶建有鱼池、沼液贮存池、净水箱和太阳能热水器。屋顶四周设有 40 cm×40 cm 土槽，培土 20 cm，用于种植柑橘、葡萄和各种蔬菜。通过管道，把沼气、猪栏、厨房、卫生间、屋顶果树、蔬菜园相互连通。人畜粪便、废水废料进入沼气池，沼液送上屋顶用于培植农作物，沼气用作燃料和照明。这种住房冬暖夏凉，"三废"在内部自行转化，既充分利用了资源，又改善了环境，是一种十分可取的庭院生态工程。北方住宅可以盖太阳能房和地坑，解决冬季取暖的问题。

9.4.4 未来庭院生态系统建造的新途径

根据我国实际条件以及人口高度集中带来的种种弊端，理想的农村庭院应当是一个生产、生活互补的复合结构。这种复合结构把人类生活、庭院生产和环境美化合理组合，把居室和生活设施融合于生产场地之中，形成一种新系统，这种新系统包括以下几类：

（1）高度密集型：在人口高度密集、耕地很少、农民以工副业为主的发达地区，今后的发展应归乡并镇，建立起完善的基础设施。

（2）村镇型：在北方农业高产区，以目前村镇为基础，对庭院街道统一规划，房屋建筑层次在两层以下，建成有一定面积的庭院，但不要太大，适当增加空间利用率，完善给排水系统和卫生设施。

（3）院+林、院+果、院+畜、院+加结合型：根据农村生活的特点，把人类居住地与平原林地、果园、养殖场、加工厂融为一体，合理组合，使庭院本身就是生产场地。如河北省的燕山山麓，村镇就是葡萄园（昌黎县五里营、二里堡等）。

（4）别墅型：在南方丘陵山区，居住分散，住宅与圃、竹林、果林、鱼塘结合形成一个环境优美、生产力高的乡间别墅，对于人类生活和生产均有益，是一种理想的庭院布局。随着交通发展和农民交通工具的不断现代化，有可能长期稳定下去。

（5）庄园型：居住地在人少而耕地多的东北、西北等地区，每户的居室同养殖场、果茶园、加工厂合在一起，分布在一定的面积内，四周以墙、篱与农田隔开。基础设施的完善及生活区相对隔离是该类庭院建设的重点。

总之，在充分研究农村庭院生态系统的基础上，按照生态工程学原理，建设促进资源的综合利用、环境的综合整治及农村社会经济的综合发展的农村庭院生态工程是今后的核心任务。

9.5 案例分析

1. 十里河村生态经济庭院介绍

从 20 世纪 90 年代初开始连续 5 年在辽宁省沈阳市苏家屯区十里河村进行庭院工程项目示范研究,该项目取得了明显的经济效益、社会效益和生态效益。

1990 年春,选 3 口之家的十里河村民张熙家作为示范户。他家有农业劳动力 2 人;庭院总面积 605 m^2,房屋面积 91 m^2,庭院内园田面积 220 m^2。

该庭院优化模式分为如下几个基本组成成分(亚系统):塑料大棚、沼气池、猪舍、厕所、园田和农舍(图 9.1 为庭院设计平面示意图)。

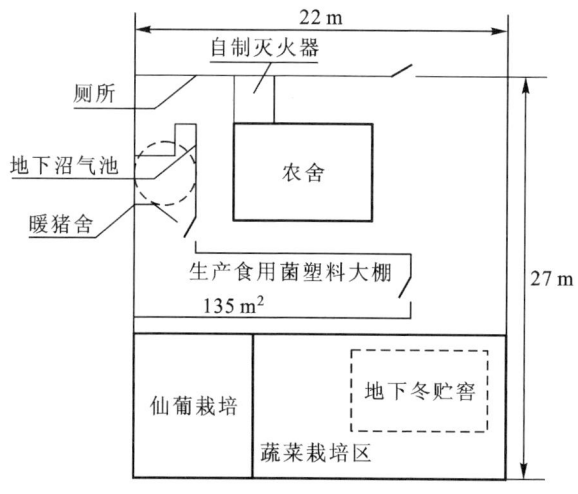

图 9.1 庭院优化模式平面示意图

农舍前建一座 135 m^2 的塑料大棚,棚内一年生产两茬平菇,即夏季(8—11 月)和冬季(11 月至来年 6 月)。

夏季塑料大棚内温度较高,装成袋的培养料不能堆放过高,平均每年投料较少,为 1 266.7 kg,产平菇 1 135.8 kg;冬季适当增加投料,平均每年投 5 416.7 kg,产平菇 4 581.7 kg。该塑料大棚一年四季均可生产食用菌,年产平菇 5 717.5 kg,料菇比为 1∶0.86。

平菇培养料中 75% 为玉米芯,15% 为稻草,10% 为稻糠,都是当地农产品的副产品。

在大棚西端的地下建一个 7.5 m^3 的沼气池,池上为猪舍和厕所,人畜粪便自动进入沼气池,经发酵产生沼气供居民照明,沼渣作生活燃料。沼气池每年产沼气近 150 m³,每年排入沼气池的人粪尿为 320 kg(干重)、猪粪便 1 830 kg(干重);每年可产沼气渣肥 1 400 kg,施于庭院内园田地 150 kg,施于庭院外大田地 1 250 kg。

猪舍和厕所为 19.5 m²,猪舍内每年饲养两批生猪,平均每年饲养 10.3 头猪,耗料 3 255 kg,产猪肉 825 kg、产猪粪便 1 830 kg(干重)。

庭院园田面积为 220 m²,每年可产应季蔬菜 375 kg,全部用于居民自用;庭院园田中栽植葡萄 40 余株,年产葡萄 250 kg,在农贸市场出售。

庭院内的三口之家每年消耗大米 500 kg、豆油 25 kg,自产蔬菜和大棚中生产的平菇(80 kg)和自产猪肉(40 kg)。

2. 十里河村生态经济庭院效益

农村庭院生态系统是农业生态系统的重要组成部分,特别是北方农村高效庭院生态系统的建立,促进了生态系统内物质和能量的高效利用。概括起来,该项目具有如下优点:

① 该庭院生态系统仿效自然生态系统的物质循环,尽量减少废弃物(如秸秆、人畜粪便等)的输出,粮食作为饲料发展畜牧业,而玉米芯、秸秆等不再作为薪材燃料,而是将其制成培养基,用于发展食用菌,菌渣用作燃料,人、畜粪便进入沼气池做制沼气的原料,沼气用来照明和用作生活燃料。沼渣作为肥料回归土地。通过这一近似封闭的物质的多重循环利用,不仅提高了资源的利用效率,而且改善了农村庭院的生态环境、改变了农村生活能源的结构。

② 该项目充分利用了农村剩余劳动力,做到人尽其用,三口之家各有分工,共同经营庭院经济,既充分有效地利用农村的劳动力资源,又有助于农民素质和个人技能的提高,有助于农民向非农的转型。

3. 十里河村生态经济庭院关键技术

该项目主要采用的是生物工程的组装技术。如棚室蔬菜生产利用沼气灯释放二氧化碳的气肥技术、沼液浸种技术、有机废弃物制造沼气技术、再生能源利用技术、沼液喂猪技术、沼肥栽培蘑菇技术、猪粪的饲料化技术、食用菌培养技术等。这些技术组装在一起用于庭院生态系统,远胜于单一技术的实施。

思考题

1. 庭院生态系统有几个发展阶段?
2. 庭院生态系统有几种类型?
3. 简述庭院生态系统的组成成分。
4. 目前我国农村庭院绿化的基本原则是什么?

5. 庭院沼气生态工程是如何设计的？其优点是什么？为什么在我国推广这种庭院沼气生态工程技术比较难？

6. 简述庭院立体农业生态工程设计的模式及优点。

7. 请你谈谈对未来庭院生态工程设计的建议。

第十章 城市生态工程

城市是指非农业人口为居民主体,以空间与环境利用为基础,以聚集经济效益为特点,以人类社会进步为目的的一个集约人口、经济、科学技术和文化的空间地域综合体。

城市是人类政治、行政、经济、社会、文化等人类活动的主要场所。城市具有物质的、经济的、社会的和文化的各种和自然相对立的非自然产物。城市是在破坏自然、损伤自然的过程中逐渐扩大起来的。城市的各种活动以其产生的废物输入到城市及其周围的自然环境之中。

城市作为一个人工生态系统,人与自然的矛盾是十分突出的。

10.1 城市生态系统

10.1.1 城市生态系统的概念

城市生态系统的自然环境、社会环境和生物群落都具有与其他生态系统不同的特色。城市生态系统既有其特殊的自然地理属性,也有其特殊的社会经济文化属性,是一个"社会－经济－自然复合生态系统(social – economic – natural complex ecosystem)"。城市的自然组分是其赖以生存的基础。城市各部门的经济活动和代谢过程是城市生存发展的活力和命脉,而人的社会行为及文化观念则是城市演替与进化的动力泵(马世骏等,1984)。

10.1.2 城市生态学的发展历程

1. 国外城市生态学发展大事记

1888 年,英国学者 E. 霍华德(Howard)出版了《花园城》,反映了人们对保护城市自然生态系统的渴望。1904 年,英国生物学家 P. 盖迪思(Geodes)出版了《城市开发》,1915 年又出版了《进化中的城市》,把生态学的原理和方法应用到城市研究中,对卫生、环境、住宅、市政工程、城镇规划等进行综合考虑。1916 年,美国学者 R. E. 帕克(Park)发表了《城市:环境中人类行为研究的几点建议》,随后于 1925 年出版了《城市》,将支配自然界生物群落的某些规律,如竞争、共生、演替、优势度等应用到城市研究中,开创了城市生态学研究的新领域。1952 年,他又出版了《城市和人类生态学》一书,把城市作为类似植物群落的有机体,用生物群落的观点研究城市环境,进一步完善了城市与人类生态学研究的思想体系。1972 年联合国教科文组织制定了"人与生物圈(MAB)"研究计划,把对人类聚居地的生态环境研究列为重点项目之一,以促进人类与其生存环境之间复杂关系的协调。这项研究内容涉及城市气候、城市生物、城市水文等十多个城市生态环境方面的专题。1973 年日本的中野尊正等编著《城市生态学》一书,系统地阐述了城市化对自然环境的影响以及城市绿化、城市环境污染及防治。1975 年国际生态学会主办的《城市生态学》季刊创刊。1977 年美国 L. 伯瑞(Berry)的《当代城市生态学》一书,系统地阐述了城市生态学的起源和原理。1980 年第二届欧洲生态学术讨论会,以城市生态系统作为会议的中心议题,从理论、方法、实践、应用等方面进行了探索。此后各类城市生态研究工作蓬勃发展。1987 年美国生态学家 R. 理查德(Richard)在其《生态城市:贝克莱》中提出了所期望的理想的生态城市应具有的六个特征。1992 年在里约热内卢召开的"人类环境与发展大会"讨论了人类居住区及城市的可持续发展,给城市生态环境问题研究注入了新的血液,成为当代城市生态环境问题研究的重要动向和热点。1997 年在德国莱比锡召开了国际城市生态学术讨论会,内容涉及城市生态环境的各个方面,但研究目标都逐渐集中在城市可持续发展的生态学基础上,城市生态学和城市生态环境学已成为城市可持续发展及制定 21 世纪议程的科学基础。

2. 中国城市生态学的发展

1973 年第一次全国环境保护会议召开。此后,在城市开展了区域污染调查、评价和防治研究工作。1978 年城市生态学研究正式列入我国科技长远发展计划,同时展开城市气候、城市水文、城市地貌、城市园林绿化及城市环境质量评价等方面的研究。如"北京城市生态系统研究"、"天津市城市生态系统与污染综合防治研究"均被列入国家"六五"攻关课题。1984 年在上海举办了首届全国城市生态学研讨会。1984 年著名生态学家马世骏提出社会-经济-自然复合生态系统的思想,这对城市生态学研究起了极大的推动作用。1988 年生态学家王如松提出城市生态系统的自然、社会、经济结构与生产、生活还原功能的结构体系,用生态系统优化原理、控制论方法和目标规划方法研究城市生态系统。1988 年《城市环境与城市生态》季刊创刊。20 世纪 90 年代我国城市生态学研究呈现多元化倾向。生态城市作为人类理想的聚居形式和人类为之奋斗的目标,已成为我国当代城市生态环境研究的新热点。

10.1.3 城市生态系统的结构

城市生态系统的结构是城市生态系统的各组成部分的分布格局及城市生态系统不同单元之间相互联系、相互作用的方式。城市生态系统由于尺度大小不同而形成等级结构。

城市生态系统的等级结构从小到大,可分为四级:

1. 城市生态元

城市生态元是城市生态系统的基本功能单元,是人类与自然合作创造的占有一定空间,进行一定生态过程,完成某种特定功能,相对独立的自然-社会-经济复合生态系统。如住宅小区、公园、学校、商店等都是这种占有一定空间,进行一定生态过程,完成特定功能的城市生态元。

2. 城市生态段

城市生态段是不同的但又相互联系的城市生态元有规律的结合体。如住宅、公园、学校、商店、农贸市场等结合成城市生态段。

3. 城市生态链

城市生态链是有联系的城市生态段的有规律的结合体。如长春市第一汽车集团公司的厂区城市生态段、生活区城市生态段等共同结合成长春第一汽车集团城市生态链。

4. 城市生态区

城市生态区是在一定小流域内相互影响的城市生态链有规律的结合体。如上述第一汽车集团城市生态链与西新城郊生态链共同组成西新河流域城市生态区。

城市生态区中不同的生态链,城市生态链中不同的生态段,城市生态段中不同的生态元及它们之间的相互作用方式,才是城市生态结构。

10.1.4 城市生态系统的功能

城市生态系统的功能是城市生态系统通过生态流在城市生态结构中的流动表现出来的作用。城市生态系统的主要功能如下:

1. 生产功能

城市生态系统的生产者主要是人类,自然生态系统的生产者主要是绿色植物。城市的生产以冶炼、机器制造、加工、建筑、食品、化工、纺织、汽车、轮船、飞机等次级生产为主;农、林、牧、水产等初级生产主要在城郊和农村进行。城市生态系统的生产极为重要的是信息生产,如科学技术、文化教育、艺术及新闻,出版等都是城市生态系统的信息生产。

2. 生活功能

城市生态系统无论是机器制造、建筑、食品,还是信息生产,都是人类参加完成的。因此这些生产者的衣、食、住、行就构成了基本的生活需求;但除了这些生活的基本需求外,还逐渐地出现了更高的要求,如日益增长的文化、艺术及信息和精神的需求,进而是更近于自然的生活环境的需求,这就要求城市生态系统的生活功能应该不断完善。

3. 人工反馈调节功能

自然生态系统可以通过正、负反馈相互作用的自我调节能力来缓冲自身发展过程中带来的不良影响,以维持生态平衡和稳定。城市生态系统由于人类对自然生态系统的破坏,那些原有的自我调节、自我恢复能力大部分丧失,因此,必须增强人工反馈调节功能,通过供给功能、抵制功能、处置功能和保存功能的反馈调节来解决原料、产品及生产、生活中废物的新陈代谢问题。任何城市,如果缺乏这种人工反馈调节功能,就会造成水质恶化、空气污染、垃圾成堆、环境质量下降等问题。

10.1.5 城市生态系统的流

1. 能量流

城市生态系统能量流动的基本过程中的原生能源(又称一次能源)是从自然界直接获取的,主要包括煤、石油、天然气以及太阳能、生物能、风能、水力、核能和地热能等。原生能源中有少数可以直接利用,如煤、天然气等,但大多数都需经过加工、转化后才能利用。次生能源经过加工或转化成便于输送、储存和使用的形式,如电力、柴油、液化气等,其形式单一。有用能源指使用者为了达到使用目的,将次生能源转化为特殊的使用形式,如马达的机械能、炉子的热能、灯的光能等。最终能源则是能量使用的最终目的,它是存在于产品中或投入到所创造的环境中的能量形式,如抽水机把机械能转变为水的势能;炼钢炉把热能转变为钢材内部的分子能;日光灯把电能转变为光能,最终变为热量散失掉等。

城市生态系统与自然生态系统一样,能量流动有两个相同的性质:① 遵守热力学第一、第二定律,在流动中不断有损耗,构成能量流动的单向性;② 除部分热损耗是由辐射传输外,其余的能量是由物质携带的,能流的特点体现在物质流中。但是能量每流过一个能级时,并不服从所谓的"10%"定律。

城市能源的消耗部分主要是工业生产、居民生活和交通运输。能源的传递大体经农业部门、采掘部门、能源部门和运输部门的途径,通过社会再生产的生产、交换、分配和消费各个环节,为生产与生活服务,最后以"废弃物"和余热的形式耗散掉。能源的利用率和利用形式直接影响着城市的污染状况,但城市能源利用政策既不能走所谓"多多益善论"的道路,也不必苛求"零增长论"的效果。前者认为发展城市经济必须相应增加体外能量投入,愈多愈好;后者认为能量消费的指数增长已造成严重的生态破坏,绝不能再持续下去,否则会带来人类的毁灭,因此必须严格把能量消耗限制在现有水平,不能再继续增长,以求合理调整,寻求新的出路,这两种观点均过于极端化。其实在两者之间有一条更合理的出路,即加快改造能源结构,积极开发无污染和商业价值更大的能源,开发并合理利用能够提高能效的新技术。这样,人类就可以在不增加能量消耗的情况下,保持社会经济的持续增长,逐步改善人类的生活质量。

2. 物质流

按动力性质的不同,城市生态系统的物质流可分为自然推动的物质流和人工推动的物质流。前者如空气流动、自然水体流动等,可统称为资源流;后者主要指交通运输。按照物质流动的范围又可分为系统内部的物质流和系统与外界之间的物质流(物质的输入和输出)。这一点与自然生态系统的分类是一致的。城市生态系统的物质流可从以下几方面加以研究:资源流、货物流、人口流(包括劳力流和智力流)。

(1) 人口流:人口流是一种特殊的物质流,包括时间上和空间上的变化,前者的表现形式是城市人口的自然增长和机械增长;后者的表现形式是城市内部的人口流动和城市与相邻系统之间的人口流动。劳动力流是特殊的人口流。劳动力流动态包括劳动力在时间上的变化,即由于就业、退休等导致劳动力数量的变动和劳动力在空间上的变化。智力流则是特殊的劳动力流。智力的开发过程(入学、就读、毕业、升学)是智力在时间上的变化,它可反映城市智力结构的改变过程;而智力在空间上的变化则反映智力(人才)在不同部门中的改变。

(2) 资源流和货物流:资源流是由自然力推动的物质流,主要包括空气和水体的运动。它虽然不稳定,但数量极大。其流动的速率和强度直接影响着城市的生产和生活以及城市污染物的传播,从而影响到城市的环境质量。研究资源流规律也是研究城市生态系统物质流的重要组成部分。在物质流中,以货物流的流动过程最为复杂,因为它不仅仅是简单的输入和输出,而且其中还经过生产(形态、功能的转变)、消耗、累积及排放出废弃物等一系列过程。这一过程,从原材料的采掘开发开始,经生产、交换、分配、消费等各个环节,构成城市生态系统物质流动的主体。与此同时,生产与消费过程中产生的"三废",又返回到环境中去,完成城市生态系统的物质(能量)代谢。

城市生态系统的物质输入和输出的吞吐量极大,其数值可反映出城市的经济形势和城市生态系统的发展状态。如崔学增等从对唐山市(人口135万)1981—1983年物质流动的估算中得出,平均每年向系统内输入的物质大约为

3.45 亿 t,输出的物质大约为 3.43 亿 t(表 10.1)。

不同规模、不同性质的城市,其输入、输出规模、性质、代谢水平不同。例如,工业城市的输入以原材料、能源资源为主,输出以加工产品为主;风景旅游城市的输入以消费品为主,输出以废弃物为主。城市物质流输入和输出的收支非常重要。凡输入接近或略大于输出的城市,其规模、内部积蓄变动较小,维持着相对的动态平衡;输入比输出大得多的城市是发展型的城市,输入比输出小得多的城市,表明该城市代谢能力、城市的整体规模已经开始衰落。研究城市物质代谢的重点应放在物质的来源、利用、分配、管理以及废物的排放、扩散、处理、再生这两方面,包括负载能力、环境容量、营养物质和污染物质的流动规律及对人和物理环境的影响等问题。

表 10.1 唐山市物质流动估算（1981—1983 年）

	输 入/(10^4 t)		输 出/(10^4 t)
矿物质	2 917.4	废渣	957.0
其中：煤炭	2 023.5	其中：冶炼废渣	45.0
矸石	669.0	粉煤灰	240.0
矾土	55.3	矸石	669.0
石灰石	167.3	化工废渣	3.0
萤石	2.3		
地表地下水	24 623.0	废水	22 046.0
燃烧空气	5 811.0	废气	6 275.3
		其中：二氧化碳	1 326.6
		二氧化硫	15.1
		水	352.2
		氮气	4 390.7
		氮氧化物	150.1
		灰尘	40.6
农副产品	69.4	生活废物	3 040.3
		其中：废物	462.3
		生活用水蒸发	496.5
		污水	2 080.6
		垃圾	0.9
原料产品	1 080.0	产品	2 028.0
总输入	34 500.8	总输出	34 346.6

3. 信息流

信息就是消息,是对某一事物不确定性的度量,或者说指对某事物知道、了解的程度。一个事物越复杂,其中所包含的信息就越多,要想了解该事物,就需要掌握更多的信息。信息虽然无形,但却有价。信息主要有三个作用:

(1) 传递知识:通过发布信息、宣传广播、输出数据、图像、指令、信号等,可以传递和散播知识,把知识变成生产力。

(2) 传递情报:战争时代的军事情报,和平时代的政治、经济和科技情报都要依靠灵通的信息传递系统。掌握了情报,往往就会在竞争中居于有利地位。

(3) 节省时间提高效率:信息出时间、出效率。据国外资料报道,交通部门采用调度通讯,可使运输能力提高50%以上;基建部门利用电信指挥,可以使劳动生产率提高15%以上。在日本,有人计算,靠电话及电报传真进行业务联系,可节约交通能源60%。

城市具有信息功能。由于城市具有完善的新闻网络传播系统,因而可以在广阔的范围内以高速度、大容量及时地传播信息。城市具有现代化的通信基础设施,能以信息系统连接生产、交换、分配和消费的各个领域和环节,高效地组织社会生产和生活。城市的重要功能之一,就是输入分散、无序的信息,输出经过加工、集中、有序的信息。政治、文化、科学、商业中心城市的这一功能尤其重要。城市的输出物中除了物质产品和废物外,还有精神产品,这就要靠信息流完成。物质流是信息流的载体,报纸、广告、书刊、信件、照片等等都是信息的载体;电话、电视、电讯、网络等也是信息的载体;人的各种活动,如集会、交谈、讲演、表演等,都在交流信息。信息的流量大小反映了城市的发展水平和现代化程度。

在城市的三大功能流中,能量流和物质流最能体现城市的特点、职能、发展水平和趋势,反映城市需求、活动强度和对环境的影响等。除了上述能量流、物质流和信息流外,人们还从经济的观点出发,提出了城市的价值流,包括投资、产值、利润、商品流通和货币流通等,反映城市经济的活跃程度,其实质仍是物质流。

10.2 城市的自然生态子系统

城市自然生态子系统是在自然生态系统的基础上,经过人为改变后形成的。影响城市自然生态系统的有城市地貌、城市气候、城市水文及城市的植物群落与动物区系。

10.2.1　城市地貌

城市地貌类型是城市分布格局的基础,通过地貌类型的组合,对城市的空间结构产生影响,如在平原的城市,多形成方格式结构;在盆地的城市,多按同心圆状的形式布局,丘陵区的城市常随阶地的形式呈条带状格式。

10.2.2　城市气候

1. 城市气候的特点

城市的大气候受当地所处的经纬度位置和海拔高度的影响,不同地区获得的太阳能、积温和降水的数量各不相同。除此以外,人类活动是影响局地气候的主要因素,如城市"热岛"。由农村至城市边缘的近郊时,气温陡然升高,称之为"陡崖"(cliff)。到了市区,气温梯度比较平缓,因城市下垫面性质的地区差异而稍有起伏,称之为"高原"(plateau)。到了市中心区人口密度和建筑密度及人为热释放量最大的地点,气温更高,称之为"山峰"(peak)。此"山峰"与郊区农村的温差 ΔT_{u-r} 称为"热岛强度"。这种说法形象化地反映了城市气温高于四周郊区,"城市热岛"蠢立在较凉的农村"海洋"之上。城市热岛除上述空间分布特征外,在垂直方向上,城市热岛强度随高度的变化因城市不同而有所差别。

2. 城市热岛环流

在天气晴朗无云,大范围内气压梯度较小时,城市热岛的存在使城市中形成一个低压中心,并出现上升气流。从热岛垂直结构看来,在一定高度范围内,城市空气都比郊区同高度的空气暖,因此,随着市区热空气的不断上升,郊区近地面的空气必然从四面八方流入城市,地面风向向热岛中心辐合。此时由于郊区因近地面层空气流失需补充,热岛中心上升的空气又在一定高度上流回郊区,在郊区下沉,形成一个缓慢的热岛环流,又称城市风系。在近地面部分风由郊区向城市辐合称为乡村风(country breeze)。在山岭环抱的盆地城市,气流不通畅,静风日数多,又因热力作用形成山谷风局地环流,在夜晚山风作用下,极易发生"地形逆温"。这些气象条件对污染物的扩散十分不利,在这种城市中不宜建立可能会严重污染环境的工业区。

10.2.3　城市水文

城市化过程中土地利用性质改变,如建筑物增加、道路铺装、不透水面积增大、河道整治、排水管网兴建等,直接改变了当地的雨洪径流的形成条件;城市社会经济发展对水的需求量增大,废、污水排放量增多,从而对水的流动、循环、分布、水的物理化学性质以及水与环境的相互关系,产生了各种各样的影响。

1. 城市水系人工化

天然的河、湖、塘、池、淀、洼是自然变迁、新构造运动、气候变化等的产物。随着社会的发展,人类的开发活动,特别是城市的开发建设,如对河道截弯取直、修建水库和其他水利设施以及开辟人工河道等,使大部分天然河流被闸、坝、堤防控制,从而改变了地表水的自然分布状态。如北京、天津两市,新中国成立后修建大、中、小型小库140多座,上百座水闸,开挖了一系列人工渠道,改变了水系的结构。这些人工河道具有泄洪、排污、输水等专门功能,形成天然河湖与人工沟渠并存、彼此连通、相互影响、受人工整治和高度控制利用的地表水系统。

2. 地下建成排水系统

城市化的结果,天然的地面排水系统被人工引导水流和各种不透水通道及地下下水道排水代替和补充,目的是尽快把城市的雨洪排走,保护城市设施免遭洪水灾害。例如,珠江的广州河段有几十条支涌,在广州市区的河涌兼有下泄洪水和排污的功能,现大部分河涌已演变成地下排水系统。下水道以河涌为轴铺开,与河道成正交布设,形成网络化的地下排水系统。

10.2.4　城市植物群落的主要类型及变化

对于城市植被可以根据不同标准划分类型,这里仅对自生的城市植物群落进行简略分类。所谓自生城市植物群落(植被)是指非根据人类意愿、非人工建造的城市植物群落。除了自生植物群落之外,还存在半自生城市植物群落。后一概念是指某些植物群落虽然为人工播种或人工栽种,但在其后的发展演替过程中,各类组成趋于稳定,并在相似的生境中形成具有相似种类组成的植物群落。城市植物群落目前尚无标准的分类方案,在西欧的研究中一般采用以生境和群落生态学特征为标准的划分方案。根据这一标准可以将城市植物群落分为耐践踏植物群落、一年或多年生喜氮植物群落、多年生湿润宅旁植物群落、宅旁半干旱植物群落和墙头植物群落等。这些植物群落几乎无例外地为草本植物群落,在长期无人类干扰的条件下,他们可能演替为灌木丛群落,甚至演替为乔木群落。

1. 耐践踏植物群落

该类群落生境的突出特点是由于人类践踏导致植物经常受机械损伤。构成这类植物群落的常见植物种类有白车轴草(*Trifolium repens*)、大车前草(*Plantago major*);黑麦草(*Lolium perenne*)、欧蓼(*Polygonum aequale*)和野独行菜(*Lepidium ruderale*)等。

2. 一年或多年生喜氮植物群落

这类群落主要分布在城市和其他文化景观中土壤富含氮营养元素的地段。

组成这类群落的主要植物种类多是一年生植物,如藜、野大麦(*Hordeum brevisubulatum*)、无芒雀麦(*Bromus inermis*)、元雀麦(*Bromus horderaceus*)和药蒲公英(*Taraxacum mongolicum*)。如果任其发展,这类群落可演替发展为多年生喜氮植物群落。

3. 多年生湿润宅旁植物群落

其生境特点为土壤湿润,氮营养元素含量较为丰富。它们呈小片状分布在城市园林或林地的边缘、壕沟的两侧及园中空地等地段。其主要种类为欧蒿(*Artemisia vulgaris*)、欧蓟(*Cirsium vulgare*)、白麦瓶草(*Silene alba*)、裂荨麻(*Urtica dioica*)、贯叶金丝桃(*Hypericum perforatum*)和棘飞廉(*Carduus acanthoides*)等。无论从生境,还是从种类组成上分析,这类植物群落都不能称为是典型城市环境下的植物群落,而是应属于林缘植物群落的残片。

4. 宅旁半干旱植物群落

分布在相对干旱或季节性干旱的宅旁生境。构成这一群落类型的植物种有欧冰草(*Agropyron repens*)、细叶早熟禾(*Poa angustifolia*)、加拿大早熟禾(*Poa compressa*)和款冬(*Tussilago farfara*)等,或茎叶具有旱生结构,或具有发达的根系(65~200 cm),以便能够利用土壤深层水分。且由于其中一些种类具有根状茎,繁殖能力很强,因而对除草剂具有较强的抵抗性。

5. 墙头植物群落

这类植物虽说长在墙头,但既不能在岩石上,也不能在水泥板上生存,他们只分布在泥灰墙缝上。典型墙头植物的种子,具有适应这种特殊生境的传播方式,其中以靠风力传播繁殖的植物为主,如苔藓、蕨类植物。其次为靠蚂蚁传播种子的种类,如墙草(*Parietaria micrantha*)、亮黄堇(*Cordalis lutea*)、白屈菜(*Chelidonium majus*)等。与生境相适应的种子传播方式保证了这些物种在墙头生境的繁衍和生存。

除以上主要植物群落外,城市中还有少量的其他草本群落、灌木群落和乔木群落。

6. 城市环境下生物群落的变化

在世界的众多城市中,只有少数城市掌握有城市植物群落动态变化方面的基本数据和长期资料。我国有关城市植被、植物区系和动物区系的基础性工作还是空白。实际上人为干扰对城市环境下生物群落的影响是巨大的。

7. 城市环境下植物群落的变化

残留在城市中的自然植被具有很大特色,一般认为城市大气中 SO_2 的平均浓度(体积分数)为 0.008×10^{-6} 时树木就枯萎;SO_2 年平均浓度(体积分数)超过 0.01×10^{-6} 时,植物开始受害;达到 0.09×10^{-6} 时,大约50%的植物受害。同时,这种受害因树种而异,0.02×10^{-6}时赤松50%枯损,$0.04 \times 10^{-6} \sim 0.05 \times 10^{-6}$时黑松也有50%受害。在日本东京都自然教育园,1950年前后的赤松－黑松林正向山桐子(*Idesia poly-carpa*)林演替,黑松－赤松林正在向着黑松－上水樱(*Prunus graganas*)林演替。从树木的逐株调查中明显看出20年间树势在不断衰退。树木健康度反映出城市环境恶化对植物的影响。

10.2.5 城市环境下动物区系的变化

城市环境下植物群落的变化必然引起城市动物区系的变化。日本生态学家1978年对东京都的自然教育园及其他城市园林等地方的动物区系与其周围受人类影响较小地区的动物区系进行对比研究,获得了有关动物区系变化的很多宝贵资料。这项研究表明,由于城市中空气污染及环境条件的变化,在整个城市中燕雀(*Fringilla montifringilla*)绝迹,自然园内的鸟类也从20年前的16种减少到8种。而且,随着环境恶化,现有鸟类居住场所的环境质量也相对下降,虽然尚能安居,但却受到很大影响。从1950年到1970年在自然教育园内繁衍的鸟类种数明显下降。由于空气污染引起鸟类逐渐减少,使以鸟类为天敌的害虫得以大量繁殖,从而危害到城市树木的生长。如在东京都自然教育园内栲树(*Castanopsis fargesii*)林地中潜叶虫的附着率高达60%,明显高于自然林,致使该地区栲树提前出现落叶的现象。潜叶虫的广泛分布主要是城市中像燕雀那样以中、小虫类为食饵的鸟类绝迹的缘故。来自日本其他方面研究的结果表明,以大厦的地下街市和地下铁道等处的污水沟、地下的贮水池和净化槽等为栖息场所越冬,不休眠的赤家蚊(*Culex pipiens pallens*)、地下家蚊(赤家蚊的生理性变种)正在向日本全国扩展。鼠类的变化也很明显。历来住宅区中熊鼠(*Rattus rattus*)所占比例约为90%,居于多数,沟鼠(*Rattus norvegicus*)是劣势种。但随着城市化的发展,作为沟鼠居住场所的地下街市等的建成,沟鼠在那里不断繁殖,正在排挤熊鼠。鱼类方面,由于水质污染,鱼的种类组成也发生了变化。一些城市河流过去曾是名贵的香鱼(*Plecoglossus altivelis*)、石斑鱼(*Tribolodon hakonensis*)等喜欢清水鱼类的栖息处。但是由于河水受到污染,这些鱼类已经消失,代之而来的是繁殖量很大的鲤科小鱼白票子(*Pseudorasbora parva*)。

10.3 城市的社会生态子系统

城市的社会生态子系统是在自然生态系统的基础上以人为主体的人与自然环境相互作用形成的复杂整体。

在社会生态子系统中起主导作用的是人。人群组成了家庭、居民组、居民委员会、社区、区、市；若按工作的行业系统来分，又可分属于测绘、勘探、采矿、冶金、机械制造、电子、建材、建筑、石油化工、纺织、制衣、金融、保险、交通、通讯、餐饮、旅游、商业、服务业、文教、卫生、机关、军事等部门。

对社会生态系统的稳定发展最为重要的，不只是这些人群归属于什么行政系统，归属于什么行业，而是这些人群的智力结构。对于社会生态子系统来说，这些人群的智力结构，不仅仅在于是什么学校毕业的，或是技术员、农艺师、工程师、医师、会计师、作家、艺术家、记者、编辑、研究员、教授、院士等，更为重要的是这些人群的生态意识。人类的生态意识越强，越会在自己的生产、生活中，有意识地与自然环境求得互利共生，使人类的生产、生活与自然环境协调发展，人与自然合作共同创造一个适合于人类的生产、生活，又不断改善的生态环境。如果社会人群不具备生态意识，就会在自己的生产、生活中，自觉不自觉地与自然环境对立，使本来应该保护的自然环境遭到破坏，从而使自然环境越来越不适于人类生活，这正是过去的历史教训。

城市社会生态子系统就是要解决人类社会发展与自然环境之间的矛盾问题，变人类社会与自然环境的矛盾、对立为人类社会与自然环境协调、共生，不断增强人类社会的自我调节能力，改善城市自然环境。

10.4　城市的经济生态子系统

城市的经济生态子系统是城市自然－社会－经济复合生态系统中经济活动与自然环境相互作用组成的复杂整体。

城市的经济生态子系统的重要特点是城市的经济活动和生产类型。城市社会生态子系统的人群将城市的经济生态子系统的经济活动与城市的自然生态子系统连接起来，使它们彼此之间相互制约、互相影响。

城市的经济活动和生产类型一般由物质生产、信息生产、流通服务及行政管理等组成。物资生产，主要是工业生产、农业生产、机器制造、建材、建筑等行业。物资生产部门对自然环境影响巨大，因为它们为了生产，就必须从城市本身甚至从城市以外获得足够的物质与能量，在按照社会需要制成产品的同时，又必然有许多剩余物或废弃物排放到自然环境中去。很久以前的生产，多是单一的部门生产。一个生产部门的剩余物甚至废弃物，有许多可以作为下一生产部门的原料，但在过去的生产中，很少考虑物质的多重利用，更不研究自然环境的承载能力，而将这些废弃物投入自然环境，导致环境污染、甚至造成环境破坏。

信息生产是建立城市生态系统各部门之间的联系以及城市生态系统与外部系统之间联系的前提条件。城市信息生产是通过科技、教育、文化、艺术、新闻、出版、物资生产、流通、金融、商业、服务等部门生产的。信息的流通则是通过广播、电视、音像、电话、报刊、书籍等传播的。信息已成为现代社会决策的依据与前提。一个信息闭塞的城市,不仅物资生产无法进行,整个城市的管理也无法科学进行。

流通服务主要是金融、保险、商业、旅游、交通、通讯等部门。它们主要是保证城市生态系统的物质循环和能量流动。至于行政管理主要是城市的市、区、社区等行政部门及党、团、工会及公检法等部门,通过掌握各种信息管理城市。

城市的经济生态子系统主要是通过掌握各种信息解决城市的经济活动与自然环境的矛盾。

10.5 城市生态工程设计

10.5.1 城市生态危机

1. 城市生态危机(urban ecological crisis)

城市生态环境问题与城市发展几乎是同时产生的,但随着城市数量和城市人口的快速发展,城市各要素之间的矛盾日益激化,城市生物资源、水资源、土地资源都极为有限。城市化导致人口流、物质流、能量流、信息流在狭窄的时间和空间范围内迅速集聚。人类为了求生存、求发展、求舒适,盲目开发、利用自然资源,给城市生态环境造成沉重压力,使人与其周围环境之间的生态平衡失调,出现了城市膨胀、交通拥挤、资源短缺、住房紧张、就业困难、环境污染等"城市生态危机"。

2. 城市生态危机的生态学实质

① 城市物质能量流动恪守资源取之不尽,废弃物可以任意排放的原则,其结果使物质循环系统呈线状而不是环状,分解功能不全,大量物质、能量以废弃物形式输出。

② 城市生态系统中各组成要素间缺乏必要的物质、能量多层分级利用的功能。行业间、部门间甚至学科间缺乏整体规划和横向联系,整体行为失调。主要表现为:对外部环境的强烈依赖性以及受经济技术力量、社会生产关系和决策水平的限制,自我调节能力极差。人类对城市生态系统结构和功能的认识不够完善,对城市生态系统的生产与生活系统的控制乏力或失误。

③ 人类社会经济活动与自然环境之间缺乏反馈调节机制,人类强加于自然环境的不合理的行为,一直到自然环境进行报复的时候,人类才感到追悔莫及,但为时已晚。

④ 人类社会与自然环境的对立矛盾过多,而互利共生的行为过少。

10.5.2 城市自然保护工程

1. 城市自然保护的内涵及特点

城市自然保护是调节人类行为的重要方面。此项工作在国外始于 20 世纪 70 年代,当时英国伦敦首先提出保护城市野生生物,建立生态公园,成立了城市自然保护委员会,出版了《城市自然保护工作指南》。20 世纪 80 年代以来,随着城市生态学的发展,城市自然保护工作迅速发展,并与城市规划、城市土地利用管理相结合,要求生产力、生产中心的配置不再给大自然施加超负荷的压力,以便保护人类所必需的自然环境。城市自然保护关系到城市居民的生活质量和城市的可持续发展。因此,它既包含生物学方面的因素,也包含社会经济学方面的内容。城市区域的自然保护与传统的自然保护区有所不同,传统的自然保护一般强调自然性、多样性、稀缺性和规模,未考虑社会因素以及对局部地区的意义。城市自然保护则侧重于对当地居民是否有价值和利益,而不强调生物的稀有种、濒危物种以及它们的生境(Goode,1990)。因为城市中自然生境一般很少,城市自然保护多涉及一些质量不高的废弃地,以及近期在废弃地上自然产生或人工发展起来的群落及生境。城市自然保护一般面积不大,不含稀有生境或稀有种,缺乏多样性和缺乏长期建立起来的群落,甚至很多是杂草和外来种。但当地居民认为它是当地唯一能见到的自然景色,有的还是当地学校自然和生物课程实习的场地,在城市自然保护中具有极大的意义,应受到重视和保护。

2. 城市自然保护的目的

为确保地方政府在制定规划时给予自然历史价值以应有的重视,防止有价值的生境向不利方向发展,把城市建设对自然环境的破坏减少到最低限度。建设新生境也是城市自然保护的重要组成部分,城市居民长期生活在难以接近原生自然和野生生物的人工环境之中,失去了与自然界接触的机会。因此,必须重视城市中人和自然界的联系,使被隔离于自然之外的人们采取必要行动,保护他们认为有价值的生境,改善他们居住环境的质量,所以城市自然保护是一项群众性工作,应鼓励城市居民积极参与,激发他们对自然历史的兴趣,寻找进行自然保护的机会,创造、建设新生境。城市自然保护关系到人们的知识、情趣、物质等方面,而城市中的自然区域可以具有吸引力和经济效益。自然绿地除具有观赏价值和环境效益之外,还可以通过建立自然群落获得显著的经济价值。如在城市建设"生态公园"、"生态村",不仅可改善生境和恢复物种的多样性,而且还可以为境外游客提供游览、观赏的景点,以及满足城内中小学生学习的需要;建立公众能接近的某些野生生物、稀有生境与稀有种的保护点,确保其能为城市居民所分享。

3. 案例研究（case study）

广州市国土规划中，到 2010 年拟建立 16 个自然保护区，这是广州城市生态环境建设的重大步骤。这些拟建中的自然保护区，除一部分分布在郊区县之外，相当一部分分布于近郊区和市区，如白云山风景林保护区、海珠区新果树林保护区、罗岗果树林与文物古迹保护区、金鸡窿人工林生态保护区、芳村葵蓬洲人工生态花果林保护区等。这些自然保护区的建成将大大改善广州市的生态环境。尤其是城内的小型自然保护区，如华南植物园的蒲岗保护区、华南农业大学的长岗山保护区。这些保护区既可保护生物种群，改善生态环境，促进教学和科研，又可以发展生产和旅游，为城市居民就近提供休息娱乐场所，达到经济效益、社会效益、生态效益相统一的目的，因此应大力提倡。

10.5.3 城市绿化工程

城市生态系统虽然不像自然生态系统那样能承受相当程度的外界干扰压力，通过负反馈调节维持自身的平衡，但仍具有一定的抗外界干扰和自我维持的能力。这一能力，在很大程度上来自城市园林绿地的生态效应，它对城市环境污染物起吸收、减弱和消除作用，综合调节城市环境，从而使城市环境质量达到洁净、舒适、优美和安全的要求。城市绿化工程逐渐引入与传统截然不同的设计观念——生态学思维，进入了营造和改善城市生态环境状况和满足城市居民景观美化的双重目的的生态绿地发展阶段，改封闭式园林为开放性公共绿地；改重观赏的硬质景观为仿效自然的植物造景；同时重视植物配置的生态学要求，注意群落的稳定性及环境良性循环的最佳组合，创造人与自然在城市中和谐发展的"花园城"。

1. 城市街道绿化

街道绿化是城市绿化的重要组成部分，它分布在全城的大小街道，联系着城市中分散的各类绿地，使城市绿地组成一个美丽壮观的有机整体，实际上构成了一个良好的城市防护林网，对防暑降温、净化空气和美化市容都有重要作用。

城市街道绿化形式多样，按现有车道（板）和绿带（带）的多少和组合不同，街道绿化可归纳为以下五个基本类型：

（1）三板四带式：中间为快车道，两侧为慢车道，再外侧为人行道。快慢车道之间及慢车道与人行道之间均有四条绿带，种植大乔木四至六行。如西安市的东、西五路、莲湖路及咸宁路等。这种类型的优点为：覆盖成荫早，护荫降温能力强，管理方便。缺点是隔车带较窄，树木生长和配置方式受一定限制。

（2）四板五带式：中间为较宽的林带，两侧为车行道，车行道又被隔车绿带分为快车道和慢车道,再外侧为人行道,每边人行道还可种植两排行道树,共可种植八行大乔木。这种街道绿化类型,见于西安市长安路,在国内其他城市尚不多见。

(3) 一板二带式:中间为车行道,两侧为人行道,人行道可植二至四排行道树。一板二带式的用地最省,但树木比较单调,树木与架空线路的矛盾不易解决。

(4) 一板四带式:中间为车道,两则为宽阔的人行道,人行道上有带状绿地。由于人行道上有绿地,花草布置方式可以丰富多彩,利于装点市容。但主要缺点是:在车道宽的情况下,林荫道难于形成,一到炎夏,车道受到暴晒。

(5) 两板三带式:车道两条,外侧为人行道。车道与车道中间可绿化的地带较宽,在栽植二排以上的大乔木后,还可布置常绿树、灌木花卉和铺种草皮。如西安市小寨路、含光路、长乐路、大庆路、友谊东路,都属此类型。大庆路中间带宽达50 m,除种植林带外,还设有散步道、座椅、棚架、水池、花坛等,形成5 km长的花园林荫道;行道树一般沿人行道和隔离带设置,栽植的株距依树种不同而定,悬铃木、柳树等6~7 m,杨树3~5 m。也有采用早期株距3~4 m,以后再隔株间伐。但从许多城镇街道绿化经验来看,行道树的株距以一次定点为好。

2. 中国城市行道树类型

以中国中纬度暖温带湿润及亚湿润地区为例,城市的行道树根据树种构成可分为以下三种主要类型:

(1) 类型之一:以悬铃木、白蜡树、毛白杨(*Populus tomentosa*)、槐树(*Sophora japonica*)等落叶乔木为主的类型,悬铃木是优良的行道树种,在城市中栽种十分普遍。从环境保护效益来看,它生长高大,枝叶开展,遮荫面积大,夏季降温的效果极为显著,吸收有毒气体和吸滞粉尘能力强,有一定的杀菌能力。此种绿化类型,对人行道来说,减弱交通噪音的能力较差,但对街道两边楼房的二、三层楼来说,因浓密的树冠恰好阻挡了噪音波的传播,减噪作用比较明显。悬铃木一个重要的缺点是嫩叶叶背的刚毛和果实成熟期种毛散入空气,对人的呼吸道有刺激作用。

(2) 类型之二:以雪松、桧柏等常绿针叶树为主的类型,有些城市用雪松、桧柏、油松、白皮松(*Pinus bungeana*)等常绿针叶树作为行道树(包括隔离带种植)。这些树种美化街景的作用较强,并且具有较强的减噪、防尘和杀菌能力。但夏季遮荫降温的效果不佳,抗污、抗毒能力也差,在一些大气污染严重地段常受危害,致使枝叶发黄,生长不良。此外,还有阻挡交通视线的缺点。因此只能在某些环境条件较好的地区用常绿针叶树作行道树。由于桧柏抗性较强,又是乡土树种,所以它是城市街道绿化中的重要常绿树种。

(3) 类型之三：以棕榈、大叶女贞等常绿阔叶树为主的类型。中纬偏南地区的城市中多采用这种类型。用常绿阔叶树作行道树，既可使街景终年常绿美观，又具有地方特色。但减低噪音能力不如雪松、桧柏等，遮荫效果不如悬铃木。

3. 工厂企业区的绿化及其要求

(1) 要有一定的绿地面积：大型工厂企业一般都重视在厂区、生活区周围有规划地种植树木、花草，以取得良好的生态环境效果。从绿地面积上看，有的可占全厂总面积的30%～40%，甚至50%以上；以职工人数平均计，有多达几十平方米的。但工厂绿化差距很大，大多数工厂绿地面积不足，只有工厂总用地面积的百分之几，按职工人数平均计，甚至达不到 $1\ m^2$。一般的规律是大厂、新厂、合资企业的绿地较多，比例较大；小厂、老厂的绿地多数不足。如咸阳彩虹彩色显像管厂以及西安杨森制药有限公司等，结合厂房设计，制定园林绿化规划，绿地面积均占全厂总面积的35%以上。种植雪松、悬铃木、毛白杨、泡桐、槐树等乔木，绿篱及花卉灌木，裸露地面也都植有草皮，绿化面积已占可绿化面积的90%以上，厂内绿树成荫，芳草遍地，环境极为优美。工厂企业区的绿化应根据工厂性质和企业门类制定功能与之相应的绿化措施，并保有一定的面积。生物制品、医药、精密仪器、电子设备厂都要求空气清洁，含尘量低，应栽植滞尘力强的树种，还应铺种草坪，应禁止种植春季飞絮的杨柳；机械、锻造厂的工人应该有一个相对安静的环境，借以恢复听力，应种植减噪效果显著的女贞、海桐、珊瑚树和雪松等；化工、冶炼、石油、电力等排放大量有害气体和金属粉尘的工厂，应配置抗污性强、净化力高的植物，还应增加绿地面积，以保护环境，防止污染；工人劳动强度大的工厂，工间休息需要安静清新的环境，因此，绿化可着眼于绿地草坪，并种植花卉，以助工人下班后消除疲劳。

(2) 合理布局：绿化不但要保有一定的绿地面积，而且还要合理布局，均匀分布，这样才能充分发挥绿地卫生防护和美化环境的作用。例如，根据工厂的具体情况，在厂房车间周围开辟供职工班前工后休息谈心的小花园，使树木、花草、园路、建筑小品布置得体，形成优美的厂区环境。有条件的还可在绿地建假山、喷泉、小亭、雕塑等，花坛种植花卉草木；园内搭建框架，种植藤本植物进行攀援绿化，使厂区宽敞、宁静、清洁。又如，在一些地形破碎，用地紧缺的工厂，以见缝插针的方式搞绿化，不论面积大小，形状如何，甚至在水泥地上也可挖洞、筑台，开辟多种块状绿地。此外，工厂绿化中垂直绿化的潜力很大，特别是绿化用地不足的地方，可栽植地锦(*Parthenocissus tricuspidata*)、凌霄(*Campsis grandiflora*)、金银花(*Lonicera japonica*)、紫藤(*Wisteria sinensis*)、蔓性蔷薇(*Rosa multiflora*)、草本的牵牛花、鸟萝等。在厂区的墙沿上也可栽植花木，利用有限的土地，得到更大的垂直绿化面积，以提高叶面积系数，增加绿视率，促进职工健康。工厂企业还应注意在生产区和生活福利区之间因地制宜地设置防护林带。这对改善厂区周围的生态环境,形成清洁、舒适、卫生、安全的生活和劳动环境起着重要的作用。绿化要注意在普遍绿化的基础上,逐步提高,以利用植物美化和保护环境为主。在一些有条件的工厂,还可以利用屋顶进行绿化,增加工厂的绿地面积。这既可美化屋顶,也减少屋顶的热辐射。

夏天气候较干燥炎热的地区,工厂绿化要注意绿化遮荫降温的功能,以改善小气候条件,在此前提下达到美化的目的。绿化要以乔木栽植为主,配置灌木、绿篱、花卉和草皮。

4. 城市及社会绿化

(1) 大城市的绿化:大城市应按照城市土地利用总体规划的要求,制定一个合理、完整的园林绿地系统规划,在规划的指导下,循序渐进,使城市园林绿地的建设逐步走上布局合理、绿化普遍、面貌清新的良性轨道。

(2) 中小城镇园林绿化:不少中、小城镇依山傍水,因而园林绿地要和水体、山川紧密结合,充分利用河滩空地和自然山林开辟公园、公共绿地和风景区,使城镇的景观更加秀丽。同时各城镇大都有价值很高的文物古迹,可以合理、有机地组织到城镇绿地系统中,使城市园林具有各自的独特风格,如在文物古迹遗址周围兴建各种园林绿地,使之成为城镇绿化系统中的近郊游览胜地。此外,还要注意街道、住宅小区和单位庭院的绿化,提高城镇绿化覆盖率,以维护和改善城镇生态环境,方便和改善居民的文化生活。

(3) 机关、学校园林绿化:机关单位、大专院校等庭园绿化主要是确保一定数量的绿地面积。国家规定,新建城市的绿地面积不应低于总面积的30%,旧城区改建保留地面积不应低于25%。这个指标一般也适用于每个单位,城市与园林部门要共同把关,以确保各企业、事业单位的绿地面积。一般可在调查研究的基础上,进行绿化规划,确定绿化用地,绿地面积争取达到25%以上。

(4) 社区绿化:现在我国城市中十分重视社区建设,"绿色社区"、"生态小区"等显示社区生态环境的标志已成为房屋开发商吸引消费者最好的宣传口号。从城市领导者、规划者到城市公民开始转变传统的环境观念,由仅重视自己居室小环境转变为重视居住社区生态环境。社区绿化可以保证居住区的自然生态质量,使社区居民在社区内的生活方便、安全、丰富多彩,增进居民间的交流。社区绿化应保证人均绿化面积,同时通过绿化使社区的边界明显,为不同层次人群如老人、中青年、少年和幼儿提供锻炼、休闲和交流的场所,如游乐场、小花园等。

5. 城市园林绿化植物的选择

园林绿化树种的选择应该注意以下原则:

（1）以乡土树种为主：由于生态因素的地域差别，不同的城市以及城市的不同地区，适于用作园林绿化的植物是不同的。乡土树种对当地土壤和气候的适应性强，苗源多，价廉，易成活，有地方特点，应作为城市绿化的主要树种。从保护自然和保护物种多样性的角度看，选用乡土树种进行绿化，是保护和维持地区自然景观特色的重要途径。为了丰富植物种类，也可有计划地引进一些本地缺少，而又可能适应当地环境的经济或观赏价值高的树种。但一般应经过引种驯化试验，才能推广应用。

（2）选择抗性强的植物：抗性强的植物是指对酸、碱、旱、涝、沙性及坚硬土壤有较强的适应性，对病虫害、烟尘和有毒气体的抗性较强的植物。

（3）速生与慢生树种组合：速生树种如杨、桦等，虽生长迅速，可很快成荫，但往往30a就衰老，需要及时更新和补充，否则就会影响城市绿化的效果。生长慢的树种如柏、银杏等，要三四十年才能见效，但寿命可达百年以上。为早日发挥绿化效应，应该以速生树种为主，搭配一部分慢生树种，尽快进行普遍绿化。同时要近远期结合，有计划、分批次地使慢生树种替换衰老的速生树种。

（4）常绿植物和落叶植物结合，针叶树和阔叶树结合：为达到景观要求的色彩效果和四季有花、季季有绿的时间动态序列变化效果，应充分考虑到不同植物的花色、花期、叶色；叶的枯荣期、植物的体态、外貌等，并使之有机合理地搭配在一起。

（5）与园林绿地的功能相适应。

在公园绿地上为了达到"鸟语花香"的效果，除了要注意不同植物花、果的色泽与味道外，还要注意到动物与植物的食物链及传粉、授粉的关系，充分考虑到这些植物的生物学特性与生态学规律。目前，我国很多城市的绿色植物一般是以"斑块"为主，缺乏相互联系的"廊道"。动植物生存所必需的生境日益破碎，隔离度增加，物种灭绝率上升，生物多样性下降。通过建立簇状散生的小型自然斑块或建立廊道，对于提高城市景观异质性，减少有害干扰（如污染、病害在城市景观中的传播）以提高城市中物种运动的连通性，从而保护城市景观中的生物多样性。

6. 有害生物的抑制工程

城市中外来的生物或适应城市某种恶劣环境而形成的新生态型、生理变种，有些是对城市生态系统有害的。10%的外来物种对城市或当地农村产生重要的生态影响，人类应重视"生物入侵"的威胁。

案例1 以菊科豚草属为例，豚草属世界性杂草，于20世纪30年代经水路传入我国。到目前为止已有15个省市发现两种豚草，并形成南京、武汉、南昌－九江、沈阳－铁岭－丹东四个发生和扩散中心。南方省份以普通豚草（*Ambrosia* *artemisiifolia*)为主,东北地区则为三裂叶豚草(*Ambrosia trifida*)和普通豚草混生。现在长春市火车站、货场、工厂、居民区、铁路、公路两侧、公园内均已发现其成片分布,大量喷洒除草剂效果也不佳,并产生二次污染。最佳方案是采用替代植物的生态防除方法,用紫穗槐、沙棘、草地早熟禾、菊芋等替代种植,减少人为扰动,改善景观。

案例 2 以大厦的地下街市、居民住宅和地下铁道等处的污水沟,地下贮水池等为栖息场所越冬,不休眠的赤家蚊的生态型地下家蚊(赤家蚊的生理性变种),正在城市中蔓延。

案例 3 城市中的鼠害猖獗,投药灭鼠收效甚微;通过食物链危及家畜或污染土壤和水体;不断有儿童误食事件发生。

案例 4 城市绿化树木经常大规模爆发虫灾,如食阔叶树的"天牛",导致针叶树成片死亡的松毛虫。

因此,对城市中有害生物的控制应尽可能放弃化学治理的方法,从生态工程的角度入手:减少有害生物的生存环境,防止有害生物滋生;应用无公害药物控制;保护有害生物的天敌,利用捕食性食物链来抑制有害生物。

10.5.4 城市综合治理的生态工程

除了城市各组成要素要解决的问题外,更为重要的是将本来具有共生关系但未被利用而产生的生态问题予以解决,既兴利又除害,使城市生态系统成为自我维持、自我恢复的系统。

1. 城市综合治理的目标

建成自然环境、生产环境、生活环境相互协调、有机融合的统一体。

建成环境优美、经济高效、生活舒适的自然-社会-经济复合系统。

完善信息社会的网络结构,克服农业、工业社会的弊端。

2. 城市综合治理的生态工程

(1) 城市大气降水、地表水与地下水综合利用的生态工程:目前,许多城市都是大面积的水泥或沥青路面,大气降水无法渗入地下,宝贵的淡水资源通过地下管道直接排入江河,暴雨季节,又促成江河泛滥成灾。另一方面,由于大量抽取地下水、采补失衡,许多城市地下水面下降,形成地下漏斗。这种状态显然是恶性循环,不仅地表水得不到合理利用,地下水因得不到地表水的补充,引起枯竭且加重洪涝灾害。更重要的是城市缺乏大量的淡水资源,成为贫水城市。城市大气降水、地表水、地下水三水循环系统的设计,主要是从城市小流域生态系统的范围来调节大气降水、地表水、地下水的可控制部分,将三水组成一个循环系统,提高城市大气降水的利用率。

将城市按分水岭分成小流域,每个小流域实际上是一个城市生态区。在小流域内选择能储水的但目前又没储水的库区,修建小塘坝或小水库(一般总库容 10 万 m^3 以下为小塘坝,10 万~1 000 万 m^3 为小水库),只要有蓄水条件,几千方的小塘坝也可以大量兴建。其目的是尽可能多的拦截由大气降水形成的地表径流,延缓地表径流流出本市的时间,增加小循环,改善城市小气候。

把城市的地表径流截住后,就可以用水库的水补给地下水,增加地下水的水源。根据采补平衡的原则抽取地下水,以实现可持续利用。这样把大气降水、地表水、地下水、人工用水组成一个循环系统,既解决了因大气降水直接排入江河造成的洪涝,又使地下水有了补充水源,做到化害为利(图 10.1)。

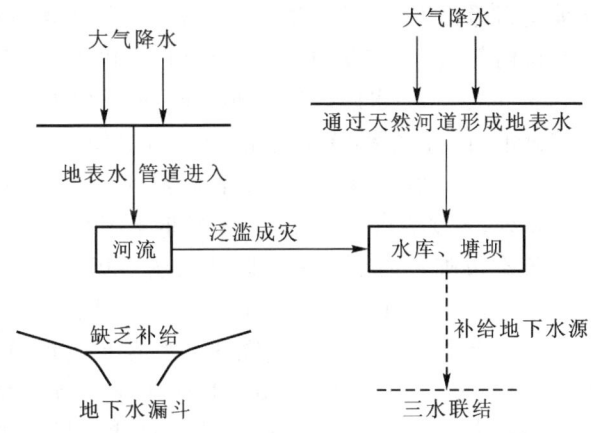

图 10.1 大气降水、地表水与地下水利用示意图

(2) 城市给排水系统的生态工程:城市水资源短缺和污水污染环境是世界范围内的生态问题。造成这类问题的根本原因,一是只把水当成资源,而没把水当成城市重要的生态流;二是对水的利用方式采取的是单向流动而不是循环系统。城市用水系统的生态工程,一是循环用水,多重利用;二是从水生生态系统角度来控制水的循环,净化污水,使水多重利用。

具体方法是分类供水与分类排水,组成不同的供水与排水系统。

① 分类供水 生活用水与工业用水要求的水质不同,供水系统分两类,再根据工业用水是冷却水和洗涤用水做进一步分类。排水系统也将生活污水与工业污水建成两个系统,因为工业污水有的有毒不能直接进行生物净化;生活污水一般无毒并有许多营养元素可供生物利用。

对工业污水,一般先用物理方法即稀释法将污染浓度降低,如用沉淀法除去密度>1 的悬浮颗粒,气浮法(浮选法)去除乳状油污,筛网过滤去除纤维、纸浆,蒸发浓缩那些不挥发的物质等;应用化学法如中和法,将酸碱性废水呈中性或加化学试剂使某些离子固定,或回收利用。经过一定处理后,再进行生物净化。

② 废水的生物处理(biological treatment)　是利用生物的生命活动过程去除污水的有机质及其他重金属及某些离子(Na^+)。城市生活污水及经物理、化学处理的工业污水,首先进入一级处理池,经浮游植物、浮游动物吸收净化后进入二级处理池,雨久花属的雨久花(*Monochoria korsakowii*)和鸭跖草(*Commelina communis*)将酚、氰等有毒物质吸收降解,把汞(Hg)、铅(Pb)、铬(Cr)、镉(Cd)等重金属吸收后,再输入三级处理池,经小球藻等浮游植物、浮游动物,细绿萍、水葫芦等水生植物将有机物吸收后,再送入水库养鱼,水库的水可以灌溉水田或旱田。

(3) 城市水体富营养化控制工程:以长春市南湖公园为例(祝廷成,1999)。南湖公园位于长春市南部(43°51′4″N,125°18′23″E),人民大街(原斯大林大街)西侧,占地面积 2.38 km^2。其中水面约为 0.96 km^2,水面海拔 210 m,是小型半封闭式的浅水内陆湖泊,最大水深 10 m 左右,平均水深 3.3 m。最大库容 300 万 m^3,汇水面积 14.36 km^2。南湖水来源于地表汇流、湖面降水和城市污水。湖水排泄途径除了蒸发外,主要为自然溢流和人工抽取。湖水交流速度慢,滞留时间长。南湖公园是长春市唯一的水上风景区和天然浴场。20 世纪 60 年代以前,南湖湖水清澈,水质良好,曾作为部分市民的生活用水。20 世纪 60 年代末起,随着城市的发展,城市人口剧增,排入南湖的污水逐年增加,每年最多接纳城市污水约 150 万 ~ 200 万 m^3。到 20 世纪 70 年代中期,高等水生植物绝迹,少量鱼类、螺、蚌死亡。1980 年和 1983 年,南湖水面出现"水华"、透明度仅有 0.20 m,溶解氧降至 0.1 ~ 1.2 mg/L,pH 有时则升至 10.4 ~ 10.6。20 世纪 90 年代,长春市政府、长春市城建局与东北师范大学环境科学系进行了连续的"长春市南湖富营养化及其治理途径"研究,通过对南湖水质的生态监测评价,根据生态学基本原理,经过严格的工程设计,采用生态工程措施,迅速而有效地减轻南湖的富营养化程度,为改善长春市的生态环境做出了重要贡献。此处生态工程所依据的生态规律首先包括:生物种群数量变化在理想条件下遵循 $N_t = N_0 e^{rt}$(r 为内禀增长率,t 为世代数)方程,即指数方程。此处生态工程治理的基本依据是应用食物链原理,改变浮游生物种群生存的理想条件,扼制藻类的疯长过程。就长春南湖严重富营养化条件而论,浮游生物种群理想生长条件中的可控因子,有库容量、含磷水的注入量以及改变生态组分的磷容量等;而就引起藻类数量暴发的营养条件而论,仅可溶性磷是可控制因子。因此,生态工程治理的重点是解决可溶性磷的问题。湖水总磷含量是进行生态工程设计的重点,同时也是生态工程效益的主要检测指标。南湖生态工程设计包括:高等植物的光合耗磷系统设计,包括荷花(*Nelumbo nucifera*)、菖蒲(*Acorus calamus*)、凤眼莲(*Eichhornia cras-*

sipes)等;鱼类控制磷系统设计,包括花鲢、白鲢等;河蚌控磷设计。生态工程组分中,除蚌类控制的 52.6 kg 磷和莲控制的 160 kg 磷不能从水体中移出,部分回归水体留存在底泥中,却也明显抑制底泥中磷的释放外,其他生态工程组分都采取秋季或冬季从水体中移出,将水体内磷总量降低,因此,称之为除磷工程。以上生态工程在南湖实施(1992 年 6 月)后,已取得了明显的社会效益和环境效益,具体表现在:藻类密度大幅度下降,藻类群落发生变化,多样性指数增加,优势种演替规律发生变化,藻类数量增长速度显著下降。湖水中总磷含量及时间规律都发生了明显的变化,湖水总磷含量逐年下降,已基本上消除了"水华"(表 10.2、表 10.3)。

表 10.2　1991 年与 1992 年 6、8 两个月份总磷值的对比

	年度	6 月份			8 月份		
		最小	平均	最大	最小	平均	最大
	1991	0.125	0.183	0.424	0.105	0.125	0.137
变幅	1992	0.085	0.130	0.340	0.055	0.111	0.134
			-29%			-11%	

表 10.3　1992 年与 1993 年春(3 月)、夏(7 月)、秋(9 月)总磷值的对比

		月　份		
		3	7	9
年度	1992	$0.050 \frac{(24)}{0.047 \pm 0.042} 0.110$	$0.029 \frac{(14)}{0.111 \pm 0.107} 0.551$	$0.072 \frac{(14)}{0.129 \pm 0.052} 0.238$
	1993	$0.01 \frac{(24)}{0.057 \pm 0.032} 0.150$	$0.038 \frac{(24)}{0.061 \pm 0.049} 0.202$	$0.047 \frac{(24)}{0.100 \pm 0.087} 0.275$
变幅		$+21\%$	-45%	-22%

(4) 城市生活垃圾的生物处理工程:

① 常规的垃圾处理　目前世界上大多数资源消耗殆尽,唯有垃圾在持续增长。世界各国对垃圾的处理方法为:

• 海洋倾废:美国环保局有 131 处垃圾场,大西洋 51 处,太平洋 47 处,墨西哥湾 33 处。

• 垃圾填埋法:加土埋在地下,用黏土上下加护层,以防止下渗,甲烷由导气管导出。

• 焚烧:此方法可使垃圾体积减少 90%,重量减少 75%,将纸张纤维、塑料

燃烧后,再回收金属和玻璃就相对容易。问题是聚氯乙烯燃烧后,含有氯,可生成氯化氢,这种气体不仅影响健康也损坏燃烧炉,且费用昂贵,每吨垃圾耗资20美元。

• 热解法:适用于密封炉或绝热状态下加热。适用于处理轮胎、塑料。将温度加热至500~900 ℃,产出液态物质(劣质油),可用来做新轮胎,固态物质占45%,可做制水泥的原料。

• 堆肥:有机物、纸张、花草、树叶、果皮、菜根等都可变成有机质肥料,但需要氧气才能腐烂。先把垃圾粉碎,堆成小堆,掺水,每周翻动1~2次,当C/N比近于20时,腐烂过程最快,当C/N>20或<20时,生物活动降低,当温度达70 ℃,可杀死病原体。

② 蚯蚓处理生活垃圾 其步骤见图10.2。

• 分选垃圾:玻璃、金属、轮胎、塑料与有机物分开。分选方法主要采用人工筛选法。

• 有机物粉碎、发酵;箱养蚯蚓;回收蚯蚓及蚓粪;加5406菌肥(生物肥)或NH_3制有机无机复合肥。

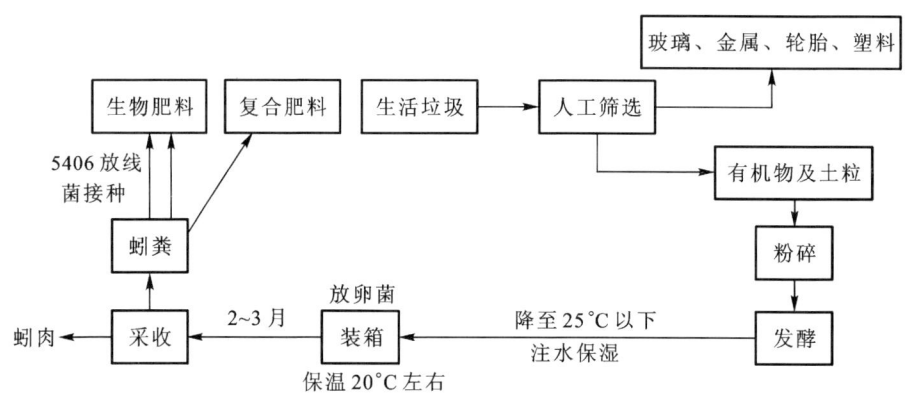

图10.2 蚯蚓处理生活垃圾流程图

10.5.5 生态城的未来方向

过去城市的兴起过程,多数情况下是人类与自然对立的过程。人们以"人定胜天"的思想来支配自然界,忘记了自然界的反作用。当城市的生态危机相当严重的时候,人类才开始意识到"人类与自然共生"、"人类与自然合作"、"人类与自然协调"及"人类与自然共同创造"比"人类与自然对抗"、"人类改造自然"、"人类征服自然"更为合理也更加科学。在几个世纪以前,具有先进思想的人们就提出了"人与自然和睦相处的理想城市",如 T. 摩尔(More)的乌托邦城,

R. 欧文(Owen)的"新协和村"及 E. 霍华德(Howard)的"花园城",俄罗斯人 Д. 克日维茨基(Д. Кмпвпкпп)曾提出"健康城"。这些提法虽然不尽相同,但其基本思想却是一致的,都是要解决城市的发展与自然环境遭受破坏的矛盾,探索一条城市的社会经济持续发展而自然环境又不断得到改善的人类与自然协调共生的全新之路,改变过去那种人类与自然对抗,为城市社会经济发展而破坏自然环境的错误途径。

直到 1981 年苏联的 O. 亚尼茨基(Yanitsky)将生态城的设计与实施分成三个知识层次:即文化-历史层次、社会-功能层次、时空层次;在行动上又分成五个阶段:即基础研究、应用研究、城市设计、建设过程及城市有机组织结构的形成。

王如松在 1988 年出版的《高效、和谐——城市生态调控原则与方法》一书中,给生态城下了一个完整的定义:"我们这里所谓的生态城,就是社会、经济、自然协调发展,物质、能量、信息高效利用、生态良性循环的人类聚居地,换句话说,就是高效和谐的人类环境。生态城的生态,包括人与自然环境的协调发展以及人与社会环境的协调发展两层含义;生态城的'城'指的是一个自组织、自调节的共生系统"。

从目前人类生态意识的普及程度、生态工程设计、规划能力及各级政府部门的重视程度来看,生态城不是可望而不可及的空想,它确实是可以实现的具体目标。

10.6 案例分析

10.6.1 生态小区绿化

1. 案例介绍

1999 年,北京市房山区落成了全国首座环保住宅小区——北潞春小区。人们称其为"三无"小区,即无废水、废气的排出,而垃圾采用资源化回收。在环保方面,小区着力于保障空气洁净度、污水资源化、垃圾无害化、噪声衰减、建筑节能、环境绿化等,创建人与自然和谐、可持续发展的人居环境。

北潞春小区在绿地建设方面有如下定位:绿地覆盖率在 30% 以上;小区集中公共绿地平均每人 25 m^2;以休闲活动的绿地为主,只设少量限高绿地;追求立体空间绿化。具体采取了以下措施:

① 沿环路布置大型的公共绿地斑块,供居民休憩;

② 小区入口处设置小型的高差 4 m 多的斜坡绿地斑块,兼顾人车分流的上

下两个空间;

③ 最大的公共绿地斑块为社区活动中心,要求其中不允许布置任何管线或地下物,以免妨碍植物栽种;

④ 架空平台及配套公建的顶部约有 1 万 m^2 立体绿化基地;

⑤ 邻住宅的架空平台边缘种植密集的小灌木丛,阻挡对首层和底层窗的视线干扰,保护住宅的私密权;

⑥ 中水站、垃圾站、消防站坡顶的橼口高接近小区自然平地,坡顶上以硬塑绿地格子板植草皮,构成绿色小景点;

⑦ 选择可净化空气及吸音的树种植于关键地段,特别是在 60 m 宽的隔离带及楼间地段。

⑧ 利用剩余的再生水构建小区人工湖。

2. 优点

① 作为我国首座绿色生态小区,北潞春本着以人为本,尊重自然,与大自然和谐的原则,充分利用原有的地形地貌,尽可能减少对自然环境的负面影响,对小区进行"林荫型"绿化,不仅丰富了植物群落的色彩,而且对人类活动的主要场地——道路、小区、游园及广场起到了遮阴效果。

② 北潞春生态小区在物质利用方面,开挖人工湖,将处理后的生活污水排入人工湖,将生活污水再生,循环利用,既充分利用了水资源,增加了水景,而且也增加了小区生境的异质性,提高了空气的湿度。

3. 关键技术

生物技术与工程技术的整合。小区充分利用地形地物,在绿化方面,力求适地适树,适地适草,尽量采用本地植物,乔、灌、草结合,在垂直和水平两个层面进行小区绿化;开挖人工湖,将处理后的生活污水排入人工湖,提升小区的环境质量。

10.6.2 物质循环再生

1. 案例介绍

南京水阁垃圾场位于南京市南郊,占地 36 hm^2,可"吃进"南京市 2/3 的垃圾。该垃圾场在联合国开发计划署等部门的支持下,于 1997 年实施垃圾填埋气发电工程。整个工程垃圾填埋量是 250 万 t,日处理垃圾 2 600 t。发电厂坐落在垃圾山脚下,整个厂区占地 1 万 m^2,装机容量为 1 250 kW,每年可发电 870 万 kW·h,供 5 000 户家庭用电,化解温室效应气体 CH_4 达 407 万 t,相当于 3 900 hm^2 森林消耗的 CO_2。

发电厂树木环绕,绿草如茵,整洁美丽。红顶白墙的办公室后,整齐排列着几个深绿色的"集装箱",这就是发电装置。垃圾填埋场内,布设36根高出地面1 m的黑色管井——沼气收集井。垃圾场将每天输入的混合垃圾分层填埋、压实、覆土,在厌氧条件下有机垃圾发酵后产生沼气,沼气作为燃料,供集装箱式发电机组发电。

2. 优点

有效地控制甲烷对大气的污染,充分利用甲烷燃烧不会产生二次污染的特性,将城市垃圾转化为"绿色能源"。其投资少、管理方便、运行费用低,实现了城市生活垃圾的"减量化、无害化、资源化",也为"非石油能源"的开发开创了新路。

3. 关键技术

本区采用了垃圾的综合处理技术,包括生活垃圾的筛选、垃圾填埋场 HDPE 导渗管的应用、有机废物厌氧发酵、沼气发电等技术的综合。

思考题

1. 何谓生态城?
2. 试论述城市生态系统的等级单元及等级单元之间的必然联系。
3. 试论述城市生态系统的组成要素及其在城市生态系统中的作用。
4. 城市生态系统的植物群落有何明显变化?它与自然植物群落有何不同?
5. 举例说明何谓城市的自然保护工程?它与城市绿化工程有何不同?
6. 按现有车道和绿带组合结构,我国的行道绿化可分为几种基本类型?各有何优缺点?
7. 试绘图说明城市地表水、地下水和大气降水的有效利用和转化。
8. 绘图说明城市生活垃圾生物处理的工艺流程,并说明其工艺原理。

第十一章 湿地生态工程

湿地生态系统是水陆交汇的生态系统,与其他生态系统迥异。由于人类干扰,湿地面积锐减,所以湿地的恢复与保护日益重要。

11.1 湿地概述

11.1.1 湿地的定义

目前,世界各国对湿地的认识尚不统一,这里仅举几种具有代表性意义的有关湿地的概念。

1. 《湿地公约》的定义

1972 年在伊朗拉姆萨尔召开的"湿地及水禽保护"国际会议上,18 个国家的代表签署了一项《关于特别是作为水禽栖息地的国际重要湿地公约》,简称《湿地公约》,公约界定:湿地系指其天然或人工、长久或暂时之沼泽地、湿原、泥炭地或水域地带,带有静止或流动、或为淡水、半咸水或咸水的水体,包括低潮时水深不超过 6 m 的水域。这一湿地定义不仅限于沼泽、泥炭、盐沼和红树林,还包括湖泊、河流、盐碱地以及水深不及 6 m 的滨海水域,也包括人工湿地,如水田、鱼虾池、水库和运河等。

2. 其他国家关于湿地的定义

(1) 美国将湿地定义为:是陆地和水域之间的过渡带,其地下水位通常在地表或接近于地表或地表被浅层水所覆盖的地域。湿地必须至少具有下述三个属性之一:① 至少周期性地支持水生植被生长;② 地表是没有水流的潮湿土壤;③ 地表在每年植物生长季节可短时间被水浸泡或被浅层水覆盖。

(2) 加拿大对湿地的定义为:水淹或地下水位接近地表以及浸润时间足够长,从而促进湿化与水成过程,并以水成土壤、水生植被和适应潮湿环境的生物为标志的土地。

(3) 英国湿地的定义为:地面受水浸润的地区,具有自由水面,通常情况下,四季存水,但一年中可以在有限的时间内无积水;自然湿地的主要控制因子为气候、地貌和地质。

3. 中国的定义

中国国家林业局1997年将湿地定义为：天然或人工、长久或暂时性沼泽地、湿原、泥炭地或水深不超过6 m的海域。

湿地专家的定义是：陆地上常年或季节性积水（水深2 m以内,积水期4个月以上）和过湿的土地,它与其生长、栖息的生物种群构成的独特生态系统。

11.1.2 中国的湿地类型

据1995—2003年全国首次湿地资源调查结果显示,我国湿地总面积为3848.55万 hm^2。(不包括水稻田湿地)。其中自然湿地3 620.05万 hm^2,占国土面积的3.77%。根据我国湿地特点,湿地可分为咸水湿地、淡水湿地和人工湿地三大类型(表11.1)。

表11.1 中国的湿地类型

咸水湿地	淡水湿地	人工湿地
潮下无植物生长浅水区域	永久性河流和溪流	养殖池塘
潮下水生植被层	内陆三角洲	农用池塘
珊瑚礁	暂时性河流和溪流	灌溉田和灌溉渠道
潮间多岩石海滩	河流泛洪平原	季节性洪泛耕地
潮间碎石海滩	永久性淡水源泉(8 hm^2)	盐池、蒸发池
潮间无植被泥沙和盐碱滩	永久性淡水池塘	采石坑、取土坑、采矿池
潮间有植被沉积滩	季节性淡水湖	污水处理场、沉淀池
潮下河口水域	永久性淡水沼泽	水库、水电坝
潮间具有稀疏植物的泥沙或盐碱滩	永久性泥炭沼泽	
潮间河口沼泽	季节性淡水沼泽	
潮间有林湿地	泥炭地	
潟湖	高山和极地湿地	
盐湖(内陆排水区)	周围有植物的淡水泉和绿洲	
高原咸水湖	地热湿地	
	淡水森林沼泽	
	青藏高原湿地	

11.1.3 湿地的功能

1. 生态功能

湿地被誉为"地球之肾",是地球上具有多种功能和效应的独特生态系统,其生态功能具体表现为：

(1) 保护生物和遗传多样性：自然湿地的结构复杂、稳定性较高,生物物种十分丰富。它不仅为水生动物、水生植物提供了生存场所,也为多种珍稀濒危动物,特别是水禽提供了必需的栖息、迁徙、越冬场所。如果自然湿地保存不完好,许多野生动物将无法完成其生命周期,湿地生物多样性也将被破坏。自然湿地为物种保存了空间,使得许多野生生物能在不受干扰的情况下生存和繁衍。故湿地也被称为"物种基因库"。

(2) 减缓径流和蓄洪防旱:一般来讲,湿地位于地势低洼的地段,与河流相连,是天然的蓄洪区;洪水期可蓄存洪水;干旱季节,可将洪水期蓄积的水向下游和周边地区排放,防旱功能十分明显。若湿地被隔离或淤积后,这一功能将大大减弱甚至丧失。1998年长江流域的特大洪水,与湿地破坏有密切的关系。

(3) 固定 CO_2、调节区域气候:湿地在植物生长过程和促淤造陆过程中积累了大量的无机碳和有机碳,由于湿地微生物活动弱,土壤吸收和释放 CO_2 十分缓慢,形成了富含有机质的湿地土壤和泥炭层,固碳作用明显。研究表明湿地固定的总碳量为 77 亿 t,相当于生物圈中固定碳的 35%,相当于温带森林固碳的 5 倍,单位面积红树林沼泽湿地固定的碳是热带雨林的 10 倍。

(4) 降解污染物、净化水质:自然湿地生长的湿地植物、微生物通过物理过滤、生物吸收和生物化学合成与分解,将人类排入湖泊、河流的有毒、有害物质转化为无毒甚至有益的物质,湿地降解污染物和净化水质的功能是其他生态系统无法比拟的。

(5) 防浪固岸、保卫国土安全:湿地植被可减弱海浪的流速和冲击力,水中的泥沙也将逐步沉淀形成新的陆地,对农田、鱼塘和盐田甚至村庄均起一定的保护作用。

2. 社会经济功能

(1) 重要的水源地:湿地是生产、生活用水的重要水源地。据估算,仅中国湖泊淡水储量就达 225 亿 m^3,占中国淡水总贮量的 8%。湿地通过渗透还可以补充地下水,有稳定地下水位的作用。

(2) 提供丰富的动植物资源:湿地生态系统具有较高的生物生产力。如国家级自然保护区黄河三角洲湿地有植物 393 种,其中有国家级保护植物野大豆、"牧草之王"紫花苜蓿、"纤维之冠"罗布麻和"第二森林"芦苇等;有鸟类 265 种、陆生脊椎动物 35 种、陆生无脊椎动物 583 种、水生动物 641 种。其中国家一级保护动物 2 种(白鲟、达氏鲟)。

(3) 提供丰富的工业原料:湿地为人类社会提供食盐、天然碱、石膏等多种工业原料及硼、锂等多种稀有矿藏,还为工业部门(造纸、饲料、药材、原料加工业等行业)提供原料。

(4) 提供能源和水运条件:湿地可提供水能资源,我国水能蕴藏占世界第一位,达 6.8 亿 kW,有巨大的开发潜力;沿海河口港湾,蕴藏着巨大的潮汐能。湿地泥炭可直接用于燃烧。湿地中的林草可用作薪材,是湿地周边社区重要的能源。

中国约有 10 万 km 内河航道,内陆水运承担了大约 30% 的货运量,具有重要的水运价值。

(5) 景观与旅游:湿地有自然观光、旅游、娱乐等美学方面的功能。中国的许多旅游风景区分布在湿地。滨海的沙滩、海水是重要的旅游资源,一些湖泊因自然景色壮观秀丽也成为旅游胜地。如滇池、太湖、洱海、杭州西湖等都是著名的风景区。这些湿地景观不仅创造了直接的经济效益,还具有重要的文化价值。尤其是城市中的水体,在美化环境、调节气候、为居民提供休憩空间方面有非常大的社会效益。

(6) 教育与科研价值:湿地生态系统中的动植物群落、濒危物种等在科学研究中占有重要地位,它既为教育和科学研究提供了对象、材料和试验基地,也为古地理过程的研究提供了重要的信息。

11.1.4 湿地存在的共性问题

1. 湿地面积萎缩

由于农业围垦、城市用地等造成湿地大面积削减。1900 年以来,全世界已丧失近 50% 的湿地。美国从殖民时期到 20 世纪 80 年代,湿地损失约 53%,其中五大湖区损失 70% 左右。从 18 世纪 80 年代到 20 世纪 80 年代,200 年的时间内美国已损失至少 50% 的自然湿地,且目前仍以每年 2.36 万 hm^2 在消失。中国是世界上湿地类型齐全、数量丰富的国家之一。近 40 年来,我国沿海地区累计围垦湿地面积多达 100 万 hm^2,相当于沿海湿地总面积的 50%。中国自然湖泊从 1950 年的 2 800 个减少到 1980 年的 2 350 个,湖泊总面积减少了 11.5%。中国最大的淡水湖洞庭湖,水面由原来的 4 350 km^2 减少到目前的 2 500 km^2;20 世纪 80 年代初的洪湖面积仅相当于 20 世纪 60 年代初的 59.8%,其调蓄洪水的能力仅及 20 世纪 60 年代初的 1/40。有效湿地面积的丧失,造成海岸侵蚀加剧和盐水入侵。20 世纪 50 年代初,长江流域共有大小湖泊 4 033 个,面积为 17 198 km^2,20 世纪 80 年代,湖泊面积减至 6 605 km^2。素有"千湖之省"美誉的湖北省,20 世纪 50 年代初有湖泊 1 066 个,20 世纪 80 年代初已有 983 个湖泊消失,损失水域 5 816 km^2,相当于每年消失湖泊 30 个,每年损失水面 176 km^2。到 20 世纪末,已有 50% 的滨海滩涂不复存在,近 4 个天然湖泊消亡,黑龙江平原 78% 的天然沼泽湿地丧失,七大水系 63.1% 的河段水质因污染失去了饮用水的功能。

2. 生物多样性降低

湿地面积萎缩,生物资源的过度开发,致使其生物多样性迅速降低。我国最大的湿地三江平原,曾是多种候鸟(丹顶鹤(*Grus japonensis*)、白鹤、白鹳(*Ciconia ciconia*)、黑鹳(*Ciconia nigra*)、白尾鹰)的栖息地,是 35 种哺乳动物及 1 000 余种植物的生长地。新中国成立以来,大规模地开垦三江平原的湿地,将其建为国家重要的商品粮基地。虽然开垦湿地解决了我国耕地紧张的矛盾,但却带来一系列负面效应。湿地面积破碎化、动植物资源种类、数量锐减、湿地污染严重。20 世纪 50 年代,黄河三角洲的湿地有鱼类 149 种,至 1980 年减少为 86 种。由于湿地生态环境恶化,物种和遗传基因多样性损失惨重。

在内陆湿地生态系统中,生物多样性受到严重威胁。如白鳍豚、中华鲟、达氏鲟、白鲟、江豚已成为濒危物种,长江鲥鱼、鲫鱼、银鱼等经济鱼类种群数量也变得十分稀少;过度猎捕、捡拾鸟蛋等行为致使湿地水禽种群数量大幅度下降,特别是在鸟迁徙季节,人类不择手段地猎取,严重破坏了水禽资源。超常的围垦和砍伐(木材、薪材)使中国的红树林大面积消失,这不仅使许多生物失去栖息场所和繁殖地,也丧失了对海岸的保护功能。

3. 湿地污染

湿地虽有降污、排污的功能,但超负荷的大量工农业废水、生活污水的排入使湿地污染严重,特别是大、中城市附近的湖泊、河流污染更严重。

湿地水体被污染后,不仅水质变坏,水中的生物种类和生物群落亦受干扰。水体污染的主要类型是富营养化,即水体中营养盐、有机质和水生生物量增加的现象。水体富营养化有三个特征:第一,氮、磷等营养物质在水体中不断富集;第二,水生生物中生产者(绿色植物,特别是藻类、原生动物)的数量远远地超过消费者(消费有机质的动物,如鱼类)和分解者(分解现成有机质而生活的微生物,如细菌);第三,营养物质不断向水底富集。湖泊湿地的富营养化主要表现为某些浮游植物,特别是某些蓝藻和硅藻的大量繁殖,在水面形成"水华"。这些藻类分解时,消耗水中大量的溶解氧,进而引起鱼类和其他生物的死亡。海洋富营养化表现为赤潮的发生,即海洋中某些微小的浮游藻类、原生动物和细菌,在适宜的条件下爆发或聚集,引起水体变色的一种有害的生态异常现象。近年来,全球范围内的赤潮发生频率、规模及程度均呈增长的态势。

目前,我国受污染的湖泊已达 75%,富营养化湖泊已达 72%,水质恶化,水生生物难以生存。太湖 1980 年总磷入湖量为 240 万 t,1987 年达 964 万 t,平均每年增加 103 万 t。2004 年太湖湖体水质属劣 V 类,太湖北部水域蓝藻爆发,数量高达 13 亿个/L。太湖水污染使湖滨 116 家工厂停产或半停产,直接经济丧失 1.3 亿元。

我国海域的主要污染物为无机氮、无机磷和石油类。无机氮超过Ⅰ类海水水质标准的超标率依次为:东海83%,渤海60%,黄海60%,南海52%;无机磷超过Ⅰ类海水水质标准的超标率依次为:东海77%,渤海49%,黄海47%,南海20%;石油类超过Ⅰ类海水水质标准的依次为:渤海64%,黄海53%,南海22%,东海18%。有资料显示,濒临大中城市及河口附近的海域,污染有逐年加重的趋势。

11.2 湿地生态工程设计的基本原理和主要技术

11.2.1 湿地生态工程设计的基本原理

1. 湿地生态过程独特性原理

无论对湿地开发利用、保护管理,还是恢复与重建,都必须遵循湿地的自然生态过程。这一过程包括湿地的水文过程、生物地球化学过程、生态系统动态过程、物种适应过程、湿地生物定居过程及自身演替过程,即湿地有其自身发展、演化的规律。人类对湿地过程只能起到加速或延缓的作用,但不能改变其发展的方向。因此,只有在尊重湿地自然生态过程的前提下,对湿地实施生态工程建设,才能将湿地恢复为一个具有自我组织、自我协调、自我保护的湿地生态系统。

2. 生物多样性与岛屿理论

生物多样性包括遗传多样性、物种多样性、生态系统多样性与景观多样性。保护生物多样性,有利于生态系统间营养元素的相互转化,也为能量流动提供了可选择的多种途径。湿地是天然的蓄水库,是地球上生物多样性最丰富的生态系统,其生物多样性的完善与否是湿地功能完善程度的基本保证。

物种多样性和生境面积的关系为

$$S = CA^z$$

式中:

S——物种数;

A——生境面积;

C、Z——受生境类型和生物类型制约的常数。一般 Z 值在 0.18~0.35 之间。

如果将上式两边分别取对数则公式变为

$$\log S = \log C + Z \times \log A$$

这说明物种多样性与生境面积和对数数量级呈线性正相关。从这一关系式中可以看出,生境面积越大,物种多样性越高。

11.2.2 湿地工程技术

湿地生态工程设计的主要内容包含对没有被破坏湿地的保护管理,对已经被污染湿地的治理和对已退化湿地的恢复与重建。湿地生态工程设计的基本技术包括生物技术和工程技术(表 11.2)。

表 11.2 湿地工程设计主要技术

设计类型	设计对象	技术体系	技术类型
环境因素	土壤	土壤污染与恢复控制技术	土壤生物净化,施加抑制剂,增施有机肥,移土、改土等
	水体	水体污染控制技术	物理处理,化学处理,生物处理,微生物处理等
生物因素	物种	物种选育与繁殖技术	基因工程,种子库,野生物种的驯化等
		物种引入与恢复技术	先锋物种引入,土壤种子库引入,天敌引入等
		物种保护技术	就地保护、异地保护,自然保护区保护等
	种群	种群动态调控技术	种群规模、年龄结构、密度、性别比例的调控等
		种群行为控制技术	种群竞争、他感、捕食、寄生、共生、迁移等行为的控制
	群落	群落结构优化配置与组建技术	林灌草搭配,群落组建,生态位优化配置等
		群落演替控制与恢复技术	原生与次生快速演替,内生与外生演替等
生态系统	结构与功能	生态评价与规模技术	土地资源评价与规划,环境评价与规划,景观生态评价与规划,"4S"(RS,GIS,GPS,ES)辅助技术等
		生态系统组装与集成技术	生态工程设计,景观设计,生态系统构建与集成等

11.3 湿地生态工程设计

11.3.1 湿地的恢复与重建

湿地是地球上最脆弱的生态系统之一,除自然原因外,人类对湿地资源的不合理利用、管理,甚至恢复工程,都可能造成湿地某些功能的改变或丧失。不仅危及生物多样性,亦严重威胁人类自身的安全。因此,对退化的湿地进行恢复与重建是非常必要的。

所谓湿地恢复,一方面指受损湿地通过保护,自然恢复的过程;另一方面指通过生态技术或生态工程对退化湿地或消失的湿地进行恢复与重建,再现干扰前的结构和功能。如通过提高地下水位以养护沼泽,改善水禽栖息地;拓深湖泊的深度和广度以扩充湖容,增强其调蓄洪水、补充地下水和为鱼类提供适宜栖息地的功能;去除湖泊、河流中的富营养沉积物及有毒物质净化水质;恢复泛滥平原以利蓄纳洪水等。目前的湿地恢复主要集中在沼泽、湖泊、河滩及河缘湿地。

1. 湿地恢复与重建的目标

一般情况下,未被干扰的湿地多为湿生林地、湿生草甸、沼泽地或开放的水体,究竟将其恢复为哪一种状态应从两方面考虑:一是湿地的原生状态,即未被干扰之前的湿地类型;二是要根据目前社会和经济发展对湿地的需求。无论恢复为何种类型的湿地,都不能违背自然法则。目前对湿地的恢复与重建,尚存在一些误区:即不了解湿地的自然属性和水生生物对生境的需求和耐性,形式上恢复了湿地,但恢复后的湿地与原来的结构存在较大的偏差;或恢复区面积往往比先前的湿地面积小得多。因此,湿地的功能不能有效地发挥,水禽所需要的生存最小空间无法满足。这种局部湿地的恢复形同虚设,不能从根本上恢复湿地。湿地恢复是一项艰巨的生态与技术工程,其恢复的目标在于:

① 湿地生态系统结构的恢复,以保证湿地生态系统的正常演替与发展;

② 恢复与重建湿地植被和土壤,恢复湿地生态系统正常的生物循环和能量转化;

③ 恢复或提高湿地的生物多样性,发挥其多种生态服务功能,提高其生产力;

④ 减少或控制对湿地的污染;

⑤ 恢复与重建湿地景观,增加其美学效果。

总之,恢复与重建退化湿地的目标就是再现可自我持续、自我稳定、与周围环境和谐共生的湿地生态系统。

2. 湿地恢复与重建的设计模式

对已退化湿地生态系统的恢复与重建,通常采用两种模式(图11.1):

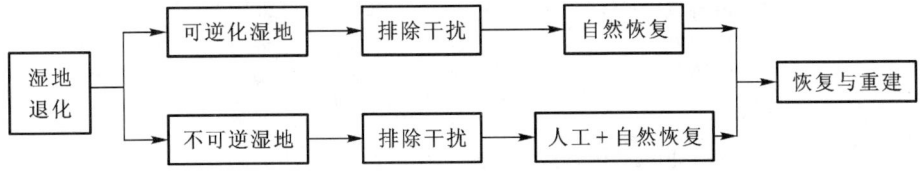

图 11.1 恢复与重建湿地模式

当湿地生态系统受损害没有超负荷并且是可逆的情况下,干扰和压力被解除后,恢复可在自然过程中发生。如过度放牧引起草场退化,在进行围栏保护后,几年之后草场即可恢复。

另一种是超负荷的不可逆退化,仅利用自然过程是不能使湿地生态系统恢复到初始状态的,必须施以人力与自然力结合的生态工程措施才能促其迅速恢复。

3. 湿地恢复与重建的设计策略

湿地退化和受损的主要原因是人类活动的干扰,其实质是系统结构的紊乱和功能的减弱与破坏,而外在表现则是生物多样性的下降或丧失以及自然景观的衰退。湿地恢复和重建应按生态演替原理,缓解或消除自然或人为干扰造成的压力,赋之适宜的管理方式,才能使湿地得以恢复与重建。不同的湿地类型,恢复与重建的指标体系及相应策略不同(表 11.3)。

表 11.3 湿地类型及恢复与重建策略

湿地类型	恢复与重建的指标体系	恢复与重建的策略
低位沼泽	水文(水深、水温、水周期) 营养物(N、P) 植被(盖度、优势种) 动物(珍稀及濒危动物) 生物量	恢复高地下水位 减少营养物质输入 草皮迁移 割草及清除灌丛 恢复对富含 Ca、Fe 地下水的排泄
湖泊	富营养化 溶解氧 水质 沉积物毒性 鱼体化学含量 外来物种	增加湖泊的深度和广度 减少点源、非点源的污染 迁移富营养化沉积物 清除过多草类 生物调控
河流、河缘湿地	河水水质 浑浊度 鱼类毒性 沉积物 河漫滩及洪积平原	疏浚河道 切断污染源 增加非点源污染净化带 防止侵蚀沉积 河漫滩湿地的自然化
红树林湿地	溶解氧 潮汐波 生物量 碎屑 营养物质循环 潮汐波 生物量 碎屑 营养物质循环	禁止矿物开采 严禁滥伐 控制不合理建设 减少废物堆积

对沼泽湿地而言,由于泥炭提取、农业开发和城镇扩建使湿地受损和丧失。如果要发挥沼泽在流域系统中原有的调蓄洪水、滞沉积物、净化水质、美学景观等功能,必须重新调整和配置沼泽湿地的形态、规模和位置;就河流及河缘湿地来讲,面对不断地陆化过程及污染,恢复与重建的目标应主要集中在减小洪水危害及其水质净化上,通过疏浚河道,河漫滩湿地自然化,增加水流的持续性,防止侵蚀或沉积物进入等来控制陆地化,通过切断污染源以及加强非点源污染净化使河流水质得以恢复;而对湖泊来说,还需要进行污水的深度处理及其生物调控技术;对于红树林湿地而言,需保持陆地径流的合理方式、严禁滥伐和矿物开采,保证营养物稳定的输入等。总之,对湿地的恢复与重建,不能"头痛医头,脚痛医脚",必须将湿地作为一个整体来综合治理,既要考虑系统内部各组分之间的协调互促,也要考虑环境对其的影响,从内部和外部共同治理,才能达到事半功倍的效果。

4. 湿地恢复与重建的设计程序

对已经退化的湿地生态系统进行恢复与重建,必须重视对干扰的研究,如干扰的类型、强度、频率、持续时间、影响范围等。在此基础上根据生态演替理论对湿地的退化现况进行诊断,然后提出人与自然协调、经济技术可行、社会能认可的治理措施。

湿地生态系统恢复与重建的技术设计流程包括地点的选择、现状调查,系统诊断与评价、恢复工程的设计方案,工程评价与改进、工程实施(图 11.2)。

工程完成后,一要依据工程目标对工程进行验收,二要从研究的角度对工程

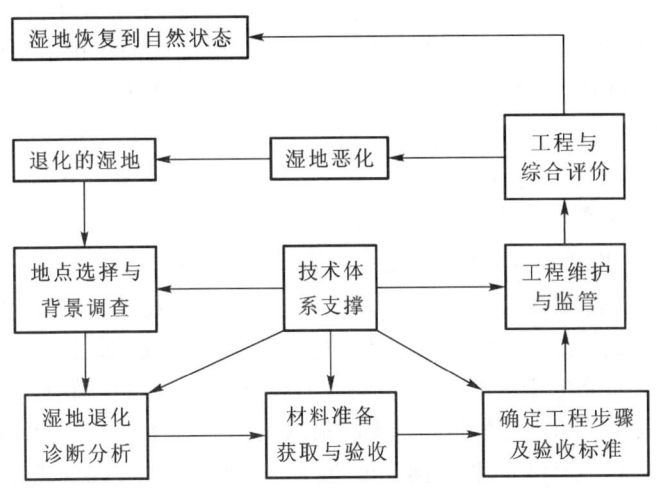

图 11.2 湿地恢复与重建设计程序

效益进行评价,为建立更加合理的湿地恢复与重建模式提供立论依据。

5. 湿地恢复与重建的具体措施

(1) 河流湿地的生态恢复与重建措施:近年来,随着水污染的日趋严重,跨区域河流污染问题越来越成为公众关注的焦点。河流上游污染后,受害最严重的是下游地区,加之沿河工业污水、生活污水的不断汇入,河水的污染程度越来越高,以河为源的城市饮用水告急,人民群众的健康受到侵害。如1994年7月淮河特大污染事故,造成江苏省盱眙县10万人近1个月饮用水困难。主要措施包括:

① 污染物总量控制　污染物总量控制是有效控制上游排污,河流水质得以净化的"从源头治理"的根本措施。我国是发展中国家,资金匮乏,选择既经济又见效快的污染治理措施是我国国情决定的。其中环境容量的有效控制就是该措施之一。河流的环境容量,是在水质达标前提下河流最大的纳污量。超过环境容量,河流水质就会变坏,水体功能减弱乃至完全丧失。按照河流下游的环境容量,规定河流上游地区污染物的最大允许排入量,并以排污许可证的形式分配给上游各排污单位,通过断面监测实现总量控制。若超标排放,一是遵循"谁污染谁治理"的原则,收取上游排污单位的排污费,以弥补下游的损失;二是限定其关停并转,从污染源头治理。

② 植物修复　植物修复是通过植物的生理功能,挥发、稳定水体中的重金属污染物,或降低污染物中的重金属毒性,以达到清除污染、净化水质的技术。植物修复分为植物挥发、植物吸收、植物吸附三种类型。

- 植物挥发:是指重金属通过植物的选择吸收,产生毒性小的挥发态物质。如含汞的工业废弃物——离子态汞(Hg^{2+}),在厌氧细菌的作用下可转化为对环境危害极大的甲基汞(MeHg)。利用细菌酶的作用将甲基汞和离子态汞转化成毒性小、可挥发的单质汞(Hg),是典型的降低汞毒的生物措施。如食汞转基因烟草可大量"吞食"土壤和水中的汞,转化为气态汞后,再释放到大气中;水生美人蕉亦可吸收汞等有害元素,净化水质。

- 植物吸收:也称植物过滤或植物萃取,是一种用植物去除环境污染元素的具有永久性和广域性的植物修复技术。它利用一些植物的根、茎吸收一种或几种污染物(毒素),将其转移、储存到植物茎、叶中,然后通过收割、离地处理,将污染物排出系统之外。可吸收"毒素"的植物也称超积累植物。超积累植物对重金属的吸收量超过一般植物的100倍以上,它积累的Cr、Co、Ni、Ca、Pb的含量一般高于0.1%(干重),积累的Mn、Zn含量一般在1%以上(干重)。在受重金属污染的水体中,连续放养几次超积累植物就有可能去除有毒金属。如羊齿类铁角蕨属植物对土壤重金属有较强的吸收聚集能力,对镉的吸收率可达到

10%,连续种植多年则能有效降低土壤含镉量。

● 植物吸附:直接发生在植物根(或茎叶)部表面。植物表面吸附是去除水体重金属污染最便捷的措施。它是由络合离子交换和选择性吸收等物理和化学过程共同作用的结果,且不要求生物活性,在死去的植物体表面也可以发生。沉水植物和浮叶根生植物是典型的用吸附法去除重金属的植物。

利用人工湿地净化处理污水,常用的植物为水生或半水生的维管植物,如破铜钱、水芹菜等。它们能在水中吸收铅、铜和镉等金属;水葫芦、水芹菜,黑麦草,香蒲等也都是对重金属有富集作用的植物。1 hm^2 水葫芦一昼夜能从水中吸收汞 89 g、镍 297 g、铅 104 g,在浓度低于 0.1 mg/L 的含镉废水中,可去除 97% 的镉;黑麦草对黄金废水有很强的富集和净化作用,其根部的含金量最高可达 784 g/t(干重);香蒲对铅、锌、铜、镉的去除效果也非常明显。

(2) 湖泊湿地的生态恢复与重建措施:目前,中国 75% 以上的湖泊湿地受到不同程度的污染,有些湖泊已达不到Ⅲ类水质的标准,鱼虾基本绝迹,取而代之的是适应污染的各类底栖微小生物类群。湖泊水体的颜色、气味均有不同程度的恶化,部分湖泊甚至成为纳污水体。位于大、中城市周边的湖泊,污染尤甚。湖泊水质污染不仅使湖泊及其沿岸的生物多样性下降,也直接影响人类的身心健康,因此,湖泊水体的治理和修复刻不容缓。主要措施包括:

① 化学措施 向湖中加入铁盐或铝盐,将湖水中溶解的无机磷转化为不溶性磷酸化合物沉淀,以抑制湖泊中生物的生产力。如美国的 BraaKman 水库,向库水中加入 7 mg/L 的 Fe^{2+} 后,蓝藻消失;美国的 Horseshoe 湖,在水面下 60 cm 处加入 10 mg/L 的铝盐后,总磷浓度由 250 μg/L 降低到 50 μg/L,低水温层磷浓度的降幅更大。美国的 Snake 湖,向湖水中加入 12 mg/L 的铝盐和铝酸钠溶液,处理一年半后,总磷浓度由 0.15~0.5 mg/L 降低到 0.03~0.13 mg/L,且冬季溶解氧增加。

② 工程措施 工程措施包括湖水的置换、湖泥的处理和曝气处理。湖水的置换即向湖中加入营养盐含量低的水,置换营养盐含量高的水,冲洗出浮游植物,以降低湖水中营养盐的含量,抑制生物的生长。如美国的 Green 湖,向湖中注入自来水后,磷、硝酸盐氮、绿藻含量都降低。美国的 Snake 湖,抽取地下水入湖,两个月后,湖水总磷浓度由 600 μg/L 降低到 200 μg/L。美国 Mauensee 湖、Wiletsee 湖、Klopein 湖和 Kraig 湖在湖水停滞期,排放含营养盐丰富的深层水,以降低营养分解层厚度,减少深水层中的有害物质。

湖泥的处理即通过疏挖和湖底处理,用浸透性小的膜或卵石覆盖营养盐含量高的底泥,抑制其向湖水中溶出和侵入水生植物的根部。如美国的 Eola 湖,用卵石覆盖湖底,防止了硫化氢气体的产生,增加了湖水的透明度。

曝气处理即在产生温跃层的水域底层曝气以补充溶解氧,维持夏季停滞期底层的好气性,防止磷从底泥中溶出和硫化氢、甲烷等气体的产生。如德国的Wahnach水库,利用该方法,将夏季停滞期水库底层的溶解氧维持在 3 mg/L 的水平,锰离子浓度由 3 mg/L 降至 0.2 mg/L,磷离子浓度由 80 μg/L 降低到 20 μg/L。

③ 生物措施　生物措施包括去除生物和全层曝气两种方法。去除生物即通过去除水生植物、藻类、植物残骸等技术,降低水中营养盐含量,净化水体。

全层曝气是通过人力,加速水的循环,全层曝气,破坏成层,改善水质,抑制藻类的技术。在夏季成层期,底层的溶解氧不足,通过人工循环,进行上下混合,防止底泥中的营养盐溶出,避免藻类长时间滞留在有光层,以抑制其生长。在有光层浅的湖泊,溶解氧增加后,铁、锰、氢氧化物能吸附磷而沉降。如美国的Vesuvius湖,每天循环水量为 52 000 m^3,8 天内成层消失;美国的 Indianbook 水库,在水深 2.3 m 处用压缩机以 45 m^3/s 的速率通入空气,破坏成层,水域溶解氧得以增加;美国的 Wohlford 湖,在距湖底 155 m 处用压缩机以 6.0 m^3/s 的速率通入空气,6 天后,湖泊的成层破坏,溶解氧增加。

④ 其他　除上述措施外,改善富营养化水质的方法还有:
- 水位操作:通过升高或降低水位抑制水中生物;
- 物理对策:用机械去除水中植物;
- 化学抑制:向湖水中散入杀菌剂、除草剂等,杀灭或抑制某些有害生物;
- 生物抑制:利用非公害性水生植物的繁殖抑制有害水生植物等。

由于湖泊的地理位置不同,其水文特点、水质特点和生物特性都不相同,因此应选用合适的方法,有效地改善水质。

(3) 盐碱湿地的生态恢复与重建措施:

① 工程措施　工程措施即采用物理方法,减少地表水和盐分的积累,降低地下水位至临界深度以下,控制盐渍化的发生、发展,改良盐碱湿地。目前采用的主要工程措施有:现有排水系统的疏通;排灌系统的配套;输水渠道的衬砌;清淤;节水灌溉措施等。如我国巴盟河套灌区内有长 180 km 的总干渠和 206 km 的总排干沟各一条。为控制盐碱化的发生和发展,用草、秸秆、水泥等对输水渠道进行砌衬;在节水灌溉方面,多采用井灌、喷灌、滴灌,以灌代排,对土壤中的盐分进行冲洗、淋溶;竖井提灌使 1 m 土层内平均含盐量由 0.0721% 降至 0.0384%,降低了 46.74%,pH 由 8.42 降至 7.68。灌区井灌与黄灌匹配,井灌的单井控制面积为 16.7 hm^2,井灌区与黄灌区配套的面积比为 1:1,不仅充分利用了水资源,而且有效地控制了盐渍化。

② 生物措施　生物措施是通过种植植物,达到除盐、滤盐,控制盐渍化的技

术。我国巴盟河套地区通过农作物种植、植树造林和种植绿肥牧草,扩大地表植被覆盖,将巴盟河套地区建成小森林生态系统,有效地治理了盐碱湿地。具体表现为:一是利用树木蒸腾代替地表蒸发,降低地下水位,控制盐渍化的发生;二是利用粗密且植入深层土中树木的根系吸收水分,使地表水下移,返回地表的盐碱也随水下移,控制和减少了地表盐碱的积累;三是耐盐碱的树木吸收了部分盐碱,减少了土壤中盐碱的积累;四是发挥森林改良盐碱土的作用(根系疏松土壤、豆科植物根瘤菌的固氮作用、枯枝落叶和枯根回归土壤,增加土壤中的有机质、鸟兽栖息、增加粪肥),提高土壤肥力,使灌区森林生态系统向着空气湿润,降雨增加,土壤肥沃的方向发展,从根本上治理盐碱湿地。

③ 农业措施 具体措施为:缩小地块,平整土地,加强农田基本建设,保护好现有的耕地;精耕细作,实行科学种田;选用优良耐盐碱的作物品种进行复种、套种;增施有机肥,提高地力;深翻晒垡,浇水压碱,提倡合理灌溉、节约用水的一系列管水、用水制度。

无论是农业还是林业,都要强化整地的措施。整地可以改善土壤的理化性状,有利于植物生长;平整的土地可保证均匀灌水和盐分的均匀下淋,消除盐碱斑,提高保苗率。林业整地的方法有三种:一是全面整地,洗盐压碱。具体为:平整土地,打埝作埂,埂高一般高于 30 cm,地块面积 667~1 334 m^2,要求灌排配套,浇水洗盐压碱。全年最少浇三次(5 月中旬、7 月中旬、10 月底前各浇一次),水深 25 cm 左右,采用头水洗盐,二水压碱,三水秋浇保墒,当年秋季或第二年春季造林。二是开沟整地,躲盐防碱;具体为:用开沟犁根据造林行距开沟,沟深 30~40 cm,沟宽 40~60 cm,在沟内挖坑栽高秆或植苗,进行沟植沟灌,通过灌溉压碱。三是穴状整地,换土防盐。具体方法是挖直径 1 m、深 60~80 cm 的土坑,造林前坑内先换好土,在距坑口 20~30 cm 的地段用塑料薄膜将好土与盐碱土隔离,防止四周的盐碱侵入,造林后即浇水,水要浇透,栽后头一年要浇 4~5次水。试验结果表明:其成活率在 90% 左右。但这种更换客土的方法,仅适于局部范围内暂时躲盐碱的作用和小面积的造林或小段补植。

(4) 海岸湿地的恢复与重建措施:海岸湿地生态系统修复与重建是针对该系统的破坏和衰退进行的人工补救措施。毁林毁礁式开发造成的生态破坏是不可逆的;而环境压力导致的生态系统衰退,当压力消失后,尚可自然恢复,但时间很长。采用人力加自然力的方法可加速恢复过程。根据海岸湿地类型,可分为红树林修复和珊瑚礁修复。主要措施包括:

① 红树林湿地的恢复与重建 红树林湿地修复与重建的主要技术是红树林引种与造林。早在 1882 年我国就成功地将秋茄从东南亚引种到漳州市沿海,建造防浪护堤的红树林带。红树林对环境要求严格,生长缓慢,人工造林的成活

率低。从20世纪90年代起,我国开展对红树林造林、优良树种引种、抗寒北移和次生林改造技术、红树林防护效益测定与评价、红树林宜林海洋环境指标等攻关课题的研究,现已形成一整套较成熟的红树林造林技术。我国"八五"期间在海南东寨港、湛江市廉江高桥、深圳福田等自然保护区岸段成功栽植红树林20.5 hm^2,在湛江海康和东海岛推广示范林40 hm^2。"九五"期间又完成实验林66 hm^2,在华南沿海推广造林已达数千公顷。1985年从孟加拉国引种优良速生乔木树种无瓣海桑到海南东寨港,现已引种北移到湛江海康、深圳福田、汕头、福建龙海等岸段,该树种已成为裸滩造林和次生林改造的主要乔木树种。

② 珊瑚礁湿地的修复与重建 20世纪90年代以来,珊瑚礁资源急剧衰退,海岸生态环境急剧恶化。总部设在香港科技大学的民间全球珊瑚礁考察组织,1997、1998两年考察显示,全球大部分珊瑚礁(包括远离人类居住区的礁和海洋保护区的礁)都因过度捕捞而出现高价值、名贵海产品(龙虾、石斑鱼、鲷鱼、鳕鱼、隆头鱼、冲头鹦嘴鱼等)资源的强烈衰退,造成食物链系统的破坏和海藻过度生长等不利于造礁石珊瑚生长的后果(Hodgson,1999)。为保护珊瑚礁,我国开展了一系列与珊瑚和珊瑚礁海岸保护管理有关的研究项目,如造礁石珊瑚移植实验研究(陈刚等,1995)、珊瑚礁生态系统多样性的结构、功能与恢复机制研究(于登攀等,1999)。提出了"用水泥板作固定基座,用水下胶粘剂固定珊瑚枝",移植"珊瑚礁群体"、"珊瑚群落次生演替模型"、"保护或移植关键种(鹿角珊瑚和杯形珊瑚)"改善群落空间格局,缩短"向顶极群落生态演替时间"等恢复措施。

11.3.2 湿地保护的设计方案

1. 保护湿地的目的

有人说湿地是"地球之肾",保护湿地,就保护了地球之肾,也保护了水陆之间的天然屏障。湿地对生物基因库的保护,对景观多样性的保护及生物小循环和地质大循环的正常运转都有十分重要的意义。

2. 保护湿地的对策

(1) 建立湿地自然保护区:设立湿地自然保护区是保护湿地和湿地生物多样性最有效的措施。湿地自然保护区一般划分为核心区、缓冲区和实验区三个功能区(图11.3)。核心区是自然保护区最为重要的区域,是湿地生态系统保存最完好的地段,也是珍稀濒危物种的集中分布区,此区人为干扰最少。缓冲区位于核心区的外围,其面积比核心区要大得多,但其对物种的生存和繁衍比核心区的不安全因素要高。它对核心区有较大的缓冲作用,是自然保护区与周围地区联系的纽带。缓冲区外围还要划出相当面积作为实验区,用作发展本地特有的生物资源的场地；也可作为野生动植物的繁育基地；实验区还可根据当地经济发展需要，建立各种类型的人工生态系统，为本区域的生物多样性恢复进行示范。此外，还可在当地推广实验区的成果，为当地人民谋利益。

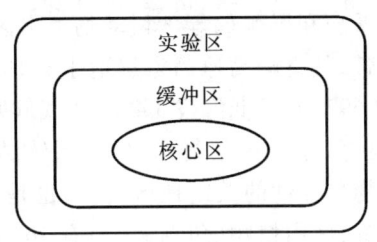

图 11.3　自然保护区的功能分区

我国于 1992 年加入在伊朗拉姆萨尔成立的湿地公约组织，截至 2005 年 2 月，我国共有 30 处湿地被列入该公约"名录"，包括黑龙江的扎龙、吉林的向海、青海的鸟岛、江西的鄱阳湖、湖南的洞庭湖、海南的东寨港、香港的米埔等，总面积达 343 万 hm^2。此外，内蒙古达赉湖、广西山口红树林、江苏盐城、浙江南麂列岛等四块湿地列入了国际"人与生物圈"网络。这种国际间的联合行动，对于挽救急速消失的湿地及濒临灭绝的水禽起了重要作用。

截至 2002 年 6 月，中国已建立湿地自然保护区 353 处，其中国家级湿地自然保护区 46 处，面积 402 万 hm^2，省级 121 处，共保护湿地面积 1 600 万 hm^2，大约有 40% 的天然湿地得到保护。盐城国家级自然保护区管理处于 1994 年 6 月起投资建立一个占地 200 hm^2 的人工湿地，1995 年 1 月竣工。现有数以万计的雁鸭类和鹭类、鸥类、鹤类等在人工湿地内活动，黑嘴鸥已达 340 多只，是人工建立湿地保护区的成功例子。黑龙江省三江自然保护区地处黑龙江与乌苏里江汇流的三角地带，属低冲积平原沼泽湿地，为三江平原东端受人为干扰最小的湿地生态系统的典型，也是全球少见的沼泽湿地之一。区内泡沼遍布，河流纵横，自然植被以沼泽化草甸为主，并间有岛状森林分布。保护区特殊的自然环境、良好的植被和水文条件为各种野生动物提供栖息和繁衍场所。据初步调查，共有脊椎动物 291 种，其中兽类 5 目 12 科 37 种，鸟类 15 目 167 种，爬行类 2 目 3 科 5 种，两栖类 2 目 2 科 5 种，鱼类 9 目 17 科 77 种，列为国家一级保护的野生动物有白鹳、丹顶鹤、白尾海雕等 9 种，列为国家二级保护的野生动物有大天鹅、白枕鹤、雷鸟、水獭、猞猁等 32 种。区内野生植物资源也比较丰富，有高等植物近 500 种，其中野大豆、黄菠萝、水曲柳被列为国家二级保护野生植物。三江保护区的建立，对于保护湿地生物多样性具有极为重要的意义，并为东北地区的气候调节、水源涵养、洪涝灾害控制及工农业生产和人民生活安全提供了重要保障。

四川若尔盖湿地自然保护区位于四川省阿坝藏族自治州若尔盖县境内,地理坐标为 $102°29'$~$102°59'E$,$33°25'$~$34°80'N$,总面积达 16 670.6 hm^2。保护区于 1994 年经若尔盖县政府批准建立,1997 年晋升为省级自然保护区,主要保护对象为高寒沼泽湿地生态系统和黑颈鹤等珍稀动物。本区地处青藏高原东缘,位于若尔盖沼泽的腹心地带,是青藏高原高寒湿地生态系统的典型代表。区内为平坦状高原,最高海拔 3 697 m,最低海拔 3 422 m,气候寒冷湿润,泥炭沼泽得广泛发育,沼泽植被发育良好,生境极其复杂,生态系统结构完整,生物多样性丰富,特有种多,是我国生物多样性的关键地区之一,也是世界高山带物种最丰富的地区之一。据初步调查,区内植物(包括菌类)有 207 种,其中星叶草、冬虫夏草为国家重点保护植物;脊椎动物有 218 种,其中国家重点保护野生动物有黑颈鹤、胡兀鹫、秃鹫、大天鹅等 30 多种,并为黑颈鹤的集中繁殖区之一,种群数量达 480 只左右。本区还是重要的水源涵养区,黑河和白河两条黄河上游的支流纵贯全区,使该区生态系统脆弱,一旦破坏后很难恢复,辖曼自然保护区的建立,对于保护高寒湿地生态系统和黑颈鹤等珍稀动物,研究自然环境变迁,古老生物物种保存,繁衍,分化具有重要的国际意义。

(2) 湿地立法:20 世纪 90 年代以后,我国政府及民间组织积极开展湿地保护工作明显加强。2000 年 11 月 8 日正式发布了《中国湿地保护行动计划》,2004 年 2 月国家林业局正式公布了《全国湿地保护工程规划》。我国有环保法、海洋污染法、野生动物保护法等,但是没有专门针对保护区和湿地保护的法律、法规。危害自然保护区和破坏湿地资源的行为仍在继续。我国应根据实际情况,按照《湿地公约》的规定和要求,制定符合我国国情的湿地保护法,将湿地资源的保护和管理纳入法制轨道。地方政府也应结合本地区的具体情况,制定相应的配套法规,使水利、航运、水产、水资源开发、环境保护、芦苇种植、候鸟保护以至旅游、文化景观的管理等都有法可依,依法管理。

(3) 利用 3S 技术,建立实时湿地地理信息系统:利用 RS、GIS、GPS 等先进技术手段,建立湿地数据库,在地理信息系统平台的支撑下,有效地控制和监测点源和面源污染,对湿地变化进行动态监测,正确指导湿地的持续开发和利用。

(4) 宣传教育和科学研究:湿地保护是一项社会性的公益事业,目前社会上对湿地的保护还缺乏认识。因此,各级政府要充分利用各种宣传手段,采取各种形式,开展湿地保护的科普宣传,使湿地保护成为各级领导和广大人民群众的自觉行动。要充分发挥各社会团体科普宣传的优势,提高公众保护湿地的意识。

国家科技部和相关部门应进一步重视和支持湿地保护的科学研究工作,加强湿地形成、演化过程、生态功能和效益等基础理论研究;加强湿地保护、恢复、可持续利用等应用技术研究;全面、深入、系统掌握我国湿地类型、特征、功能、价值、动态变化等,建立我国湿地理论体系,为湿地的保护和合理利用奠定科学基础。

11.4 案例分析

11.4.1 洞庭湖湿地概况

洞庭湖区是指洞庭湖及其周围地区。它是位于长江中游荆江段南岸,跨湘鄂两省的平原和湖泊水网,地处 28°30′~30°20′N,111°40′~113°10′E,总面积 17 800 km²。其中,湖南省 15 200 km²,占 80.9%;湖北省 2 580 km²,占 19.1%。洞庭湖承纳湘、资、沅、澧四水,在岳阳城陵矶与长江相连,湖面面积为 2 625 km²,是我国的第二大湖泊,洞庭湖区在四水尾闾。即湘水濠河口、资水甘溪港、沅水德山、澧水小渡口和汨罗江、新墙河口以下,直到荆江大堤的地区范围内,湖泊、河道纵横,洲、滩广泛发育,水草广布,具有典型的湿地特征,习惯上称之为洞庭湖湿地,是我国最大的湿地生态自然保护区。1992 年联合国教科文组织将其列入《国际重要湿地名录》。洞庭湖湿地包括天然湖泊、垸内湖泊和主要洪道,及水田、旱地等(表 11.4)。

表 11.4 洞庭湖区(湖南)各部分组成

类型		面积/km²	占总面积/%
水域	天然湖泊	2 691	17.7
	垸内湖泊	1 000	6.6
	主要洪道	964	6.3
	小计	4 655	30.6
陆地	耕地	5 787	38.1
	其他	4 758	31.3
	小计	10 545	69.4
合计		15 200	100.0

洞庭湖区为典型的亚热带湿润季风气候,四季分明,无霜期长,热量充足,降水丰沛,雨热同期,极有利于植物的生长。年平均气温 16.4~17℃,日均温高于 10℃ 的可持续期达 243~256 天,无霜期 277 天。由于流域特殊的地貌特征,冬季寒冷,成为湖区冷空气入侵的"咽喉"要道。湖区多年平均降水量为 1 200~1 400 mm,最多年份达 2 000~2 300 mm,最少年份不足 800 mm,年际变化大。汛期较长,水位变化大,湖区大部分地区水涨为湖,水落为洲,区内存在大量的水

陆交错带为湖区提供了丰富的湿地资源。

湖区成土母质以冲积物、湖积物为主,土壤类型为潮土、沼泽土或沼泽化草甸土和水稻土,土层深厚、土壤肥沃。湖区水生植物、湿生植物种类繁多,以禾本科、莎草科、菊科和眼子菜科为主,形成湿生、挺水、浮水和沉水植物群落,尤其是广泛分布于洲滩上的荻群落、芦苇群落发育良好,分布面积逾 700 km^2,是湖区内最重要的植被类型。芦苇繁殖能力强,好管理,是湿地处理污水的首选植物。

11.4.2 洞庭湖区存在的问题

由于洞庭湖长期过度围垦,湿地生态系统呈退化的趋势,主要表现为如下几方面:

1. 湖泊面积萎缩

围湖造田,泥沙淤积,使洞庭湖区内湿地面积萎缩,削弱了湿地对洪水的调蓄和缓冲功能。据调查,洞庭湖全盛时期,面积达 6 000 km^2,到 20 世纪 90 年代面积只有 2 680 km^2,并由一完整的通江湖泊分割为东洞庭湖、西洞庭湖、南洞庭湖三部分,面积明显缩小(表 11.5)。

表 11.5 洞庭湖面积、容积的变化

年份	湖泊面积/km^2	湖泊容积/(10^8 m^3)
1951	4 176.0	283.0
1953	4 002.0	273.0
1955	3 721.5	258.0
1958	3 141.0	228.0
1960	3 091.7	226.6
1964	2 292.9	224.2
1967	2 918.8	222.4
1970	2 844.7	220.6
1972	2 806.5	213.0
1974	2 779.0	199.0
1978	2 732.0	177.0
1980	2 715.6	176.1
1982	2 699.2	174.7
1984	2 676.8	172.2
1986	2 648.4	168.6
1988	2 620.6	165.0
1995	2 625	167.0
1998	3 968	—

2. 灾害频发,灾害造成的破坏呈增大之势

自然灾害频发,造成生产力大的波动,严重影响当地社会经济的可持续发展。洞庭湖水灾在公元 295—1868 年平均 41 年发生一次,而最近 40 年则平均 5 年发生一次,1950—1958 年间年均直接经济损失 22.16 亿元。而 1996 年和 1998 年洞庭湖水灾造成的直接经济损失达 150 亿元和 89 亿元。

3. 水质污染严重

由于工业的发展和人口的增加,排入湖内的工业污水、农业污水和生活污水骤增,致使洞庭湖水质被污染,且局部水质污染严重。据 1999 年—2000 年的环境监测统计资料,洞庭湖的富营养化面积达 41%,中富营养化面积占 58.9%。湖水中的氮、磷浓度较高。洞庭湖是过水性湖泊,径流量大、湖水更新周期短、湖水含沙量大等水、沙条件可抑制富营养化的发展,但其氮磷比高达 146.25,严重超出巢湖(61.8)、滇池(8.6)、镜泊湖(1.58)等大中型湖泊的氮磷比。

4. 生物多样性及物种丰富度减少

洞庭湖珍贵水产品银鱼的产量由 20 世纪 50 年代的 75 000 kg 锐减到目前的 1 000 kg。湖区原有的一些水生动物如中华鲟、白鳍豚、江豚等,已很少见或近乎绝迹;原来在此过冬的一些候鸟也很少见到。水质变差,生物多样性降低,富营养化已威胁人类自身的安全和发展。

11.4.3 采取的措施

1. 退田还湖工程

洞庭湖区退田还湖涉及沿湖 10 个县市区的 12 个堤垸、拟退面积 1 309.84 km²,涉及 81.77 万人。分别占洞庭湖区面积和人口的 4.5% 和 6.4%,退田还湖区农民 2001 年人均可支配收入 1 676.67 元。退田还湖可使洞庭湖的面积接近 1949 年的 4 350 km²,恢复洞庭湖区已破坏的湿地生态环境(表 11.6)。

表 11.6 洞庭湖湿地退田还湖规划概况

拟退垸名	退田还湖方式	面积/km²	人口/(10^4 人)	堤长/km	蓄洪容积/(10^8 m³)
钱粮湖垸	单退	272.54	12.70	98.6	15.31
民主垸	单退	146.70	6.57	53.12	5.60
大通湖垸	单退	220.96	13.24	93.02	11.20
共双茶垸	单退	291	18.08	121.74	18.51
安昌垸	单退	115.13	6.98	84.25	7.10
南汉垸	单退	96.16	7.28	40.24	5.66
城西垸	单退	106	7.99	51.76	7.61
义合垸	双退	19.68	1.62	10.45	1.21
苏蓼垸	双退	16.67	0.96	14.82	0.80

续表

拟退垸名	退田还湖方式	面积/km²	人口/(10⁴人)	堤长/km	蓄洪容积/(10⁸ m³)
南鼎垸	双退	46.73	2.80	40.24	2.57
六角山垸	双退	14.59	1.68	1.50	0.55
九垸	双退	44.95	1.87	25.00	3.79
总计		1 390.84	81.77	634.74	79.91

注：表中退田还湖方式"单退"指"退人不退耕"，"双退"指"退人又退耕"。

洞庭湖湿地退田还湖后，湿地面积增加了 1 390.84 km²，其中水面 334.84 km²，按平均水深 1.75 m 计，可增加蓄水 5.86 亿 m³，恢复了湖泊原有的水体，增强其蓄水防洪的能力，创建了物种生态位，湿地生物亦获得了栖息繁衍的空间和生存条件，退化的湿地得以恢复，有利于实现洞庭湖区湿地资源的可持续利用。

2. 生物措施

（1）恢复湖滨湿地，构建植被缓冲带：有计划地退田还湖（洲滩民垸 206 km²、傍湖垸 1 582.96 km²，共计 1 788.96 km²），逐步将其恢复为以湿生-水生植被为主的湖滨湿地。洞庭湖周边湖滩湿地面积若达 4 000 km² 以上，将其建成沿湖植被缓冲带，能大大提高其对污染物的净化能力。

（2）以树代草，发展湿地林业：湿地植物如芦苇、荻等是洞庭湖湖区的优势种类，具有适应性强，生长旺盛，对泥沙和其他污染物滞纳作用大等优点。但芦苇和荻也具有促淤的明显缺点，任其孳生蔓延将会加速洞庭湖的淤积和衰退。加之一年生或多年生的草本植物，冬季枯萎死亡，大面积的收割费时费力且几乎不可能，大量植株腐烂也会造成对水体的二次污染。采用木本植物替代草本植物，是湿地植被恢复的重要举措。木本植物处理污水能力强，具有很好的净化功能。与草本植物相比，其优点是：不易造成二次污染；提供木材，经济效益高。欧美黑杨、水杉、鸡婆柳和旱柳在湖区长势良好，选用这些乔木和灌木代替芦苇等草本植物可减缓沿岸泥沙淤积，更可有效地吸收利用 N、P 等营养物质，提高其净污去污的能力。

11.4.4 结论

洞庭湖湿地生态系统是一个有机整体，单一的过度开发或其他不合理的利用方式都将造成湿地生态系统整体功能的下降。本着经济效益与生态效益、局部利益与整体利益、长期目标与近期计划相统一的原则，采用统一规划，分步实施的生物与工程治理模式，是保证湿地可持续利用的理想方案。

思考题

1. 简述我国的湿地概念和主要的湿地类型。
2. 试论述湿地生态系统最基本的生态功能。
3. 湿地作为资源有何社会经济价值?
4. 目前我国湿地生态系统存在的主要生态问题是什么?
5. 试论述已退化的湿地恢复与重建的生态工程设计的定位和主要模式。
6. 举例说明退化湿地治理的生态工程技术。
7. 试论述湿地保护的生态工程对策。

第十二章 土地生态工程

土地生态系统是指地表的地貌、气候、土壤、水文、植被、动物等要素相互联系、相互作用、相互制约构成的统一体。在这一统一体中,其组成因子可分为生物和非生物两大组分。各因子之间,通过自然界的四大循环即大气循环、水循环、地质循环和生物循环相互联系、相互制约组成一个功能体。土地生态工程的核心,就是利用土地的功能和要素间的相互联系,对土地自身生态问题和其他生态问题进行处置,因此,也称为土地处理工程。

12.1 土地生态系统

12.1.1 土地生态系统的属性

1. 土地生态系统是具有多层次结构的复合系统

土地生态系统的空间结构包括水平结构和垂直结构,占有三维空间。水平结构是土地单元在空间上镶嵌分布建立的联系及格局,它是土地利用的基础,描述一县"三山一水六分田"的格局就是指土地利用的水平结构。垂直结构是指土地地上、地表和地下部分"千层饼"式的构型,它是形成土地单元内各要素间物质、能量转化的网络,对土地的生产力和服务功能有直接影响。

2. 土地生态系统是一个动态的开放系统

土地生态系统在一定的时间段内是相对稳定的,但它又通过内部及外部的物质与能量的变换,表现出动态演替的过程,这一过程可分为自然演替和人为控制演替。

自然演替是土地生态系统自我调节、修复、维持和发展的过程。在土地生态系统中,当自然因素导致其组成成分发生变化时,就会引起其他组分亦发生相应变化的连锁反应。如风蚀、水蚀所致的土地沙化过程,它不仅是地貌形态的变化,也会导致地下水、土层厚度、植被、小气候等要素的变化,最终可能导致整个系统发生质的变化。

人为控制演替是指土地生态系统在人类干预下发生的演替过程,也称逆向演替。土地生态系统与人类社会系统之间的物、能交换,使之具有物质生产的能力。人类社会向土地生态系统投入化石能和人工能,并源源不断地从土地生态系统中获取基本的生活和生产原料。这种投入与产出的关系应是一种双向的平衡交流。若人类社会不遵守这一自然法则,对土地进行掠夺式经营,土地生态系统的结构必遭破坏、功能必将退化。如土地的沙化、次生盐碱化、荒漠化等;反之,人类也可通过生态工程设计使土地生态系统向更高效的方向发展,如农田生态系统,人类不断地输入其所需的物质和能量,通过系统这一转换器会产出更多的能量和物质,直接或间接地供人类消费,同时系统本身的结构和功能也在不断地完善。

3. 土地生态系统是自然过程最活跃的人类活动基地

土地生态系统在垂直方向上,包括了从基岩、土壤的母质层到植被的冠层及其上方的大气层,它是岩石圈、大气圈、水圈等相互接触的交错带,也是各种物理过程、化学过程、生物过程、物质和能量交换、转化过程最活跃的场所,是人类生产活动的基地,它构成了一个完整的、生物与其环境密不可分的系统。土地生态系统与外部环境间的物质和能量交换构成其与外界的联系,维持着系统的动态平衡和自身的发展。大气、土壤、水分和生物之间物质的迁移与能量的转换过程是土地生态系统最基本的过程。土地覆盖是各因子中对各种过程反应最灵敏、变化最直观的因子,往往也成为研究土地生态系统变化与稳定的指示因子。

4. 土地生态系统的自我调节和补偿

土地生态系统是在长期适应自然的过程中演化而成的,与其他生态系统一样,它具有内部的自动调节能力,可以通过自我调节进行修复,以抵制环境的变化,保持自身的协调和稳定。这种调节能力的大小取决于系统成分的多样性、能量流动和物质循环的复杂性。一般而言,组成成分越多样、能量流动和物质循环越复杂的土地生态系统,其自我调节能力也越强。在成分复杂的土地生态系统中,当系统的某一组分发生机能障碍时,可被系统的其他部分调节和补偿。但是,土地生态系统的调节和补偿能力是有一定限度的,如果环境的变化超出了其能够承受的极限,调节能力将不再起作用,土地生态系统便会受到伤害和改变,甚至出现不可逆转的破坏。土地生态系统自我调节能力的极限称为系统的阈值,为保持生态系统的平衡,必须测定其阈值或系统的负载能力,使土地开发利用与土地系统的负载能力相适应。

12.1.2 土地生态系统的功能

联合国粮农组织和环境规划署1999年提出了土地生态系统的十大功能:储存个人、群体或社会财富;生产人类食物、纤维、燃料或其他生物物质;植物、动物和微生物的栖息场所;全球能量平衡和水分循环的决定者之一,提供资源和沉淀温室气体;规定地表水和地下水的储存和流动;人类使用的矿物和原料的储存场所;化学污染物的缓冲器、过滤器或调节器;提供聚集、工业和娱乐空间;保存历史或史前记录(化学、过去的气候证据、人类遗迹等);提供或制约动物、植物和人类的迁徙。概括起来,土地生态系统主要表现为:净化污染物、太阳能转为化学潜能、承载、养育四大功能。

1. 净化功能

进入土地生态系统的污染物可通过在土体内的扩散、分解等过程逐步减少毒性;或经沉淀、胶体吸附等过程使污染物的形态发生变化,变为难以被植物吸收的形态存在于土地中,暂时脱离食物链,退出生物小循环;或通过生物和化学降解,使污染物变为毒性较小或无毒甚至有营养的物质;或通过土地掩埋减少工业废渣、城市垃圾和污水对环境的污染。据报道,土地对 BOD、COD、TOC 三项有机污染物的净化效率可达 80% 以上。地表生长的植物对大气、土壤中的污染物也有一定的吸收、分解、净化的功能。但土地生态系统的净化功能是有限的,利用土地的净化功能不能超过其阈值。

2. 转化太阳能的功能

土地生态系统可将太阳辐射能"转换"为生物有机能。土地上的绿色植物固定太阳能的过程即初级生产过程,初级生产积累能量的比值就是初级生产力。对土地生态系统来说,土地的初级生产力是最重要的数量特征,也是衡量一个地区、一个国家乃至整个地球土地人口承载力的重要依据。据计算,地球的初级生产力为 172×10^9 t,其中农田为 9.1×10^9 t、温带草原为 5.4×10^9 t,森林为 84.2×10^9 t,热带稀树草原为 10.5×10^9 t,海洋为 55×10^9 t,湖泊、河流、苔原、沙漠等合计为 7.47×10^9 t(表 12.1)。

表 12.1 主要土地生态系统的初级生产力

类型	面积/ (10^6 km^2)	平均净初级生产力/ (g·m^{-2}·a^{-1})	初级生产总量/ (10^6 t)	年固定总能量/ (4.18×10^8 J)
林地	50.0	1 290	64.5	277.0
农田	14.0	650	9.1	37.8
草地	24.0	600	15.0	60.0
淡水	4.0	1 250	5.0	21.4
荒漠	24.0	1.0	0.002 4	0.1

地球表层的光能利用率平均为 0.11%, 陆地平均为 0.25%, 海洋只有 0.05%, 耕地一般为 1%~2%, 集约化程度高的耕地可达 2%~3%。通常人类通过改善土地生态系统的条件(如灌溉、施肥、引进优良品种等)来提高其对太阳能的转换效率。如原始农业生产力为 83.7 kJ/($m^2 \cdot a$), 传统农业为 1 025.3 kJ/($m^2 \cdot a$), 现代农业则为 4 185 kJ/($m^2 \cdot a$)。

3. 承载功能

承载功能是土地生态系统的最基本功能之一。植物只有固定在土地中才能保持直立和正常生长;房屋、道路、桥梁等一切建筑物都附着于土地;水培作物及温室生产,通常也必须用铁丝网、钢架等固定于土地中给予支撑;动物及人类的一切活动均离不开土地生态系统的支撑。如果土地生态系统的承载力不足,则房屋可能会倒塌、动物及人类的活动会受到限制和影响。土地生态系统的承载功能还体现在它是矿产、水、生物等资源的载体。

4. 养育功能

正因为土地生态系统具有转化太阳能、储存有机物以及承载功能,才使动物和人类得以生存,使土地生态系统具有养育的功能。

12.1.3 土地利用中的生态问题

1. 水土流失严重

我国是世界上水土流失最严重的国家之一。2004 年,我国水土流失面积约为 356 万 km^2,占国土面积 37.1%。其中水力侵蚀面积 165 万 km^2,风力侵蚀面积 191 万 km^2,年损失粮食 180 万~300 万 t。人类干扰是产生水土流失的主要原因。在降雨稀少的地区,由降雨引起的土壤侵蚀比较轻,但风蚀则重;在降雨量中等、植被严重破坏的地区以及降雨量大而森林过度砍伐的地区往往水蚀严重。人类为了自己的生存,破坏地表植被,使得土壤失去天然保护屏障,加速了土壤的侵蚀。土地的过度垦殖,特别是坡地垦殖是引起土壤侵蚀的另一重要原因。我国由于人均占有耕地面积十分有限,坡耕地农业成为我国南方山地丘陵和黄土高原的特色,如黄土高原 >25° 的坡地面积超过总面积的 50%, 在部分地区,坡耕地面积可达 70%~90%。坡耕地的过度开垦势必加速水土流失。

2. 土地荒漠化

我国是世界上受荒漠化危害最严重的国家之一。全国荒漠化土地为 263.62 万 km^2, 占国土面积的 27.46%, 其中沙化土地面积为 173.97 万 km^2, 占国土面积的 18.12%。全国有 60% 的贫困县集中在沙区,90% 的可利用天然草原发生了不同程度的退化,并以每年 200 万 hm^2 的速度递减。我国土地荒漠化的原因是多方面的,除了气候原因之外,最主要的原因是过度开发土地资源造成的。人类过度开垦,加速了水资源的枯竭,加剧了土地的干旱化;过度放牧,破坏了地表的植被覆盖,加速了土地的水蚀和风蚀。据中国科学院统计调查,绿洲边缘沙地植被覆盖率低于10%,农区周边防护林网面积低于农区面积的10%以上,沙害威胁就明显。目前我国北方的荒漠化土地中,94.5%为人为因素所致。人为活动破坏了土地生态系统的平衡,导致土地荒漠化。

3. 土地盐碱化和次生潜育化

中国干旱、半干旱地区土地盐碱化问题严重。土地盐碱化有现代盐碱化、残余盐碱化和潜在盐碱化三种类型。我国有盐碱化土地 99.13 万 km^2,其中现代盐碱化土地 36.93 万 km^2,残余盐碱化土地 44.87 万 km^2,潜在盐碱化土地 17.33 万 km^2。盐碱化的发生既有自然因素的影响,也有人类干扰的诱因,但在灌溉农业区不合理的灌溉是引发土壤次生盐渍化的主要原因。

土壤潜育化是土壤处于地下水饱和、过饱和或在水长期浸润状态下,在距地表 1 m 内的土层中 $Eh < 200$ mV,并出现因 Fe、Mn 还原而生成的灰色斑纹层,或腐泥层,或青泥层,或泥炭层的土壤形成过程。土壤次生潜育化是指因耕作或灌溉等人为原因,土壤(主要是水稻土)从非潜育型转变为高位潜育型的过程。我国南方有潜育化或次生潜育化稻田 433 万 hm^2,是农业发展的又一障碍。

4. 土地污染

土地污染问题最早出现在 20 世纪 60 年代,从 20 世纪 80 年代以来,土地污染呈加速发展之势。目前,我国现有耕地受污染面积已达 2 667 万 hm^2,其中受工业"三废"污染的为 1 000 万 hm^2,受大气污染的为 667 万 hm^2,受农药残留和过量施肥污染的为 1 000 万 hm^2。1993 年我国氮肥(以 N 计)消耗量为 2 011 万 t,占世界第一。某些经济发达地区氮肥用量已达 350 kg/hm^2。据联合国粮农组织 1993 年统计,我国农田磷素进入水体的通量为 19.5 kg/hm^2,比美国高 8 倍。氮磷污染,使湖泊出现了富营养化。土地污染的物质可分为有机、无机和生物污染三大类,污染物主要来自工业污染源、农业污染源、生活废水和废弃物等。产生的主要形式为:

① 将生活垃圾、工业废水和废渣堆放在土地上,使大量的污染物进入土地生态系统,目前我国矿区污染土地达 200 万 hm^2,石油污染土地约 500 万 hm^2,固体废弃物堆放污染土地约 5 万 hm^2。

② 工业废水、生活污水未经处理或处理不当,最终污染物进入土地生态系统。

③ 为了提高农产品的数量和质量,向农田生态系统施用大量的化肥、农药、除草剂等,这些化学物质的积累引起土地污染。

④ 人类活动和自然过程排入大气的污染物,以酸雨、粉尘、大气污染物的形式进入土地,造成土地污染。

12.2 土地生态工程设计

12.2.1 土地生态工程设计的原理

1. 地域分异的原理

从本质上讲,土地生态工程设计是为区域发展设计的,它必须面对区域问题进行设计。中国的区域单元存在明显的地域分异,为解决区域问题而设计的土地生态工程,必须尊重自然过程和保护当地物种,了解区域的发展过程和演化历史,结合当地的气候特征、土壤类型、水资源状况和风俗习惯等制定土地治理和修复的方案。只有在尊重自然、尊重区域地域分异的基础上进行的土地生态设计才是可操作的,才会在当地的经济、社会、生态的可持续发展中有使用价值。地域分异的历程为我们提供了有关气候、植物、动物、土壤、水流等方面的信息以及传统文化中的生态成分,它对土地的生态设计是适用的。

2. 整体性原理

土地生态系统各组成要素(地貌、气候、土壤、水文、生物等)相互联系、相互作用,构成一个有机整体,其中某一要素的变化会引发其他要素的变化,某一部分的变化也会影响其他部分。其整体性如此严密并且具有普遍性,以致"牵一发而动全身",一旦某一环节发生变化,其他或所有环节都将随之发生相应的变化。例如将森林开垦为稻田,既改变了植被、土壤的结构与属性,也改变了水文与小地形,同时对地方气候亦产生了影响。

3. 稳定和自我恢复的原理

土地生态系统是由多元素相互联系组成的复杂系统,它具有自身的稳定性和自我调节的反馈机制。据此,土地生态系统具有适应环境变化并可自我恢复、完善的能力。应用这一原理可解决退化土地的恢复与重建问题,例如,通过人力和自然力的结合,可应用土壤、水的自净化作用及植物对大气、土壤中污染物的吸收、分解、净化作用,治理土地污染。

12.2.2 土地生态工程设计的案例

1. 云南石漠化土地处理工程

石漠化是指在热带、亚热带湿润地区岩溶极度发育的自然背景下,受人为活动的干扰,地表植物遭受破坏,造成土壤严重侵蚀,基岩大面积裸露,砾石堆积,地表呈现似荒漠化景观的土地退化现象。

(1) 石漠化土地的形成及现状：云南石漠化土地主要分布在石灰岩岩溶地区。由于岩溶发育,造成地表、地下的双层结构,使降水、地表水严重漏失。岩溶地区地形崎岖,山高水深,土地难以利用,同时因富钙,成土能力差,土层薄,岩石裸露,水土流失严重。特别是随着人口的增长,人为经营活动频繁,森林植被反复遭受破坏,生态系统严重失衡,导致石漠化。岩溶地区的环境与"沙化"区一样脆弱,人们的生产、生活和经济发展受到严重的威胁。

云南省国土总面积39.4万 km^2,岩溶分布的县(市、区)有115个,岩溶面积10.7万 km^2,占全省国土总面积的27.1%。其中63个县(市)有石漠化分布。石漠化面积为2.149万 km^2,占全省国土面积的5.5%。其中有32个县是国家"八七"扶贫攻坚贫困县,占全省贫困县的44%,有250个扶贫攻坚乡,占全省506个扶贫攻坚乡的49.4%。

在石漠化面积占30%以上的63个岩溶县中,石漠化土地面积为214.9万 hm^2,占11.8%。其中:岩石裸露率大于70%的石山60.0万 hm^2,岩石裸露率在30%~70%之间的石漠化土地40.6万 hm^2,农耕地石漠化25.5万 hm^2,工矿型石漠化土地22.3万 hm^2,有潜在石漠化危险且短期内急剧向石漠化发展的坡耕地66.5万 hm^2。

(2) 以水为主导的森林植被的恢复与重建：石漠化地区生态环境的主导因子是水,因其土壤和地质条件的影响,土地的保水性能差,地表缺水。在岩溶地区有一半的人、畜饮水困难,水成为制约当地生产和经济发展的桎梏。

利用岩溶地区有相对均衡的地下水,可以满足人们旱季饮水和部分农业灌溉用水的需求,雨季可以防止低洼地区洪涝灾害的发生,有利于水土保持和植被的恢复与重建。根据石漠化程度的地域分异,采取不同的恢复措施：

① 严重石漠化山区(重度石漠化) 岩石裸露率大于70%的岩溶山区,实行封山育林,封禁5~8年,待灌草盖度达到50%时,改为轮封；大于25°的坡耕地坚决实施退耕还林(草)、造管并举、封育结合的措施,大力发展水利建设,充分利用地表水和地下水。

② 半石漠化山区(中度石漠化) 岩石裸露率50%~70%的半石漠化山地,这部分石漠化地区土层较薄,土壤含石量较高,水土流失严重,主要植被为苦刺、野蔷薇、小铁子、禾本科草、蕨类等。实行封山育林,人工造林,有计划地营造乔木树种和小型水利水保工程的建设是植被恢复的关键。对于村寨附近主要以放牧为主的石漠化土地,为减少地表冲刷,实施林草间种,以林护草,灌溉与保水相结合。

③ 轻度石漠化地区 岩石裸露率在30%~50%的轻度石漠化地区。本类石漠化地区严禁开荒种地,实行轮封轮牧。坡度小于25°的坡耕地应改修梯田,对立地条件较好的地段应有计划地发展经济果木,增加农民收入。利用土壤的保护能力,结合灌溉,恢复植被。

④ 潜在石漠化地区 对潜在石漠化土地要保护好现有的森林植被,禁伐、禁止滥牧和开荒种地。潜在石漠化的耕地逐步实施退耕还林(草),并积极解决农村人、畜用水问题,兴修农田水利建设工程。

经过几年的土地生态工程建设,目前西畴县已完成封山育林223.7 hm^2,建成生态防护林184.4 hm^2、生态经济林85.8 hm^2。由于森林植被的恢复与重建,减少了水土流失,土壤层增厚,洪峰得以消减,枯水期流量增加,在小范围内温度降低,湿度增加,人们的用水问题得到缓解,初步改善了该地区的生态环境。

2. 污水的土地处理

污水的土地处理目的在于有控制地将污水引入土地,使之在植物-土壤-水分复合系统中经历自然的物理、化学和生物等过程,净化污水中可降解的污染物,并使其中的氮、磷等营养成分得以利用。污水土地处理系统是人和自然力的结晶。它是生物工程技术与环境生程技术的有机结合。污水土地处理可分为慢速渗滤、快速渗滤和漫流等三种形式,霍林河矿区污水土地处理系统采用的是慢速渗滤形式。

(1) 霍林河矿区的基本情况:霍林河矿区地处蒙古高原的东部草原,为极地大陆冷气团的源地边缘,属温带亚干旱气候区。冬季严寒漫长(170~180天),夏季凉爽短暂(40~50天)。年平均气温为0.1℃。霍林河矿区是一露天开采的煤矿,目前的生产能力已达1 000万 t/a。矿区所在地土地资源虽丰富,但水资源匮乏,宽6 m,深0.5~1.5 m,最大水流量为1.0 m^3/s 的霍林河是唯一的地表水系,也是草原牧民赖以生存的主要饮用水源。霍林河流量小,纳污能力低,其污水的来源比较单一,主要是生活污水,约占排入水量的2/3,其余为工业废水。污水中主要含有粪便、泥沙和油类,重金属含量不超标,污染类型为有机污染型(表12.2)。未经处理的生活污水和工业废水禁止排入霍林河,主要采用土地处理污水的工程进行排污。污水的土地处理不仅可充分利用污水这一水、肥资源,促进牧草生长,改善草原景观,而且还可以避免对霍林河水系和地下水系的污染,是一举两得的"双赢"工程。

表 12.2　霍林河矿区水质情况

主要指标	第一排放口	第二排放口
pH	7.61	8.14
SS	41	1.65
COD	172	1.82
$K^+ + Na^+$	102	92.5
总铁	0.510	0.305
PO_4^{3-}	1.95	2.23
汞	0	0
铬	0.085	0.077
砷	0	0.007
挥发酚	0.034	0.067
石油类	0.11	0.11

注：表中单位除 pH 外，其余均为 mg/L

（2）污水慢速渗滤土地处理系统的设计：慢速渗滤土地处理系统：以土壤、植物（林、草）生态系统为中心的灌溉系统是将冬贮的污水，通过自流和提升等方法，灌溉林地和草地，使污水得以无害化处理和资源化利用。

慢速渗滤土地处理系统由三大环节构成（图 12.1）。该系统出水的水质较好，BOD 可达 2 mg/L，通过工艺调整，可将排水量降至最低限度，对霍林河不产生污染。

预处理　污水的沉淀处理。设计能力为 7 500～15 000 m³/d。污水通过水泵排入平流式沉砂池，约停留 30 min 后进入圆形竖流式沉淀池，经过 1.5～2.0 h 沉淀，清水排入污水库，沉淀下来的污泥定期排入污泥干化塔，污泥在干化塔经过 20 天左右的中温消化，打入污泥干化场干化后，运往土地处理系统的生态区做林地用肥。预处理过程可去掉 50% 左右的污水悬浮物，BOD 的去除率为 25% 左右。

污水库　以菌藻类共生体为中心的污水库，主要是利用污水库自然形成的菌藻类共生体净化污水，经过冬贮缓冲和自然净化，于第二年的 5—10 月份灌溉林地和草地。污水库的设计总容量为 426.6 万 m³，有效库容为 333 万 m³，垫底水位 840 m，顶坎高程 851 m，设计清淤年限 11.7 年。污水库的净化功能是挥发、光解、氧化、沉淀、自然降水的稀释以及随着食物链的迁移和底部的厌氧分解等。通过本系统处理后，污水的主要污染指标去除率为：BOD 60%、COD 50%、SS 60%、TN 30%、TP 20%。

慢速渗滤土地处理系统主要限制组分为：BOD、N、P、盐分、土壤的渗透性和

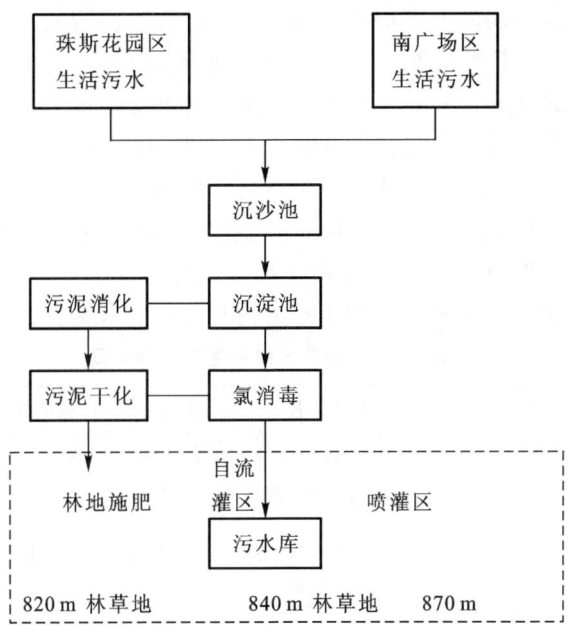

图 12.1　污水慢速渗滤土地处理

水力负荷等。通过综合试验分析表明:该系统的限制因素为盐分,通过水力负荷的调解、生态结构品种的选择来改善和增加系统抗盐渍化的能力。本系统设计的年施水量为 4 500 m^3/hm^2,慢速渗滤土地处理系统的面积为 740 hm^2。设计处理时间为每年的 5 月至 9 月共 150 天,污水库贮水时间为每年 10 月至下一年的 5 月共 210 天,布水周期平均为 15 天,5 月至 9 月逐月的水力负荷率见表 12.3。

污水库周围设计约 1 333 hm^2 造林地,其中 740 hm^2 为灌溉地。按地形条件、海拔高度、坡度及坡向等自然因素,可将灌溉地分为三种类型:

表 12.3　设计水力负荷

时间/月份	月布水率/($m^3 \cdot hm^{-2}$)	月总布水量/($10^4\ m^3$)
5	1 215	88.91
6	1 065	78.81
7	900	66.60
8	660	48.84
9	660	48.84
合计	4 500	333.00

一级类型按海拔分：Ⅰ．<840 m 自流灌溉区（坡脚阶地）；Ⅱ．840~870 m 提水灌溉区（山腹中下部）；Ⅲ．>870 m 非灌溉区（山腹中上部）。

二级类型按坡度分：A 0°~3°平缓地；B 3°~7°缓坡地。

三级类型按坡向分：A 阳坡半阳坡；B 阴坡半阴坡。

污水库周围的土地共划分为六种类型：自流灌溉平缓地型（ⅠA）；自流灌溉缓坡地型（ⅠB）；提水灌溉平缓地型（ⅡA）；提水灌溉缓坡地型（ⅡB）；非灌溉地阳坡半阳坡地型（ⅢA）；非灌溉地阴坡半阴坡地型（ⅢB）。

污水慢速渗滤土地处理系统的生态结构及造林技术见表 12.4。

表 12.4 土地处理系统的生态结构布局

立地名称	代号	适宜造林树种	整地方式	行株距/cm	配置方式
自流灌溉平缓地	ⅠA	小青树、杂交杨、小黑杨、旱柳、白榆、灌木柳	条带状或穴状	3×1	团块状混交 宽带状混交
自流灌溉缓坡地	ⅠB	小叶杨、小青杨、中东杨、白榆、沙棘、胡枝子	水平沟	3×1	宽带状混交 部分乔灌混交
提水灌溉平缓地	ⅡA	落叶松、樟子松、白榆、椴树、白桦、胡枝子	条带状或穴状	3×1 1.5×1	团块状混交 部分针阔混交
提水灌溉缓坡地	ⅡB	落叶松、樟子松、白桦、胡枝子	水平沟	3×1 1.5×1	团块状混交 部分针阔混交
非灌溉阳坡半阳坡	ⅢA	油松、山杏、黄榆	水平沟或鱼鳞坑	2×1	团块状混交 乔灌混交
非灌溉阴坡半阴坡	ⅢB	敖包支杉、小叶杨、胡枝子、虎榛子	水平沟或鱼鳞坑	2×1	团块状混交 乔灌混交

（3）效益分析

资金投入：一级处理厂投资 396 万元，土地处理系统包括污水库的基建投资 999.57 万元，平均每年每立方米污水处理费为 0.31 元。

收益：

① 污水库周围将建成森林公园，为该地区居民提供游览休息的理想场所。

② 污水库可提供 69 hm^2 水面作养鱼场，年产鱼量达 2 万 kg。

③ 土地处理系统人工林的木材和生产牧草所产生的经济价值，其中木材（只考虑樟子松、落叶松、杨树三种树种）的经济价值估算值（以 200 元/m^3 价值计）为：树龄在 5 年时为 66 万元，树龄在 10 年时为 690 万元，树龄在 20 年时为

2 729 万元,树龄在 30 年时为 3 603 万元。土地处理系统运行的最初 10 年林地可获得优质牧草 3 000 kg/hm², 按造林总面积计,年产牧草 2 220 t,价值 22 万元,累计 220 万元。

④ 林木可吸收 CO_2、释放 O_2、吸附阻留大气中的灰尘、防止水土流失和固沙的多重功能,具有很好的生态效益。

霍林河矿区采用的林－灌－草复合生态系统的污水慢速渗滤土地处理系统,在我国属首创。该工程系统不仅能有效地处理污水,还有较好的经济效益。对亚干旱荒漠草原景观的重新建造也是一种有益的尝试。

思考题

1. 何为土地生态系统?
2. 试论述土地生态系统的基本特征。
3. 举例说明土地生态系统的基本生态功能。
4. 目前我国土地利用中存在的共性生态问题是什么?
5. 处于不同退化阶段的石漠化土地,植被恢复与重建的生态工程设计方案有何不同?
6. 污水的土地处理有何积极意义?如何正确处理土地处理污水和土地污染之间的关系?依据是什么?

第十三章　微观生态工程

微生物是生态系统重要的组成部分,微生物参与了自然界中碳、氮、磷、氧、硫、铁和氢等物质的循环和转化过程,并且在纤维素降解、氮的固定和特殊化合物的分解中起着独特的作用。微生物对提高土壤肥力,协同农作物摄取营养元素、抗病原菌的侵入和提高农作物产量方面也起着相当大的作用。

微生物个体虽然微小,但适应新环境的能力强,繁殖速度快,在常温、常压下就能分解污染物,且不会造成二次污染。近年来利用混合微生物群净化环境污染物的研究越来越得到重视,以微生物为控制手段的微观生态工程也日益为人们所重视。

13.1　微观生态系统与微观生态工程

13.1.1　微观生态系统

1. 微观生态系统的概念

生态系统是由多种组分组合而成的,靠能量传递和物质转化联结成为一部具有一定功能的完整"机器"。自然界中存在大大小小不同等级的生态系统,大至生物圈(biosphere)或生态圈(ecosphere)、海洋、陆地,小至森林、草原、湖泊和小池塘。不同等级的生态系统都有自我调节功能,当外界的压力超过其自身的调节能力时,生态系统就受到破坏,失去平衡。

微观生态系统和其他等级的生态系统不同,其群体相当小,抵御自然环境剧烈变化的能力弱,除少量的微生物可进行光合作用外,大多数微生物需靠其他组分为自然界提供的能量维持自身的生存和繁衍,这是微观生态系统的重要特点。

对微观生态系统的定义,目前有两种认识:一是将进行实验室模拟的、相对封闭或半封闭的生态系统定义为微观生态系统。人类通过对其试验、观察探索其与现实生态系统之间的关系,将其作为现实生态系统的模型,用来测试潜在的有毒化学物品对系统的影响。这一系统既不会给实际环境带来危险,还可以据此推断出一个现实的生态系统。微观生态系统还可以作为一个精确的生态系统模型,它的设计既要考虑其生物群的构建,也要考虑其生态结构和功能与具有重要交叉的现实相似系统是否相匹配,为界定现实生态系统的边界和功能服务。微观生态系统也可以作为一种实验场所,用来研究一般的生态现象(即演替)、废水处理或为改变生活条件而提供的直接功能的变化等。二是指微生物系统,生态系统中的分解者。它们在生态系统中存在的数量最多、个体最小、生命力最顽强,但在生态系统中所起的作用却是不可低估的。如果没有微生物的分解作用,历年积累下来的生物残体,将会堆积如山,生态系统会因其中的几个重要变化难以顺利进行而失去生态平衡;在元素的迁移转化中,例如氮、硫、铁、磷等由一种形式转变为另一种形式的过程中,微生物也起着重要作用;微生物还是岩石风化、土壤形成、煤、石油形成过程中的一个不可或缺的重要因子,在整个自然界的物质循环过程中,有机物和无机物的转化过程中,微生物都是一个不可缺少的关键组分。本文中的微观生态系统即微生物系统。

2. 微观生态系统的类型

自然界的环境条件是十分复杂的,不同环境中的微生物群落及其种群比例很不相同。即使在同一环境中,微生物群落的组成和个体之间的比例,也会随着微环境条件的变化而变化。根据微生物栖息的环境及其在生态系统中所起的作用,微生物系统可分为两大类。

(1) 土壤中的微观生态系统

① 土壤中的微生物 土壤中的微生物种类繁多,数量极大,1 g 肥沃土壤中通常含有几亿到几十亿个微生物,贫瘠土壤每克也含有几百万至几千万个微生物。一般来说,土壤越肥沃,微生物种类和数量越多。另外,土壤表层、耕作层及植物根附近微生物数量也较多。土壤中的微生物主要有细菌、真菌、放线菌、藻类和原生动物,以细菌数量最多。细菌占土壤微生物总量的 70%~90%,而且种类多,多数是异养菌,少数是自养菌。放线菌的数量仅次于细菌,多存在于偏碱性的土壤中,主要是链霉菌属、诺卡菌属和小单孢菌属等。放线菌虽然数量比细菌少,但由于其菌丝体的体积比单个细菌大几十倍甚至几百倍,所以在土壤中的生物量也相近于细菌。土壤中的真菌有多种类型,主要分布于土壤表层。土壤中的藻类数量较少,主要有绿藻、硅藻等。土壤中的原生动物都是单细胞异养型的,主要有纤毛虫、鞭毛虫、根足虫等。

土壤中的微生物种类极多,自然界的天然有机物一旦进入土壤,就开始被微生物分解,虽然分解速度的差异相当明显,但最终都能被彻底分解掉。近代工业合成的许多新有机物"生物异型化合物"通常不能被微生物降解,它们对微生物有抑制作用。不能降解或很难降解的化合物一旦进入土壤,日积月累,就会污染土壤,形成公害。如农用塑料地膜因其不可降解,残留于土壤中,破坏了土壤的结构和通透性,致使植物根系呼吸、吸收水分、营养的能力受限。

② 土壤微生物在物质循环中的作用　土壤中的微生物对有机物的生物降解和无机物的循环起着非常重要的作用。土壤微生物是腐殖质合成的重要参与者。腐殖质的形成,是由一些异养的微生物(如某些腐生细菌)把土壤中的动、植物残体和有机肥料分解,然后再重新合成的。当土壤温度较低,通气性较差时,嫌气性微生物活动旺盛,腐殖质合成速度加快而得以积累。每当温暖多雨的季节,在潮湿的土壤表层藻类大量繁殖。藻类具有光合色素,通过光合作用制造有机物,增加土壤中的有机物质。当土壤温度高、水分适宜、通气良好的条件下,土壤中的好气性微生物活动旺盛,硝化细菌可将有机肥料中的氨转变为植物可吸收的硝酸盐类;磷细菌分解磷矿石和骨粉,钾细菌分解钾矿石,均把植物不能直接利用的磷和钾转化为可被植物吸收的形式。土壤中的原生动物吞食土壤中的细菌、单细胞藻类、真菌孢子和有机物残体等,分解土壤有机物,促进物质的循环和转化。

总之,土壤中的微生物对增加土壤肥力、改善土壤结构、促进自然界的物质循环具有重要的作用(表 13.1)。

表 13.1　土壤生态区系在土壤生态系统过程中所起的作用

生物区系	养分循环	土壤结构
微生物群落	分解有机质,矿化和固定养分	形成能黏合团聚体的有机化合物,菌丝将颗粒缠结在团聚体上
小型土壤动物	调节细菌和真菌种群,改变养分循环	通过与微生物群落的相互作用影响土壤团聚体
中型土壤动物	调节真菌和小型土壤动物种群,改变养分周转速率	产生粪粒,创造生物孔隙
大型土壤动物	破碎植物凋落物刺激微生物活动	混合有机和无机颗粒使有机质和微生物重新分布,创造生物孔隙,提高腐殖化作用,产生粪粒

(2) 水域中的微观生态系统

水域是微生物的天然生境。由于不同区域水的物理和化学性质不同,水域中微生物的种类和数量变化极大。主要包括:

① 淡水中的微生物群落　微生物在水域中的数量和分布受水体类型与层次、污染情况、季节等各种因素影响。在水的上层,水生高等植物、藻类和光合细

菌进行光合作用释放出氧气,空气进入上层水域使得水中溶解氧含量增高,因此异养的好氧微生物相当活跃,能初步分解进入水中的有机物。表层水中未降解的有机物残余及上层水域的生物残体则进入下层水域,下层水域的氧气含量较低,是一种还原环境,厌氧细菌活跃,可进一步分解下层水域的有机物残体。在洁净的湖泊和水库中,有机物含量低,微生物数量少,主要是自养菌。

淡水中的微生物主要为细菌类:无色细菌、黄杆菌、短杆菌、微球菌、芽孢杆菌、假单胞菌、诺卡氏菌、链霉菌、小单胞菌、噬纤维菌、螺旋菌和弧菌。淡水中的有机物大多来自邻近的陆地,它们除少量为水中的水生动物吞噬和真菌分解外,大部分被细菌利用。水中微生物的量取决于有机物的量,有机物的量越大,微生物的量也就越大。

② 海水中的微生物群落　海洋中的微生物适合于生长在 3.3% ~ 3.5% (W/V)盐浓度的海水中,其主要类型有海洋细菌、假单胞菌、弧菌、黄杆菌、螺旋菌、产碱杆菌、生丝微菌($Hyphomicrobium$)、噬纤维菌属($Cytophaga$)、微环菌属($Microcyclus$)和放线菌等。某些 G 细菌,例如芽孢杆菌通常存在于海洋沉积泥中,在沉积泥表层下,厌氧菌便成为土著微生物。沉积泥表层下还有产甲烷的细菌和自养菌,如亚硝化球菌($Nitrosococcus$)、亚硝化单胞菌($Nitrosomonas$)、亚硝化螺菌($Nitrosospira$)、硝化球菌($Nitrococcus$)和硝化杆菌($Nitrobacter$)等,这些海洋微生物都参与了氮循环。

海洋中的原生动物是以细菌、水生植物和形态更小的水生动物为食物源的,这样就在初级生产者、消费者和分解者之间建立起海洋物质循环的网络。

③ 水域中微观生态系统的作用　水域微生物在水环境循环中起着举足轻重的作用,可以把水体中的各种动植物的尸体分解。水体的自净能力,亦有微生物的参与。在条件合适时,一些细菌还具有捕捉太阳能并把它直接转化成电能的"特异功能"。最近,美国科学家在死海的大盐湖里找到一种嗜盐杆菌,它们含有一种紫色素,当把接受的太阳能大约 10% 转化为化学物质时,即可产生电荷发电。

13.1.2　微观生态工程

1. 微观生态工程的概念

微观生态工程是指依据微观生态系统中物种共生与循环再生原理、结构与功能协调原理,结合系统最优化方法设计的多层次、多级利用微生物以及其他微小生物的环境修复生产工艺。

对微生物、污染物与环境三者之间的相互关系及作用规律进行研究,对发现的规律进行归纳分析,对其中应用的部分助以技术系统,加以工程化,即形成了微观生态工程。

微观生态工程研究的内容包括微生物对污染物的降解作用、环境条件的变化对污染物降解的影响、自然微生物群落和实验室构建的特殊污染物降解菌在净化废气、废水、固体废物和其他污染物中的应用,及自然环境中某些微生物本身以及某些微生物的代谢产物对环境的污染。

微观生态工程研究的重点内容是污染环境中的微生物。主要包括污染物对微生物活动的影响、微生物活动对污染物降解、转化和环境质量变化的影响。微观生态工程的目标是促进生态系统良性循环的前提下,充分发挥微生物的生产潜力,修复被污染的环境,实现经济和生态环境的协调发展。

2. 微观生态工程的进展

(1) 国外研究:国外对微观生态工程的研究较早。A. T. Kluyver、C. D. van Niel、Riger Stanier 等科学家对微观生态系统的早期发展做出了突出贡献。Kluyver 通过研究,发现自然界种类繁多的微生物世界中各种代谢过程都有相互关系。van Niel 发现光合细菌和绿色植物的光合过程有许多相似之处。Roger Stanier 则利用假单胞菌研究好氧微生物的代谢,发现这些好氧微生物能降解结构复杂的多种有机化合物。

在国际上,微观生态工程发展的最重要的里程碑是 1972 年在瑞典 Uppmk 举行的微生物生态学现代方法的国际会议。1981—1982 年期间,Madin Alexander 发现许多人工合成的化合物完全能被微生物降解,这引发许多研究者对污染物的生物可降解性产生了浓厚的兴趣。主要包括:

① 土壤微观生态工程的研究

早在 17 世纪,人们就开始了对土壤中微生物的研究。巴斯德(Pasteur,1862)揭示了微生物对有机质分解所起的作用。他认为硝化作用是细菌推动的。维诺格拉斯基(Winogradsky)在 1890 年获得了硝化细菌细胞积累和消失的过程,且把它和能量源联系起来。他研究成果的创新性是提出生物界中化能自养的新概念和一个微生物新类群——化能自养菌。

至 20 世纪 50 年代末、60 年代初,随着排入环境中污染物的增多,开始用微生物进行污染土壤的生物降解。

目前,已从一些假单胞菌和葡萄球菌中发现了抗汞离子的质粒;另外,一些抗碲、砷、镍、钴、镉、铅等非金属、金属和除草剂 2,4 - D,各种尼龙组分和洗涤剂等合成化合物的质粒也已被发现。从石油污染的水体或土壤中筛选驯化菌种用以清除石油污染等都是目前广泛应用的较为快速而成熟的获取菌种的途径,这些菌类为处理石油精炼中的油碴及海上石油污染提供了解决的方法。

但从自然界直接筛选驯化获得的土著菌有时不能满足治理工程的需要,20

世纪70年代美国查克拉底率先利用遗传工程把4种假单胞菌分解烃化合物的遗传基因移植到一种菌体内,这种"工程菌"能在几小时内"吃掉"浮油中2/3的烃类,而自然菌种要花一年多时间。从此,基因工程技术在微观生态工程中得到了积极的应用。基因工程菌用于微观生态工程的成功事例有清除石油污染的基因工程菌、降解化学农药的基因工程菌等。

可以说,土壤微观生态工程清除污染及实现废物资源化或建立清洁生产工艺已取得了显著的成就。

② 水体微观生态工程的研究

水体微观生态工程的研究晚于土壤微观生态工程的研究。18世纪,德国出现了较大规模的农场,农场主将人类集居地的生活污水通过沟渠引入农田,进行污水灌溉。这实际上是土地处理污水的雏形。19世纪末,人们将污染物通过一个装有土壤或石块的柱。经过12个月后,发现原先存在于污水中的有机物污染得到了净化。原来在土粒或石块表面长出了生物膜,在生物膜微生物的作用下,污水中的有机物得以降解、转化,污水变清。在此基础上人们又开发出了生物滤池、塔式生物滤池、生物转盘、接触氧化等多种污水处理的方法。1914年,英国率先推出活性污泥法工艺处理城市生活污水。在此基础上,又发展了渐减暖气法、吸附暖气法、多点进水法、完全混合活性污泥法、氧化沟法、SBR法等多种处理工艺,直至兴建大型污水处理厂净化水体,环境问题得到了根本的改观。

近20年来,海洋微生物的研究得到长足的发展,发现了许多过去用普通显微镜难以观察到的微生物,并对其分类、生理生态、营养行为、摄食关系等进行了空前深入的研究。如对原核自养生物中蓝细菌属($Synechococcus$)和原绿菌属($Prochloron$)的研究。过去,人们一直认为水层食物链基本模式就是网采浮游植物→桡足类→鱼类。溶解有机物被异养浮游细菌摄取进行微生物二次生产,形成异养浮游细菌→原生动物→桡足类的摄食关系,称为微型生物食物环。新近研究表明,除了细菌外,某些原生动物也能直接摄取 DOM;海水中也存在大量的与异养细菌大小相似的微型自养浮游生物($<2\mu m$),包括蓝细菌原核生物和微型光合真核生物,它们也被上述微型生物食物环中摄食异养细菌的同类原生动物和微型后生动物所消耗。

目前,水体微观生态工程研究的主要内容有:

第一,降解石油烃类的微观生态工程。当环境受到石油污染后,石油烃能够刺激或诱发代谢烃类微生物的生长和迅速繁殖,使该类细菌数量明显增多。从自然界大量的微生物菌株资源中筛选并经驯化可以获得高效去污菌株或微生物类群,直接用于海洋石油的污染治理。

第二,污染物资源化微观生态工程。利用废纤维来生产燃料乙醇、利用有机废物生产甲烷、利用木材废弃物所含的半纤维素生产木糖及木糖醇,已成为废物能源化的有效途径。

第三,环境净化微观生态工程。常规废水生物处理工程设施中的微生物类群,往往是直接从自然环境中获取的微生物,经驯化后,形成理想的群落结构和优势种群,执行其净化功能。在河流的自净方面,应用同位素追踪技术研究微生物的生长、繁殖速率,各类微生物的分布、代谢活性、同化与分解作用等,建立了微生物对河水净化的生态模式。这些研究为水污染的预测预报和市政建设提供了有益的生物学理论依据。

(2) 国内研究:我国微观生态工程的研究起步较晚,20世纪30年代末,才有了土壤微观生态系统的研究,相继引进国外的知识和技术,才发展了其他方面的微观生态工程研究。我国目前在土壤微观生态工程和污水处理生态工程方面有了长足的进步,其他方面还处于试验和研究阶段。

我国的微观生态工程研究成果主要表现在:

第一,微生物资源的调查。中国科学院微生物研究所开展了有关地区的微生物生态调查,从中得到了许多有实际应用和理论研究意义的特殊微生物;开展了我国某些温泉微生物种类和分布的研究,从中得到一些嗜热的微生物。

第二,生物固氮研究。近十余年来,我国土壤微观生态工程的研究在生物固氮方面有较大的发展,基础研究比过去有所加强,菌根的研究发展较快。20世纪80年代,我国中科院武汉病毒研究所在世界上首次发现了降解六六六的质粒。

第三,水域微观生态工程的研究。水域微观生态工程的研究成果主要表现在污水处理工程、净化环境微生物的筛选与基因工程菌的构建及其应用的基础研究等。海洋微观生态工程的研究也已与世界接轨,主要是微食物环(microbial food loop)方面的研究。

目前,我国微观生态工程研究的重点是:

① 污染物的微生物降解　研究内容主要包括自然环境中污染物对微生物类群和生命活动的影响及其生态效应。

② 微生物转化或降解污染物的机制与调控　净化环境微生物的筛选、基因工程菌的构建及其应用的基础研究等。如高效降解污染物的基因工程菌的研究、无害化或无污染生物生产工艺技术的研究、生物反应器和固定化技术处理废水的研究、废物资源化的研究。

③ 废水的微生物处理技术研究　它是污水微观生态工程中的一个联系实际的热门课题。研究重点是水处理构筑物(即生物反应器)中的微生物生态结构、功能和能量传递等。

13.2 微观生态工程设计

13.2.1 微观生态工程设计的原理

1. 生物间互利共生的原理

互利共生是指生物种群之间的互利关系。科学利用生物与生物之间的互利共生原理,是建造人工微生物群落的重要步骤,也是保证微观生态工程稳定与效益提高的关键措施。如有机磷杀虫剂常用节杆菌和链霉菌降解,这两种菌共同作用,可矿化二嗪农的嘧啶环,降解其毒性。进行微观生态工程设计时,如何选择、匹配好有这种共生关系的微生物种群,是能否发挥物种之间"共存共荣"互利共生或偏利共生机制的关键。

2. 物质循环原理

自然界中的微生物扮演着"清洁工"的角色,它将有机物分解成无机物,无机物被藻类和植物作为营养物质吸收,并通过光合作用转化成有机物,微生物、藻类和植物作为浮游生物、鱼类等动物的饵料被捕食,通过消化吸收转化成动物蛋白,动植物的死亡又被微生物分解,由此完成生物小循环。

微生物在自然水体中起自净作用。现代污水的生物处理技术主要利用微生物的代谢功能,对有机物进行降解与转化。但它仅仅模拟了生物小循环的一部分,尚存在诸多不完善之处。随着科学技术的发展,运用生物循环理论,按照食物链的代谢规律设计由微生物、植物和水生动物组成的多元生物污水净化系统正在研究中,国外目前已有运用生物循环理论进行多元生物污水处理的新工艺。

3. 生态效益与社会经济效益协同的原理

应用微观生态工程解决生态环境问题时,应充分兼顾社会效益与经济效益的协同。尤其是在市场经济条件下,脱离开经济规律去研究和解决环境问题,往往事倍功半。"三大效益"的协同,目的是要在我国建立多个可持续发展的生态经济复合系统。如能量-经济-环境复合系统,通过能量投入拉动经济发展,经济发展可能诱发环境破坏。要在经济发展的同时将对环境的负面影响降至最低,不能采取简单的末端治理方式,而应从能量投入的源头就优先采取措施,处理其负面效应。为"防患于未然",采取清洁生产方式,减少废物排放量、废物的资源化,都是这一措施的具体体现。既增加了经济效益,又改善了生态环境。

13.2.2 微观生态工程设计的程序

微观生态工程设计的程序包括如下几部分(图13.1):

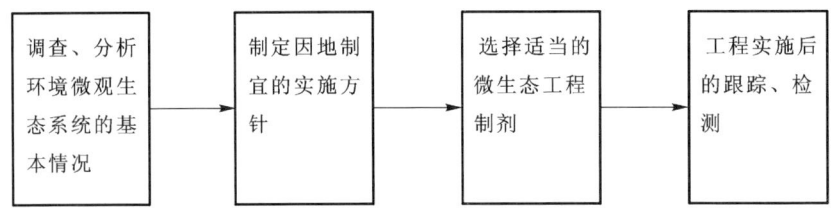

图 13.1 微观生态工程设计流程

1. 微观生态系统的调查分析

① 土壤微观生态系统的调查分析 包括土壤采集和测定土壤微生物数量与生物量。

② 水体微观生态系统的调查分析 包括水中微生物的测定、水中重金属测定、水中硝化速率以及富营养化的测定和海水中超微型生物的测定。

2. 选择适当的"微生态制剂"

微生态制剂应具有定植性、排他性及繁殖能力。微生态制剂中的细菌应成为微生物群落中的一员,进入生境后能够参与自然生态系统的形成过程,对非自然的微生物产生拮抗作用。

3. 制定实施方案、进行微生态调控

在微观生态工程实施过程中,跟踪检测这些制剂的生存状况,并加以适当的调整。在调整过程中,实施者只能根据既定的目标进行,即为微生态调控(microecological control)。微生态调控是调控生态环境与有害微生物之间的平衡;调节寄主细胞组织同有害微生物的平衡;协调植物体内的内生共生菌,包括寄生和腐生的微生物同病原微生物的平衡;对需强化的"微观生态系统"的改造和恢复(如污染土壤的改造和污染水域的恢复)等。

13.2.3 微观生态工程设计的案例

1. 土壤处理的微生态工程

(1) 土壤中农药的处理:

① 土壤中农药的成分及危害 土壤中的有毒物质主要是农业施用化肥和农药造成的,如 DDT、六六六(1,2,3,4,5,6-六氯环己烷,BHC)、马拉硫磷等。有机氯农药抑制 ATP 菌和其他酶活性,导致物质代谢和生化过程出现障碍,破坏免疫系统的功能,损伤神经和内脏,引起肝脏和肾脏的严重损害和神经系统损伤。有机磷农药可引起神经传导生理功能紊乱,出现瞳孔缩小、流涎、抽搐、最后因呼吸衰竭而死亡。

② 处理技术 工程技术:将受污染的土壤挖掘出来,运至经过工程处理(包

括布置衬里,设置通风管道等)的地点堆放,并进行生物修复处理,处理后的土壤运回原处,系统中渗出的水另行处理。此方法可有效地防止污染物向地下水、水域及相邻地区扩散。微生物技术:用有机材料(如树皮或木片)补充土壤,在一些受氯酚污染的土壤中,用 35 m^3 的软木树皮和 70 m^3 的污染土壤构成处理床,然后加入高效降解菌白地霉,将五氯酞钠降解菌接种在树皮或包裹在多聚物材料中,强化其降解能力和对污染物毒性的耐力。

③ 优缺点　一是该工程可有效地降解土壤中的毒素,氯酚浓度可从 212 mg/L 降至 30 mg/L;二是在土壤轻度污染时可有效地抑制污染物的扩散和迁移,控制污染范围;三是可改善土壤的物理结构,有利于作物的生长。但是,该方法挖土方和运输费用较高,在运输过程中极可能造成二次污染。

④ 关键技术　污染土壤处理床的准备。

(2) 土壤中重金属的处理:

① 土壤中重金属的成分及危害　土壤重金属污染物主要是汞、铅、铜、锌、铬、镍、锡以及砷等。保加利亚共和国中部地区某铀矿附近的一些农田,由于长期受该矿排出的放射性元素(铀、镭、钍)和毒性重金属(铜、锌、镉)的影响,土壤污染严重。

② 处理技术　处理技术有两种:一是使用酸化浸出液冲洗土壤,然后用人工湿地处理富含溶解污染物的土壤清洗流出液,并将贫液返回土壤中;二是将溶解的污染物转移到土壤的 B 层,由于 B 层土壤缺氧,采用硫酸盐还原菌的方法将污染物固定。还原菌的活性可通过向 B 层注入有机化合物的水溶液而不断增强(表 13.2)。

表 13.2　在处理过程中与土壤中各种生理基团有关的微生物浓度(细胞数/g 干土壤)

微生物	A 层土壤 (0~30 cm)	B 层土壤 (31~80 cm)	
		冲洗处理	解毒处理
需氧的异氧菌	10^3 ~ 10^7	10^4 ~ 10^3	10^4 ~ 10^6
Oligocarbopbile 菌	10^4 ~ 10^6	10^2 ~ 10^4	10^2 ~ 10^3
降解纤维素的微生物	10^2 ~ 10^6	10^2 ~ 10^4	10^2 ~ 10^3
固氮细菌	10^2 ~ 10^3	10^2 ~ 10^4	10^2 ~ 10^4
硝化细菌	10^2 ~ 10^4	10^1 ~ 10^3	10^1 ~ 10^3
氧化 $S_2O_3^{-2}$ 矿质化学营养菌(在 pH 为 7 时)	10^4 ~ 10^7	10^3 ~ 10^3	10^3 ~ 10^3

续表

微生物	A 层土壤 (0~30 cm)	B 层土壤 (31~80 cm)	
		冲洗处理	解毒处理
氧化 S_0 矿质化学营养菌(在 pH 为 2 时)	$10^3 \sim 10^7$	$10^3 \sim 10^3$	$10^2 \sim 10^3$
氧化 Fe^{2+} 矿质化学营养菌	$10^4 \sim 10^7$	$10^2 \sim 10^3$	$10^2 \sim 10^4$
厌氧的异养菌	$10^3 \sim 10^3$	$10^3 \sim 10^3$	$10^4 \sim 10^7$
产生气体的发酵碳水化合物细菌	$10^2 \sim 10^3$	$10^2 \sim 10^4$	$10^3 \sim 10^3$
脱氮菌	$10^2 \sim 10^3$	$10^1 \sim 10^3$	$10^3 \sim 10^3$
还原硫酸盐菌	$10^3 \sim 10^4$	$10^2 \sim 10^4$	$10^4 \sim 10^7$
还原 Fe^{3+} 菌	$10^2 \sim 10^4$	$10^2 \sim 10^4$	$10^3 \sim 10^3$
还原 Mn^{4+} 菌	$10^2 \sim 10^4$	$10^2 \sim 10^4$	$10^2 \sim 10^3$
产甲烷菌	$0 \sim 10^2$	$1 \sim 10^3$	$10^1 \sim 10^4$
链霉菌	$10^2 \sim 10^4$	$10^1 \sim 10^3$	$10^2 \sim 10^4$
真菌	$10^3 \sim 10^6$	$10^2 \sim 10^4$	$10^3 \sim 10^3$
总的细胞数	$1 \times 10^7 \sim 3 \times 10^3$	$5 \times 10^3 \sim 3 \times 10^7$	$2 \times 10^6 \sim 6 \times 10^7$

③ 优点 可以去除重金属,而且可以改变重金属的存在状态,降低其活性,脱离食物链,减小其毒性。

④ 关键技术 原地生物治理

(3) 石油污染土壤的修复

① 石油污染土壤中污染物 石油污染土壤中污染物主要是链烷烃、环烷烃、芳香烃及少量非烃化合物的复杂混合物。

② 处理技术 美国密苏里西部石油污染土壤的方法是安装四个半间歇式生物泥浆反应器,接种白腐真菌等菌类,将要处理的石油污染土壤装入圆桶内,借助反应器的回转运动,使土壤与微生物充分接触。微生物利用石油烃类作为碳源进行同化降解,最终将其完全矿化,转变为无害的无机物(CO_2 和 H_2O)。

③ 优缺点 利用此设备在温度 22 ℃条件下,对含油量为 1 000~6 000 mg/kg 的石油污染土壤,处理 17 天后,土壤含油量可降至 50~250 mg/kg。

每周可处理 100 t 被污染的土壤,土壤中菲和苯混合物的含量可从 30 000

mg/kg 降至 65 mg/kg,五氯酚的含量从 13 000 mg/kg 降至 40 mg/kg。但低渗透性土壤不宜采用此技术处理。

④ 关键技术　半间歇式生物泥浆反应器和真菌的培养

2. 污染治理的微生态工程设计

(1) 污水处理的案例——吉林化工氮肥工业废水处理:

① 氮肥工业废水成分　煤造气含氰废水、油造气炭黑废水、含硫废水和含氨废水,其中以造气废水和含氨废水对水体的影响最大。

② 处理技术　采用 A/O(硝化反硝化)法处理氮肥工业污水,具体工艺流程见图 13.2。

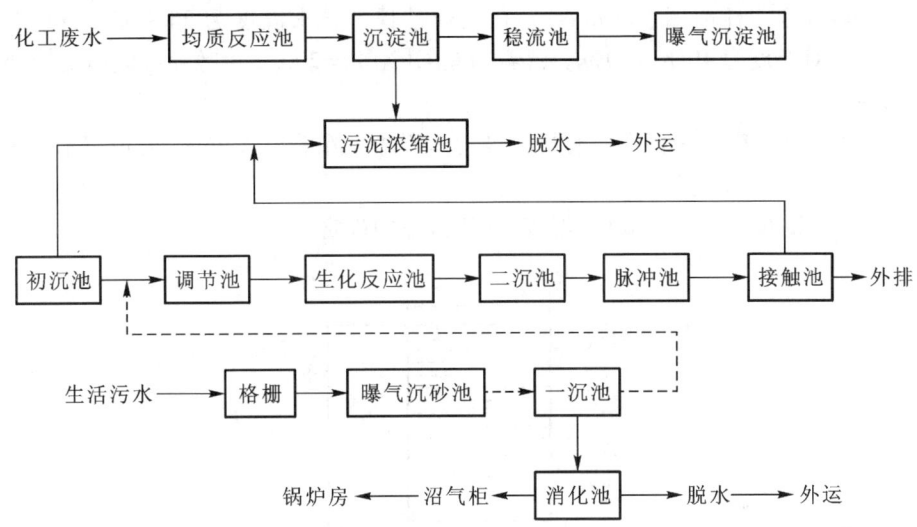

图 13.2　A/O 法处理氮肥工业废水

A/O(硝化反硝化)生化处理系统:污水中的氨氮,在充氧的条件下(O 段),被硝化菌硝化为硝态氮,大量硝态氮回流至 A 段,在缺氧条件下,通过兼性厌氧反硝化菌的作用,以污水中有机物作为电子供体,硝态氮作为电子受体,使硝态氮被还原为无污染的氮气,逸入大气,从而达到最终脱氮的目的。化工废水经泵提升进入均质反应池,在此加碱中和后进入沉淀池沉淀。沉淀污泥浓缩后,脱水外运。沉淀出水进入稳流池后,进入曝气沉淀地,之后再进入沉淀池,与经过曝气沉淀处理的生活污水一同进入 A/O(硝化反硝化)生化处理系统。最后废水经接触消毒排放。

③ 优点　该系统设计规模为日处理污水量 24×10^4 m^3/d。其中生活污水 5.9×10^4 m^3/d,含氨废水 3.7×10^4 m^3/d,化工生产废水 14.4×10^4 m^3/d。该方

法能有效地将化工废水中的 COD 组分和氨氮污染物氧化降解,经处理的废水可达标排放。

④ 关键技术　氮肥工业废水生化处理。

(2) 废气处理:

① 废气中挥发性有机污染物　主要包括苯及其衍生物、酚及其衍生物、醇类、醛类、酮类、脂肪酸等。

② 处理技术　采用生物滴滤池法去除挥发性有机污染物苯,工艺流程(如图 13.3)。废气先经除尘、负荷调节、温度调节和湿度调节后,再进生物滴滤池处理。处理苯的微生物菌主要是黄杆菌属(*Flavobacterium*)、假单胞菌属(*Pseudomonas*)和芽孢杆菌属(*Bacillus*)。在处理过程中要求温度为 25～35℃,pH 为 7～8,相对湿度为 40%～60%。营养物按 C:N:P = 200:10:1 供给,气体流速小于 500 m^3/h。

③ 优点　废气中挥发性有机污染物苯乙烯去除效果为 96%,处理技术简单易行。

④ 关键技术　环境温度、湿度、气体流速的确定。

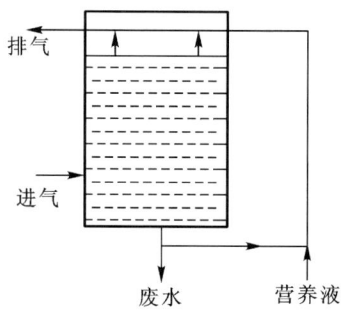

图 13.3　生物滴滤池法

(3) 生活垃圾处理案例——生活垃圾的小型化微生物处理:

① 处理技术　小型化有机垃圾微生物好氧装置分两部分。前一部分由好氧微生物和兼性好氧微生物组成的降解装置;后一部分是除臭装置。整个工艺历时 24 h,完成垃圾发酵和稳定化过程。高性能的微生物处理装置是将两部分功能集合在一个装置中,接种具有多种分解功能的微生物和除臭微生物,24 h 内将垃圾腐熟稳定化。有机垃圾微生物处理装置所用的菌种都是经人工筛选、培育的混合微生物群体:氨化微生物、氧化氨的亚硝化细菌和氧化亚硝酸的硝化细菌等,具有多种有效的生理功能。菌种一次投入可使用 3～6 个月,半年清料

一次,留少量腐熟物,再重新投加新菌种继续处理。

② 优缺点　该方法做到对垃圾的源头处理,对环境无污染,并可生产有机肥。投入的垃圾在 12~24 h 内可减量 95%,但投资成本高。

③ 关键技术　多种有效生理功能的微生物的培育

(4) 废物资源化案例——沱牌集团废物资源化:

① 废物的成分　酿酒过程中产生大量的废物主要有 CO_2、废水、废渣。

② 处理技术　微生物处理和废物循环利用(图 13.4)。

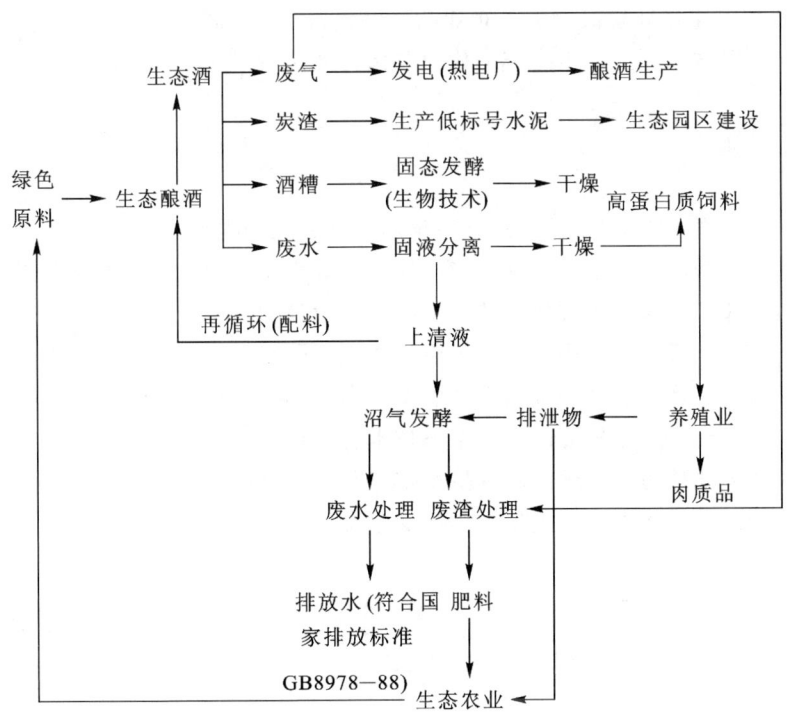

图 13.4　沱牌集团废物资源化利用流程

酿酒过程中,当绿色原料入窖发酵、蒸馏,进行生态酿酒的同时产生了大量的废气、炭渣、酒糟和废水。

废气回收用于热电厂发电,电能用于生态酿酒的动力;炭渣回收用来生产低标号水泥,水泥用于园区建筑;酒糟通过接种混合菌种的固态发酵技术,与废水处理技术配套,分别处理固态发酵废渣,使之成为优质含酶饲料,用于养殖业;经厌氧发酵处理后的污泥成为高效有机肥,应用于种植业。

酿酒废液经特种微生物菌剂(厌氧微生物菌剂主要由酸化水解菌群、异型乙酸菌群、同型产乙酸菌群和产甲烷菌群构成)耗氧发酵,上层清液(含二淀粉酶和糖化酶)的大部分返回液化和糖化工序,既降低了生产成本,又节约了大量生产用水,形成自然封闭的绿色酿酒工艺;二次发酵后固液分离,固态菌丝体经脱水、干燥,获得粗蛋白含量>30%的饲料蛋白;废液高效厌氧处理产生沼气。由此,形成一个良性基本无废物产出的近封闭的物质循环系统。

③ 优缺点　废物处理过程中,第一道的废弃物成为第二道工序的原料,以此类推,构成基本无废物产出的工业生态链。这一酿酒工艺既增加了沱牌系列白酒中对人体有益的微量元素,提高了酒的品质,又使废物得到充分、有效地利用;既改善了生态环境又增加了企业的经济效益。

④ 关键技术　工业生态链的构建和菌种的选育。

思考题

1. 根据微生物栖息的环境,微观生态系统分几种类型?
2. 何谓微观生态工程?国内和国外的微观生态工程是如何发展起来的?
3. 简述微观生态工程设计的基本原理和设计的基本流程。
4. 水域微观生态工程和土壤微观生态工程研究的主要内容有何不同?
5. 简述土壤中农药处理的微观生态技术及其优缺点。
6. 石油污染土壤修复的微观生态技术有何特点?
7. 简述几种污水处理的微观生态技术并比较其优劣。
8. 绘图并简述生活垃圾处理的微观生态技术。

第十四章 区域生态工程

从空间尺度看,区域是由地域上相邻的异质空间镶嵌而成的具有独特结构和功能的生态系统。它主要由社会经济系统与自然生态系统两大子系统组成。每一区域都有自己独特的发展历史和演替过程,也有自己独特的资源、聚落、人类活动和文化史。区域是人与自然发展的载体,自然过程与人类发展过程必然给区域打上烙印,同时区域对自然过程和人类活动也有内在的约束力。因此,为创造人与自然和谐的区域空间,必须将区域作为一个整体来研究。

14.1 区域生态系统

14.1.1 区域特征

1. 区域是具有活力的生命系统

区域是以生命的维持、生长、发育和演替为主要内容的充满活力的生命系统。不仅森林、草原、海洋等区域有大量的生物存在,即使在"死寂"的沙漠或冻土带中,也有生命的存在。因此,生命物质是区域生态系统的主体,其平衡与非平衡、稳定与变化,都与生命活动息息相关。没有生命的区域是死寂的世界,也就失去了其存在的价值。

2. 区域是开放的自组织系统

每一区域都有自己的边界,也有自己特定的边际环境。区域不断地与外界交换物质、能量、信息,以维持自身的稳定与平衡、发展和变化。由于区域具有开放性这一特点,在有外力干扰的情况下,它能够通过自身的调节,保持相对的平衡。系统愈复杂,这种调节功能愈强,系统的稳定性也愈高。

3. 区域是动态系统

区域的动态性不仅表现在其主体——生物是运动不止、生生不息的,还表现在区域的每一组成成分都处在不断的变化之中,变化是永恒的,而不变则是相对的。每一区域都经历着从简单到复杂、从低级到高级、从不成熟到成熟的演化过程。

4. 区域的整体性

区域是具有严密组织结构的整体。整体性表现在系统结构的整体性、功能的整体性、过程的整体性和性质的整体性。当区域的局部发生变化时,系统中的其他部分亦随之发生相应的变化;当干扰超出区域的承受能力,则可能引起区域整体发生变化,并引发水土流失、土地退化、生物多样性减少、环境污染等一系列生态问题,最终将导致系统整体功能的丧失。因此,研究区域问题,不能孤立地分析系统的局部问题,要用整体的观点对系统进行综合分析,既要研究整体与局部、整体与要素之间的相互作用,又要研究整体内由于某要素或局部的变化引起的其他要素和整体的变化。

14.1.2 研究意义

区域生态系统的研究,揭示了其发展、演化的规律,它为制定社会经济可持续发展战略,加强生态系统的调控、管理和规划,协调人口、资源、环境的关系,恢复受损生态系统提供了理论基础和立论依据。区域生态系统的研究有助于提高生态效益、经济效益和社会效益,促进区域整体的可持续发展。

14.2 区域生态问题的诊断

每一区域,在自然干扰和人为干扰的双重作用下,都会存在不同程度、不同性质的区域问题。不及时解决这些问题,可能导致负面效应的积累,最终引发系统的崩溃。为防患于未然,必须及早地发现和解决区域出现的问题,即对区域进行诊断。区域系统诊断的主要内容为:摸清区域系统的资源种类、数量、质量及其时空分布特性,做出定性和定量的分析与评价,确定资源的开发利用价值和合理利用限度;分析环境对系统的限制、约束的因素和程度,特别是不利影响和障碍因子及其作用大小,确定约束的临界值或极值等;预测区域的发展变化,特别是人类活动对区域产生的正、负面影响,如对环境污染及破坏的分析和趋势预测,寻求趋利避害、利用和保护相结合的环境政策和对策;找出造成区域现实状态与理想状态之间的差距及原因,提出要解决的关键问题及策略,初步确定区域的发展方向和目标。即区域生态问题的诊断可概括为区域是否健康,生态上是否可持续及可持续发展的策略。

生态健康是近年来国际生态系统健康组织学会重点研究的内容之一。区域生态系统的健康标准概括为四方面的内容:一是区域生态系统处于良性循环,不存在失调症状;二是在对区域生态系统的利用过程中,具有良好的自我恢复能力和自我维持能力,能缓冲外界的干扰,保持系统结构与功能的相对稳定;三是对相邻区域生态系统没有危害,局部效益与整体效益相一致;四是对社会经济的发展和人类的健康具有支持和推动作用。

14.2.1 生态健康的评价指标

区域生态系统的健康与否,既要考虑自然、经济因素,又要考虑资源的承载力和可持续发展因素。因此,在区域生态系统的健康评价中,必须综合自然、经济、社会等因素之间的相互关系,从中筛选出对区域生态系统健康具有导向性、代表性的因子,且该因子对人类的干扰反应灵敏、指标具有易获取、可操作的特点。

概括起来,区域生态系统健康的指标主要包括8个方面:活力、恢复力、组织结构、生态系统服务功能的维持、管理选择、外部补贴、对邻近生态系统的危害及对人类健康的影响。

1. 活力

活力指系统的能量和活动性。具体指标为生态系统的初级生产力和物质循环。在一定范围内生态系统的能量输入越多物质循环越快,活力就越高。但并不是能量输入越高的生态系统就越健康,如水生生态系统,高的能量输入可能导致富营养化。

2. 组织结构

组织结构指生态系统结构的复杂性。组织结构会随生态系统的次生演替而变化。一般认为生态系统中物种的多样性越高、相互作用(如共生、竞争)越复杂,组织结构就越复杂,系统就越稳定。

3. 恢复力

指生态系统胁迫消失时,系统逐步恢复的能力。具体指标为自然干扰后的恢复速度和生态系统对自然干扰的抵抗力。

4. 生态系统服务功能的维持

这一指标主要是从生态系统服务于人类社会的角度考虑,健康的生态系统可以充分地为人类提供生态服务,如涵养水源、消解有毒物质、净化水等。一般来说,胁迫将减少生态系统的服务功能。

5. 管理选择

健康的生态系统可以支持诸多服务功能,如提供可更新资源、旅游、清洁空气、饮用水等功能。退化或不健康的生态系统将不具备这些功能或仅能发挥部分功能。

6. 外部补贴

健康的生态系统不需要或很少需要外部投入就可维持其生产力。

7. 对邻近生态系统的危害

健康的生态系统在运行过程中对邻近的生态系统不产生破坏。不健康的生态系统则产生破坏作用,如污染的河流会影响地下水水质,污水灌溉对农田产生不可估量的影响。

8. 对人类健康的影响

生态系统的变化影响人类健康,反之,人类的健康水平亦可作为生态系统健康的评价指标。健康的生态系统有能力维持人类健康。

14.2.2 诊断方法

健康的区域生态系统,应具有多种生态服务功能,如有毒物质的分解,提供保护地和可更新资源等;健康的区域生态系统也能支持多种土地利用方式,如干旱的草原既可作为牧场,也可作为生物多样性的保护地,一旦系统的健康水平发生变化,则土地利用方式也相应减少。健康的区域生态系统还应有最小的外部补偿,当生态系统需要大量的外部补偿才能维持其一定的产出时,这一生态系统也就不健康。健康的区域生态系统对邻近生态系统的破坏应最小。总之,健康的区域生态系统,结构应该是合理的,功能也应该是完善的。为评价指标的易取和操作的规范,进行区域生态系统健康评价时,主要集中于生态系统活力、组织结构和恢复力的研究上。Ulanowicz 和 Rapport 等提出了活力、组织结构和恢复力测量的方法。

1. 活力测量

活力测量是对系统的活性、新陈代谢和初级生产力的测量。Ulanowicz 用网络分析方法计算系统的总产量(TST)和净输入量(NI)。TST(total systems throughput)指单位时间内生物个体在物质交换过程中物质转移量的简单相加,NI(net input)可通过 TST 求得。

2. 组织结构测量

组织结构的测量主要是测量系统组分的大小及各组分间物种交换的途径。生态系统在受胁迫时,其反馈结构也是完善的。胁迫发生时,某些组分活力的增加或减少引发其他组分的增加或减少,进而影响到整体组织结构的变化。

3. 恢复力的测量

恢复力是生态系统维持现有结构与格局的能力。预测生态系统在胁迫下的动态过程一般要求用计算机模型(如林窗动态模型(GAP),生物地球化学循环模型(CENTURY)等)。通过这些模型可估算出系统的恢复时间(RT)、可承受的最大胁迫(MS)及系统从一种状态转变为另一种状态的临界值。恢复力表示为 MS/RT。

生态健康诊断强调定量分析，但是，仅重视定量分析难免存在以偏概全的倾向，为克服这一弊端，还需采用定性与定量的综合集成法进行诊断。

14.3 区域生态工程设计原理

14.3.1 整体性原理

区域生态系统是由地域上相邻的地貌单元组合而成的整体，各单元之间并不是孤立的，而是通过物质迁移和能量交换，使彼此之间相互联系和相互作用，从而在地球表面形成了一个特殊的自然综合体。它是一个不可分割的整体或系统。区域生态系统具有严密的整体性特征，当系统中某一部分发生变化时，便可引起整个系统的变化，生态单元一旦遭到破坏，就会导致整个区域发生水土流失、气候变化、生物量减少等一系列的生态问题。因此，研究分析生态系统，首先要把生态系统中的各要素置于整个区域生态系统的大系统中，用系统的观点，从整体上加以分析研究，既要研究要素与要素之间的相互作用，又要研究整体内生态单元之间的相互作用，因为任何单元或要素的微小变化，都可以导致整体变化，所以每一个单元、要素的变化都可能是整体变化的潜在因素。

14.3.2 循环经济原理

循环经济是一种新型经济的发展模式，它区别于以资源消耗创造物质财富的传统经济发展模式，它要求经济活动仿照自然生态系统的组织原则，以最小的能量输入和物质消耗维持系统的正常运转，且尽量做到物尽其用，无废物产出。它将传统的资源—产品—废弃物的开放式物质流程，转化为资源—产品—再生资源的反复循环式物质流程，使整个经济系统的生产和消费过程不产生或只产生很少的废弃物，从根本上解决环境与经济发展之间的尖锐矛盾，以保护日益稀缺的自然资源和日趋脆弱的生存环境。

循环经济的理念来源于自然生态系统的长期进化过程。自然生态系统一般由生活在一定区域内的群落和与其相互作用的环境组成。从结构上可分为生产者、消费者和分解者三个有机部分。一个成熟的生态系统会将这三者的相互作用纳入一个整体循环之中，形成一个完整的良性循环的物质系统。上述关系的相互作用、相互制约最终实现生态系统整体效益的最大化，以及物质流、能量流的平稳运行与流畅互补。物质循环的这一基本原理可放大到任一区域系统中，以此来规范区域系统内人类的活动。

人类文明出现以后，早期的经济活动对自然界的影响是首先"打开"物质循环的闭合环。从狩猎、采集到刀耕火种的土地垦殖,打破系统原有的平衡态,提高了社会生产力,创造了物质财富。当时对区域环境系统的干扰仍局限在一定范围内,系统的自我调节能力在一定时间内对系统进行修复和补偿。随着人类文明的进步和科技的发展,尤其是现代生产活动的日益加强,物质循环的连接点被一次又一次"打开",从原来的刀耕火种到劈山伐林;从引水灌溉到截流筑坝、围湖造田;从钻木取火到采油采煤。虽然取得了经济的快速增长,但在深度、广度、强度上都极大地破坏了环境系统的稳定,将环境系统推向远离平衡态,引发了森林覆盖率降低、矿产资源短缺、水土流失加剧、沙漠化严重等恶果。

目前,人类对大范围、大规模的自然过程还须"俯首称臣",还必须遵循自然规律。基于此,必须向自然界学习,掌握物质循环利用的原理,将其利用于区域开发和区域生态工程的设计中。区域的循环经济模式并不是严格要求物质循环必须是封闭循环,而是要按照一条包含逐次分岔的路径发展变化。这里的循环是指物质功效价值的持续利用,即物质转化成不同状态后对物质在该状态下的功能利用,从理论上这种利用和转化可持续进行,循环反复。循环的核心是物质的"功效"流,而不局限于物质本身的流动,更不是物质重新回到起点的封闭环流,从物质循环开环结构上,生态链不断延长、分岔。每一次小循环闭环的打开,都可以看作是物质循环规律被人类的创造能力和创新力的放大。这一原理将促进区域系统打破旧的平衡,向新的平衡态渐进,以获取持续的经济增长。

14.4 区域生态工程案例

14.4.1 背景

沿头溪小流域位于宜昌市长阳土家族自治县龙舟坪乡,流域总面积 100 km^2,治理区范围 58 km^2,位于沿头溪的中游。治理区内山地坡度在 25°~35°之间,流域出露基岩以石灰岩为主,兼有页岩、石英砂岩等,土壤为石灰土和水稻土。该流域属亚热带季风气候,四季分明,气候湿热,适宜北亚热带落叶阔叶林的生长。流域内有耕地 811 hm^2,其中水田 504 hm^2,林地 2 707 hm^2,荒山荒坡 1 540 hm^2,水域 99 hm^2,其他用地 636 hm^2。近年来植被破坏严重、土层薄且流域水量减少,水域面积缩小,农田面临着严重的缺水问题,直接影响农田的产量和质量。为此有人提出采取干支渠加高培厚,打井补充水源的方法,但考虑到地下水位偏低,权衡其生态效益,决定根据区域间的物质循环和能量流动原理对该小流域采取区域生态工程措施(图 14.1)。

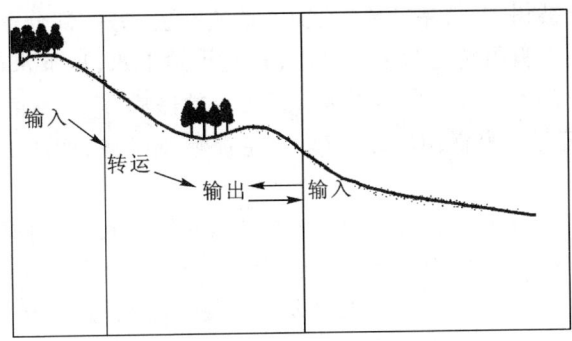

图 14.1 沿头溪小流域坡面图

14.4.2 措施

1. 生物措施

生物措施是流域综合治理的主要措施,基本是实行"造、封、限、改、防"的方针,致力恢复植被。以保持其涵养水源、保持水土的作用。

一是在山顶植树造林,使宜林荒山绿化,具有优势树种能够自然成林的疏林地实行封禁管护。

二是对斜坡的耕地实行退耕还林,发展经济林和薪炭林。

三是在山麓的低缓处开垦梯田,截持坡面径流,减缓坡面径流对流域内河谷平地的冲蚀。

四是减少农作物秸秆的薪炭比,秸秆过腹还田。

2. 工程措施

为了完善工程防护体系,在流域中上游兴建水利、水保工程,削洪拦水。配套坡改梯工程。修建排洪沟 56 条、8 850 m,在支沟、毛沟建谷坊 119 座,修筑河堤 5 770 m。

14.4.3 效益

通过十年的区域生态工程建设,沿头溪小流域的生态、经济、社会效益明显提高,生态环境趋于良性循环,农业生产条件得以改善,人民生活水平有了很大的提高。主要表现为:

① 流域下游农田腐殖质含量增加,涵水能力和抗旱能力增强,土壤的侵蚀强度下降。

② 流域中上游通过封禁和人工造林,林地已形成乔、灌、草紧密结合的多层次的混交林,增加了地表的植被覆盖,提高了生物多样性。由于植被盖度提高,

大气降水一部分被树冠、枝条截流,减少了地表径流;另一部分通过枯枝落叶吸附、土壤渗透、根系吸附转化为地下潜水,补充了地下水,地下水位上升,干枯的泉水开始复活,流域的生产、生活用水有了可靠的保障。

③ 生态环境趋于良性循环,逐步形成了流域小气候,增加了抵御自然灾害的能力。

④ 土地利用结构趋于合理,山地资源得到开发。农、林用地比例由治理前的1:3.35调整到1:6.28,林地面积由原来的46.8%增加到74%,荒山由原来的26.5%减少到2.2%,经济林面积增加1.6倍,森林覆盖率由24%上升到42.9%。水田面积由原来的9%扩大到12.5%。

通过对流域内坡耕地的整治,完成农田改造面积223 hm^2,其中坡改梯134 hm^2,低产田改造53 hm^2,旱改水37 hm^2。流域内封山育林面积546 hm^2;造林1 855 hm^2,其中,疏林补植508 hm^2;退耕还林174 hm^2,发展经济林106 hm^2;人均基本农田由1981年的0.03 hm^2增加到1991年的0.05 hm^2,基本做到了粮食自给。

思考题

1. 何谓区域生态工程?它与其他生态工程有何不同?
2. 简述区域生态工程的基本特征。
3. 用哪些指标进行区域生态健康评价?
4. 区域生态工程设计遵循的基本原理是什么?
5. 举例说明如何进行区域生态工程的效益分析。
6. 完成区域生态工程的设计。

参 考 文 献

1 马世骏. 生态工程生态系统原理的应用. 生态学杂志,1983,(4):20~22
2 马世骏,王如松. 社会-经济-自然复合生态系统. 生态学报,1983,3(1):1~9
3 马世骏. 经济生态学原则在工农业建设中的应用. 生态学报,1983,(1):1~7
4 马世骏. 中国的农业生态工程. 北京:科学出版社,1989
5 马世骏. 中国的生态工程2000年. 北京:科学出版社,1984
6 马世骏. 现代生态学透视. 北京:科学出版社,1990
7 马世骏. 生态工程. 北京农业科学,1984,(4):1~2
8 钦佩等. 生态工程学. 南京:南京大学出版社,1998
9 盛连喜等. 生态工程学. 长春:东北师范大学出版社,2002
10 云正明等. 生态工程. 北京:气象出版社,1998
11 云正明等. 农业生态结构工程原理及应用. 中国科学院农业现代化探讨(内部资料).1985
12 程序等. 可持续农业导论. 北京:中国农业出版社,1997
13 E. P. Odum. 生态学基础. 孙儒泳等译. 北京:人民教育出版社,1982
14 E. 纳夫. 景观生态学的发展阶段. 林超译. 地理译报,1983,2(2):151~157
15 马卓尔. 景观综合-复合景观管理的地生态学基础. 王凤慧译. 地理译报,1982,(3):1~4
16 恩格斯. 自然辩证法. 北京:人民出版社,1957
17 B. H. 苏卡乔夫,H. B. 德里斯. 森林生物群落的基本概念. 詹鸿振译. 科学译丛,1978
18 C. 特罗尔. 景观生态与生物地理群落:术语研究. 龚威平译. 地理译报,1988,6(2):143~148
19 A. 托夫勒. 第三次浪潮. 朱志炎译. 北京:生活、读书、新知识三联书店,1984

20 湛垦华,沈小峰等. 普利高津与耗散结构理论. 西安:陕西科学技术出版社,1982

21 E. 拉兹洛. 进化——广义的综合理论. 闵家胤译. 北京:社会科学文献出版社,1988

22 H. A. 西蒙. 关于人为事物的科学. 杨砾译. 北京:解放军出版社,1991

23 肖笃宁. 景观生态学:理论、方法及应用. 北京:林业出版社,1991

24 R. T. T. Forman, M. Gordon. 景观生态学. 肖笃宁等译. 北京:科学出版社,1990

25 许嘉巍,刘惠清. 自然地理过程. 长春:东北师范大学出版社,2005

26 江方. 土地生态潜力和生态损失分析方法. 长春:吉林科学出版社,1997

27 林超等. 阴阳坡在山地地理研究中的应用. 地理学报,1985,40(1):20~28

28 农业区划委员会. 土地利用现状调查技术规程. 北京:测绘出版社,1984

29 王军等. 景观生态规划的原理和方法. 资源科学,1999,21(2):71~76

30 张汉雄. 陕晋黄土丘陵区土壤侵蚀发展的动态仿真研究. 地理学报,1999,54(1):42~50

31 李新荣等. 我国北方荒漠化地区主要灌木种的物候学研究. 自然资源学报,1999,14(2):128~134

32 葛剑平. 森林生态学建模与仿真. 哈尔滨:东北林业大学出版社,1996

33 邓坤枚等. 长白山北坡冷杉林胸径、树高结构及其生长规律分析. 自然资源学报,1999,21(1):77~84

34 W. Lsard. 区域科学导论. 陈宗兴等译. 北京:高等教育出版社,1990

35 D. Donter. 土壤调查与土地评价. 倪绍祥译. 北京:农业出版社,1988

36 J. Marshall. 土壤物理学. 越诚斋等译. 北京:科学出版社,1986

37 庄季屏. 四十年来的中国土壤水分研究. 土壤学报,1989,26(1):241~248

38 庄季屏. 土壤物理与农业持续发展. 北京:科学出版社,1995

39 牛文元. 生态系统的空间分析. 生态学报,1984,4(4):325~329

40 陈昌笃. 论地生态学. 生态学报,1986,8(4):289~294

41 雷志栋. 土壤水动力学. 北京:清华大学出版社,1988

42 华孟等. 土壤物理学. 北京:农业大学出版社,1983

43 芮孝芬. 流域水文模型研究中的若干问题. 水科学进展,1997,8(1):94~98

44 吴刚等. 流域生态学研究内容的整体表述. 生态学报,1998,18(6):575~581

45 颜京松. 中国与西方国家的生态工程比较. 农村生态环境(学报),1994,10

(1):45~52
46 倪绍祥. 土地类型与土地评价. 北京:高等教育出版社,1992
47 王如松. 高效、和谐:城市生态系统调控原则与方法. 长沙:湖南教育出版社,1988
48 王伯荪. 数学理论和方法在植物生态学研究中的应用. 自然杂志,1987,10(8):585~587
49 石玉林. 中国宜农荒地资源. 北京:北京科学技术出版社,1985
50 李昌华. 江西泰和县自然景观破坏程度的分级和评价. 生态学报,1986,8(1):43~46
51 陈涛. 国土整治中的生态建设. 生态学杂志,1987,6(5):61~63
52 牛文元. 生态脆弱带的基础判定期. 生态学报,1989,9(2):97~105
53 叶公强等. 土地调查与评价. 南京:江苏科技出版社,1988
54 郑振源等. 市场经济条件下的土地利用宏观调控体系. 中国土地科学,1994,18(51):21~28
55 张妙玲等. 农林作物土地适宜性评价. 中国土地,1994
56 张建国. 现代林业论. 北京:中国林业出版社,1996
57 邓宏海. 农业生态经济学概论. 北京:中国社会科学出版社,1986
58 云正明. 中国林业生态工程. 北京:中国林业出版社,1990
59 盛连喜等. 现代环境科学导论. 北京:化学工业出版社,2002
60 盛连喜等. 吉林生态与生态建设. 长春:东北师范大学出版社,2001
61 李建东,吴榜华,盛连喜等. 吉林植被. 长春:吉林科学技术出版社,2001
62 景贵和. 我国东北某些荒芜土地的景观生态建设. 地理学报,1991,46(1):8~15
63 景贵和. 景观生态学. 现代生态学透视. 北京:科学出版社,1990
64 景贵和. 景观生态学的发展及其前景. 地理科学,1990,10(4):293~301
65 景贵和. 土地生态评价与土地生态设计. 地理学报,1986,41(1):1~7
66 景贵和等. 吉林省中西部沙化土地景观生态建设. 长春:东北师范大学出版社,1991
67 景贵和等. 吉林省低山丘陵生态保护与综合治理开发研究. 兴民富国之路. 北京:科学出版社,1995
68 裴福祥,景贵和. 吉林省土地资源. 北京:地质出版社,1999
69 刘惠清,许嘉巍. 土地生态学. 长春:吉林大学出版社,1999
70 景贵和等. 吉林省东部林缘带的景观生态建设. 长春:东北师范大学出版社,1993

71 景贵和,刘惠清,许嘉巍等. TM卫片在吉林省双阳县景观生态建设上的应用. 北京:科学出版社,1993

72 景贵和. 景观生态学与自然资源综合研究. 北京:科学出版社,1991

73 景贵和. 地方气候与土地类型. 见:中国土地类型研究. 北京:中国科学出版社,1986

74 刘惠清,许嘉巍等. 景观生态建设与生物多样性保护. 地理科学,1998,18(2):156~162

75 刘惠清,龙花楼. 为生态建设服务的吉林省西部景观类型研究. 地理研究,1998,17(4):389~397

76 刘惠清,许嘉巍等. 长春市城市建设用地适宜性评价. 地理研究,1999,19(6):101~104

77 陈国梁. 论从立体农业开发向特色规模经济发展. 农业现代化,1994(3)

78 孙鸿良,张壬午. 生态农业的理论与应用. 济南:山东科学技术出版社,1993

79 兰盛芳,饮佩等. 生态经济系统能值分析. 北京:化学工业出版社,2002

80 张放等. 经济植物生态种植工程技术. 北京:化学工业出版社,2002

81 邓南圣等. 工业生态学——理论与应用. 北京:化学工业出版社,2002

82 云正明,刘金铜等. 生态工程. 北京:气象出版社,1998

83 卞有生等. 国内外生态农业对比——理论与实践. 北京:中国环境科学出版社,2000

84 安树青等. 湿地生态工程. 北京:化学工业出版社,2003

85 马光等. 城市生态工程学. 北京:化学工业出版社,2003

86 饮佩等. 海滨盐土农业生态工程. 北京:化学工业出版社,2002

87 池振明. 微生物生态学. 济南:山东大学出版社,1999

88 李雪驼. 环境境微生态工程. 北京:化学工业出版社,2003

89 刘云国. 环境生态学. 北京:中国林业出版社,2001

90 沈国英,施并章. 海洋生态学. 北京:中国林业出版社,2002

91 赵晓英,陈怀顺. 恢复生态学原理. 北京:中国环境科学出版社,2001

92 李博. 生态学. 北京:高等教育出版社,2000

93 梅汝鸿. 植物微生态学. 北京:中国农业出版社,1998

94 胡国贞等. 城市生活垃圾处理技术方案选择浅析. 菏泽师专学报,24(2):39~44

95 杨双全,连宾. 居民小区生活垃圾处理设备研究. 贵州科学,2003,21(4):29~31

96 梁文举,闻大中. 土壤生物及其对土壤生态学发展的影响. 应用生态学报, 2001,12(1):137~140
97 晁敏等. 微生态系统研究动态. 植物学通报,1999,16(6):665~670
98 刘惠清,许嘉巍. 现代综合自然地理学. 长春:吉林人民出版社,2002
99 孙鸿良等. 国内外生态工程学研究现状及我国近期发展战略. 北京:中国经济出版社,1991
100 李文华等. 中国农林复合经营. 北京:科学出版社,1994
101 王华东. 水环境污染概论. 北京:北京师范大学出版社,1984
102 云正明. 农村庭院生态学概论. 石家庄:河北科学技术出版社,1989
103 钟功甫等. 基塘系统的水陆相互作用. 北京:科学出版社,1993
104 中野尊正. 城市生态学. 孟德政等译. 北京:科学出版社,1986
105 彭少麟,陆宏芳. 恢复生态学焦点问题. 生态学报,2003,23(7):1249~1257
106 王礼先等. 林业生态工程. 郑州:河南科学技术出版社,2002
107 云正明. 农村庭院生态工程. 北京:化学工业出版社,2002
108 向劲松. 林业生态工程. 北京:高等教育出版社,2002
109 杨京平等. 生态工程学导论. 北京:化学工业出版社,2005
110 席运官等. 生态环境与生态工程丛书——有机农业生态工程. 北京:化学工业出版社,2002
111 马光,胡人禄. 环境生态工程学. 北京:化学工业出版社,2003
112 马放,冯玉杰,任南琪. 环境科学与工程系列丛书——环境生物技术. 北京:化学工业出版社,2003
113 王治国,张云龙,段喜明等. 林业生态工程学——林草植被建设的理论与实践. 北京:中国林业出版社,2000
114 李晓红,白光峰,白光瑞等. 我国三北地区生态建设存在的主要问题. 内蒙古林业调查设计,2003,26(4):18~19
115 刘克辉. 立体农业工程技术. 郑州:河南科学技术出版社,2000
116 黄铭洪等. 环境污染与生态恢复. 北京:科学出版社,2003
117 杨京平,卢剑波. 生态恢复工程技术. 北京:化学工业出版社,2002
118 卢新平,向炎. 浅析生态型城市建设存在的问题及措施. 塔里木农垦大学学报,2004,16(3):73~75
119 柳劲松,王丽华,宋秀娟. 环境生态学基础. 北京:化学工业出版社,2003
120 程胜高,罗泽娇,曾克峰. 环境生态学. 北京:化学工业出版社,2003
121 徐化成. 景观生太学. 北京:中国林业出版社,1996

122 黄文丁. 林农复合经营技术. 北京:中国林业出版社,1992
123 马光. 环境与可持续发展. 北京:科学出版社,2000
124 王礼先. 水土保持学. 北京:中国林业出版社,1996
125 王治国. 林业生态工程学. 北京:中国林业出版社,2000
126 Mchoarg I L. Ecological Design and Planning. New York:John Wiley,1997
127 Jala M, Pungetti G. Ecological Landscape Design and Planning. New York: E&FN Spon,1999
128 Jordan W J, Gilpin M E, Aber J D. Restoration Ecology. Cambridge:Cambridge University Press,1987
129 Farina R T T. Principles and Methods In Landscape Ecology. London:Chapman and Halls,1998
130 Hu, Wang R, Yan J, et al.. A pilot ecological engineering project for municipal solid waste reduction, disinfection, regeneration and industrialization in Guanhan City, China. Ecological Engineering,1998, 11(1~4):129~138
131 Bailey R G. Ecoregions of the oceans and contennents. Washington,1997
132 Bsnnthous L. W. Book Review of Mitsch and Jorgensen Ecological Engineering: An Introduction to Ecotechnology. Ecology,1990,(71):411~412
133 Mitsch W J,et al. Ecological Engingeering,John Wiley and Sons. U. S. A. ,1989
134 Naveh Z, Lieberman A, et al. . Landscape Ecology, Theory and Application. New York:Springer-Veralg,1984
135 Tjallingli S P. Perspectives in Landscape Ecology Proceeding of the International Congress Organiazed by the Netherlands Society for Landscape Ecology. The Netherlands,1982
136 Risser P G, Karr J R, Forman R T. Landscape Ecology:Directions and Approaches. National History Survey, 1984
137 Vink A P A. Landscape Ecology and Land Use. Langman Group Limited, 1983
138 Proceedings of the Ⅷ International Symposium on Problems of Landscape Ecological Research "Spatial and Functional Relationships in Landscape Ecology" Czechoslovakia,1988
139 Forman R T T, Gordron M. Landscape Ecology. New York:John Wiley & Sons, 1986
140 Bennett R J, Chorley R J. Environmental Systems. London:Methuen & Co. LTD ,1982
141 Forman, Tumer. Alternative model formations for a stochastic simulation of

landscape change. New York,1994
142 Richard , Forman. Land Mosaics. Cambridge,U. S. A. ,1995
143 Farina A. Principles and Methods in Landscape Ecology. London：Chapman and Hall：1998
144 Bailey R G. Bailey Ecosystem Geography Sprier. New York. 1995
145 Bailey R G. Ecoregions. Springer,1998
146 Bailey R G. Ecoregions of the United States. Washington,1994
147 Bailey R G. Ecoregions of North America. Washington,1997
148 Сочава В В. Введение учение о геосис темах. Новосиσирск,1987

郑 重 声 明

高等教育出版社依法对本书享有专有出版权。任何未经许可的复制、销售行为均违反《中华人民共和国著作权法》,其行为人将承担相应的民事责任和行政责任,构成犯罪的,将被依法追究刑事责任。为了维护市场秩序,保护读者的合法权益,避免读者误用盗版书造成不良后果,我社将配合行政执法部门和司法机关对违法犯罪的单位和个人给予严厉打击。社会各界人士如发现上述侵权行为,希望及时举报,本社将奖励举报有功人员。

反盗版举报电话:(010)58581897/58581896/58581879

传　　真:(010)82086060

E - mail:dd@hep.com.cn

通信地址:北京市西城区德外大街4号
　　　　　高等教育出版社打击盗版办公室

邮　　编:100120

购书请拨打电话:(010)58581118